松林靏之助 九州地方陶業見学記

Tsurunosuke Matsubayashi

前崎信也 編

宮帯出版社

本扉挿図：松林靍之助（写真：朝日焼松林家蔵）

1. 宇治・朝日焼の門前での家族写真（右から2人目が松林靏之助）
〈大正期〉（朝日焼松林家蔵）

2. 濱田庄司と松林靏之助（イギリス、セント・アイヴス）
〈大正12年〉（朝日焼松林家蔵）

3. 第十一代中里天祐（祐太郎）
「褐釉母子猿置物」
〈明治～大正期〉
（佐賀県立九州陶磁文化館蔵・高取紀子氏寄贈）

4. 青木兄弟商会
「染付蕗花文皿」
（「青」染付銘）
〈明治末～大正期〉
（ディヴィッド・ハイアット・キング・コレクション）

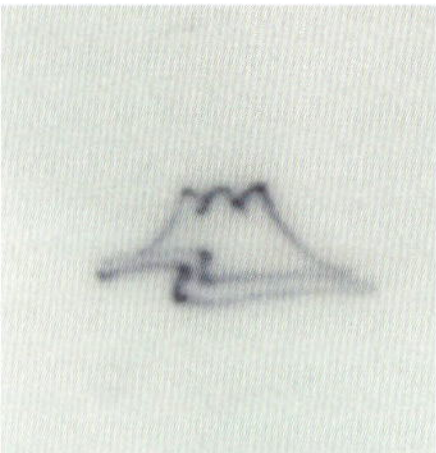

5. 深川製磁株式会社
「色絵菖蒲花鳥龍文瓶」
（富士山流水染付マーク）
〈明治～大正期〉
（佐賀県立九州陶磁文化館蔵・高取紀子氏寄贈）

6. 有田製磁株式会社(西村文治氏工場)
「色絵福字菊形小鉢」
(「西肥辻製」染付銘)
〈大正６年～昭和初期〉
(個人蔵)

7. 水の平焼(水平焼)
「赤海鼠釉桜花形鉢」
(「水平」「岡」印刻)
〈明治期〉
(佐賀県立九州陶磁文化館蔵)

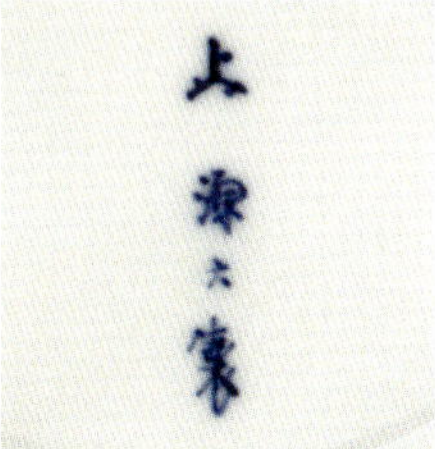

8. 富永源六窯
「色絵日輪松文瓶」
(「源六製」染付銘)
〈明治末～大正期〉
(佐賀県立九州陶磁文化館蔵・竹田磋智夫氏寄贈)

9. セント・アイヴスのリーチ工房で窯の建設をする松林鶴之助
〈大正 13 年頃〉(朝日焼松林家蔵)

10. 松林靏之助と有田工業学校の生徒(右から2人目が松林靏之助)
〈昭和5〜7年〉(朝日焼松林家蔵)

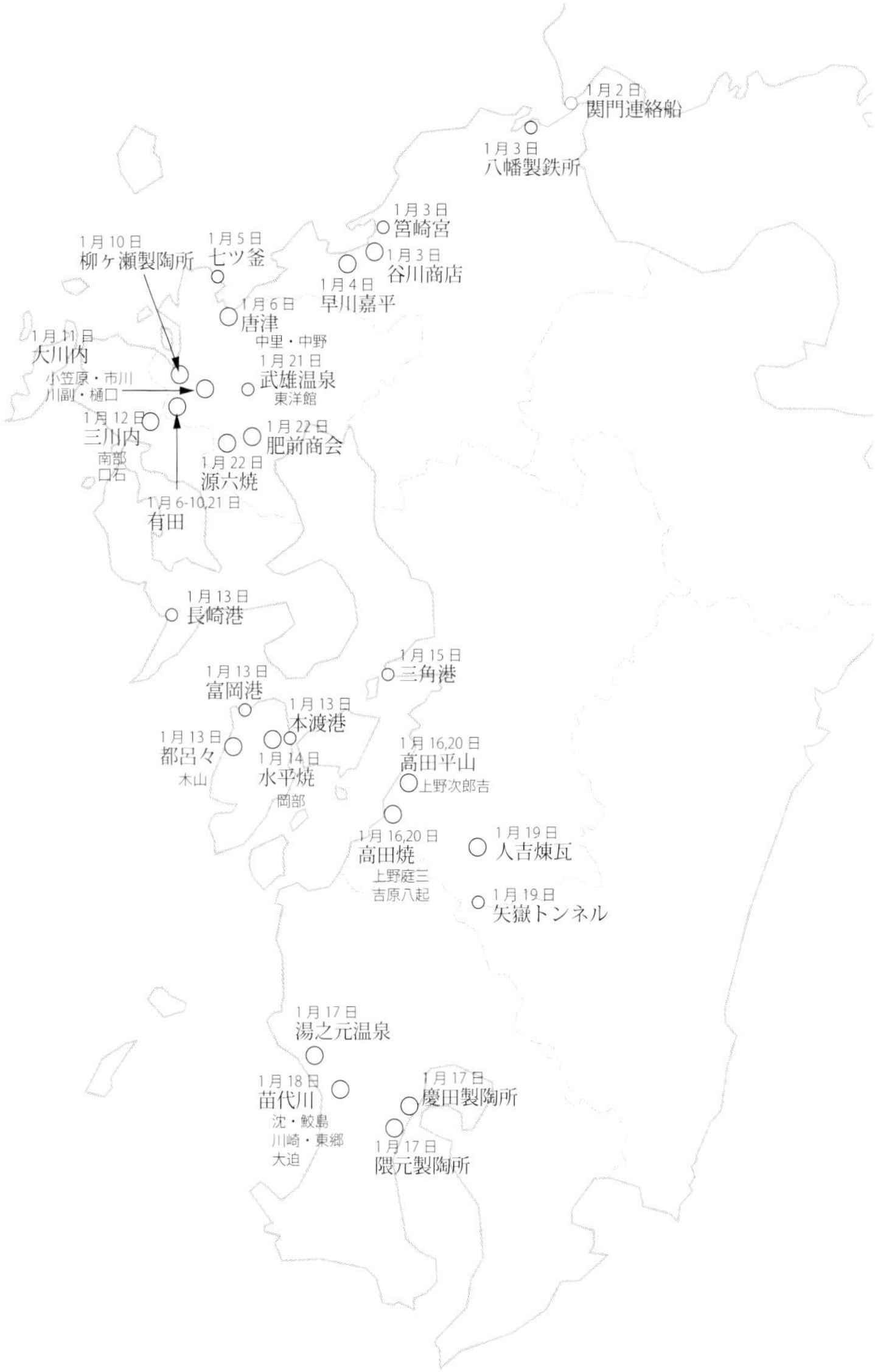

松林が訪ねた窯業地① 九州全土

松林が訪ねた窯業地② 有田周辺

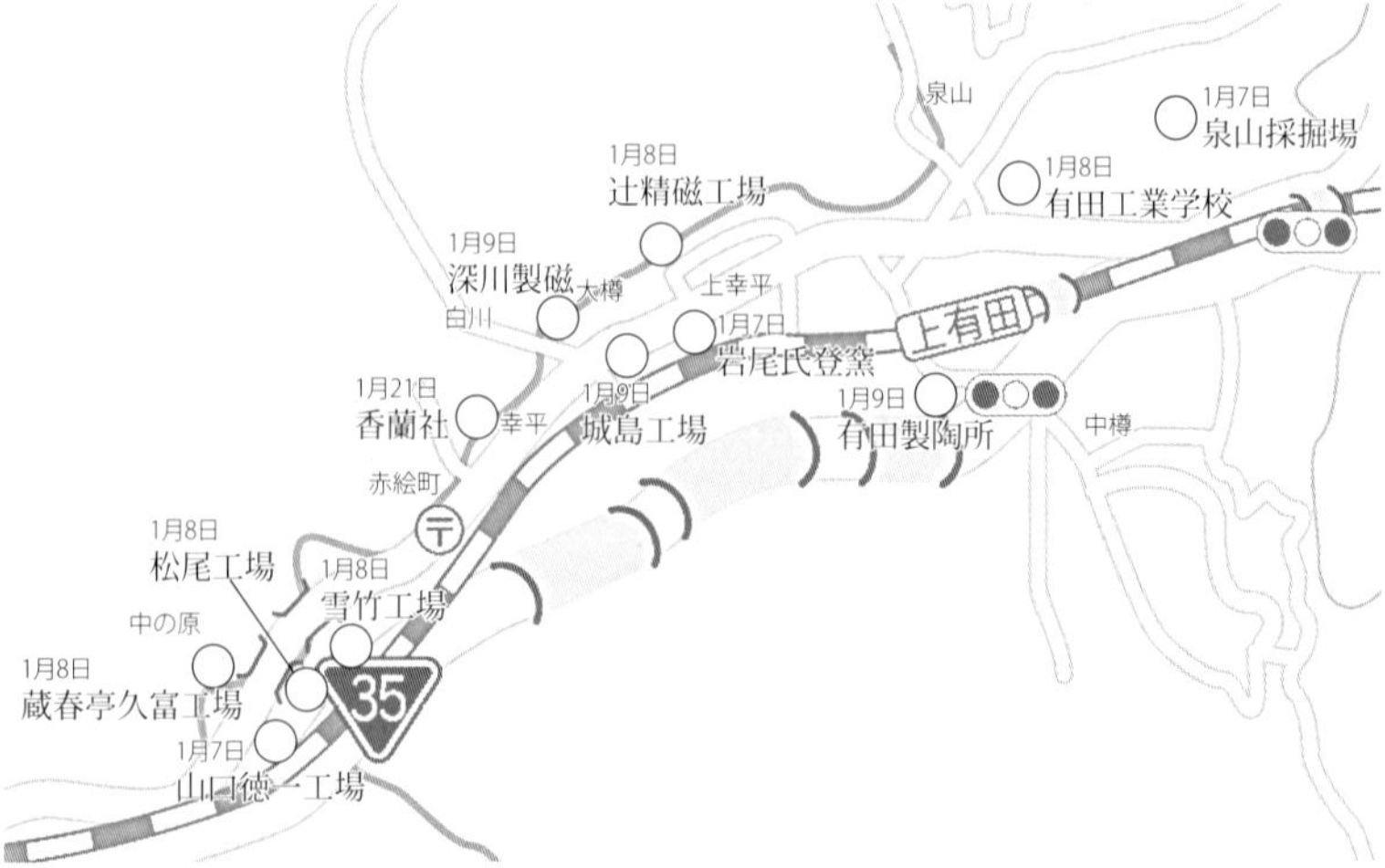

松林が訪ねた窯業地③ 上有田周辺

目次

松林鶴之助『九州地方陶業見學記 全』（翻刻）

凡　例

一、翻刻部分は原則として原文通りの表記とした。但し、適宜句読点を追加・省略したところがある。また、一部の異体字を新字体あるいは旧字体に変更した。

一、原註の（　）、原文にあるルビはそのままとした。

一、原文の段落改めは原則として原文通りとしたが、冒頭を一字下げたところがある。

一、翻刻文中の編者註および編者によるルビは〔　〕で括った。

一、原本にある挿図・表には特にキャプションを付していない。

一、新たに追加した写真にはキャプションおよび所蔵先・出典等を付した。

一、本史料所蔵者・関係者の要望に応じて一部削除した箇所がある。削除部には〔＊〕を付した。

松林鶴之助『九州地方陶業見學記　全』（大正八年）

九州地方陶業地見學旅行の動機

世界戦争とも称すべき欧乱はやうやく終らんとし、特別科第二學年は七十幾日を以て終らんとす。即ち特別科ハ既にして究まりたり、然れども尚五里霧中なるは窯なりとす。窯ハ陶業家が最後の仕上げをなすものにして、其の優劣は斯業に及ぼす事大なれバ、決して軽視すべからず。然るに我國の現状は、余りに重大視過ぎたる結果、神秘的にして犯すべからざるもの、如くに考へられ、従来の窯を固守して少しも改良を試みられざれバ、従って現代の技術者と雖も、其の研究の資料に貧弱なるが故に、窯に對してハなるべく説明を避けんとするもの、如く、其の技、尚幼稚なるをまぬがれざるは、

一、少許の資金を以て改良する事能ハざる事

二、冒險的態度に出でざれバ改良を斷行する事能ハざる事

三、現今の熱化學が完全無欠の域に達し居らざる事

四、築窯術が電氣學の如く理論と実際とが數學的に密接なる關係なきこと

等其の最大なる元因〔原〕をなす。故に之等の方面の研究を先んじ、然る後改良を企てる方適当なるものと考へ、第一回の旅行に於て、滋賀、三重、愛知、技阜〔岐〕の四縣下を旅行したる時、(1)座して食ふよりも遠く遊ぶにしかずと思ひ、製陶法の講義に於て、築窯術を授かるを以て足れりとせず、第二回の石川縣下陶業地の見學旅行をなし、(2)更に第三回の九州地方、福岡、佐賀、長崎、熊本、鹿児島の五縣下の陶業地の見學旅行をなし、窯の研究を主として、製作法の視察を背景として研究せし結果、大いに得る所ありたる事ハ結論に。二百年前の丸窯を見て丸窯の発達史を調査する事を得、或は割竹窯を発見し、倒焔式の登窯を測尺し、薩摩焼に使用する窯の床が段には非ざりし事ハ各論に於て。九十八ヶの押し圖あり、地圖あり、學術上有用なる三十の表あり、或は感涙流るゝ親切あり、血を搾る労苦あり、骨をも溶かす女あり、日奈久、湯ノ元、武雄、嬉野等の温泉あり、各地の方言、人情、風俗習慣あり、其の認むる處は次の目録の如し。

九州地方陶業地見學旅行記目録

以上

九州地方窯業地見學旅行目録終り

大正八年一月　特別科二年生　松林鶴〔鶴〕之助(5)

九州地方陶業地見學に就て

九州の陶業は主として佐賀縣下に磁器の製作せらる、ものにして、之に次ぐに鹿兒島縣下の陶器なり。尚外にも朝鮮高麗焼と寸分異る處なき高田焼あり。或ハ福岡縣下に高取焼あり。尚殊に特筆すべきは我國磁器の泉源池たるべき天草石の産地として天草島あり。是等の概況を視察せんが為めに、大正八年〔一九一九〕正月二日、午前十時三十三分京都駅を西に向って出発し、仝正月二十四日午前八時三十五分京都駅に歸着せる三週間餘の旅行の結果次の如し。

第一日　正月二日

旅出を祝すべく正月二日を祝ふべく早朝より雑煮を祝ひたる後、午前八時五十分京阪電車宇治停留場を出発せしをそも〱の始めとす(6)。仝九時五分中書嶋〔島〕に着し、直ちに京都市營電車伏見支線中書嶋〔島〕停留所を午前九時五分に出発し、仝九時三十分に塩小路に着す。直ちに京都駅待合室に入ル。午前十時三十三分発下關行列車ハ京都仕立なれバ、定刻三十分以前より改札を始めたれバ、速に長距離乗車に都合よろしき座席を占有し発車を待つ。列車ハ定刻より數分遅れ

1. 二代目京都駅（黒川翠山撮影写真資料、京都府立総合資料館蔵）

て発車して、向ふ嬉しさの内に京都は見江《え》ずなり。代って大阪。大阪又消江て目に珍しき景色の活動写真の場面の如く移り行く内、曽根駅付近に来れバ列車の両側に見ユル岩石は皆蝋石質を帯ぶ。之即ち蝋石の産地として有名なる三石の附近なれバなり。[7] 赤煉瓦にて積みたる上に家の建てるよ、と見れバ煙突ありて山陽窯業株式會社と印あり。よく見れバ出入り口を識別する事を得る煉瓦焼成に使用する二基のリングキルンなり。[8] 日は段々と西に傾きたれバ、今や暮れんとす。汽車は快スピードを以て西行すれど、日を東する能はず。トップリと暮れて、窓外ハ家々に点ずる燈のみ見ゆる様になり、夜も次第に更け行けバ、車内の人々は競ふて寝る事に努力す。ボギー式客車の座席ハ巾一尺二寸長約三尺のものなれバ、此の席上に横たふる事能ハざれバ、各自智〔知〕識と術を盡くして工夫をなす。其の内、約六十歳前後とも見

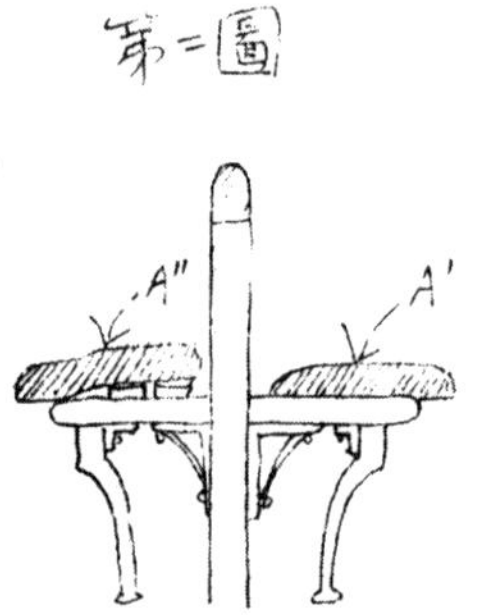

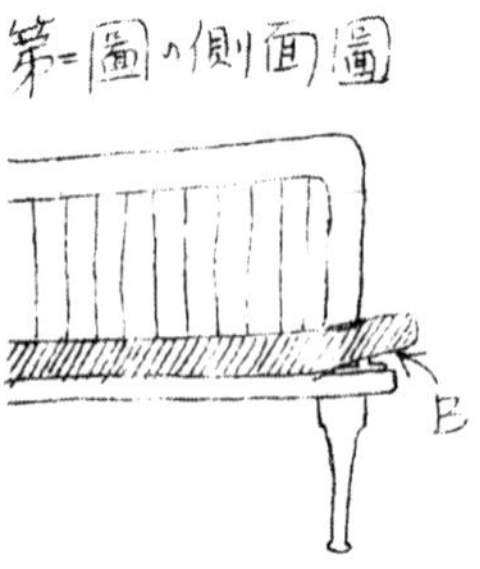

ゆる旅訓〔馴〕れたる人ありて、第一圖を第二圖の如く殊にAを座席より引き出して座席の巾を席〔廣〕くして、尚〃Aの如くに長さをも増加する為めに下駄を座席とAとの間に挟みて、尚下駄の為めに高くなれる處を枕の代用とするものなり。即チ第二圖の側面圖B部の如し。

斯くして其の上仰臥するものにして各種試みられ、中にハ滑稽なる事、臍〔へそ〕をも宿替せしむるが如き事をも試みられたれど、此の方法最も宜しく臥に安らかなれバ何人も之に倣ひて皆臥しければ自分も之を倣て臥しよく寝る事を得たり。長距離乗車に際して参考となるべきかと思ひ序に記す事とせり。斯くして未だ夜の明けきらぬ三日午前五時五十分に下關に着すれバ急いで連絡船へと走る。關間〔門〕連絡船は下關を六時五分に発し門司に六時四十分に着す。

2. 関門連絡船及桟橋（昭和4年頃、絵葉書、個人蔵）

第二日　正月三日

第一日と第二日を關門にて別ける事とす。午前六時五拾五分鹿兒島行と長崎行きとの合成列車ハ、門司を発して大里の海岸を南下す。其の沿道は悉く石炭の山にして、汽車運び来れバ舟之ヲ運び去るの光景ハ内地に見るべくも非ず。小倉を經てしばらくの後、何やら煙突の見ゆるぞと思へば音には聞きし八幡製鉄所(9)。正月にも溶鑛爐のみハ火を吹き居たり。汽車ハ更に南下して博多へは午前九時二十分着。直チに福博軌道にて縣廳前(10)に行き、福岡市中を見物したる後に博多人形に付調査せし處次の如し。

3.〈鐵都 八幡名勝〉製鐵所大谷貯水池（昭和3年頃、絵葉書、個人蔵）

4.〈福岡百景〉福岡縣廳（大正～昭和初期、絵葉書、個人蔵）

博多人形

博多には博多織と共に有名なる博多人形あり。市中所々に其の商店あり。今其の中の最も大商店たる中間町谷川商店[11]に就て小生の調べたる處によれバ、博多人形に使用する粘土は筑紫郡麦野村[12]の畑の約十尺程下より産する粘土にして、其の呈色ハ帯青黒色にして製形に最も適当なる粘力と粘土分子の密度とを有するが故に、其の質微細にして水簸を要せずして其儘單味[13]を以て使用する事を得るものにして、其の價格ハ百六十貫に付金三円位を以て購入する事を得べし[14]。而して其の素焼焼上までの収縮ハ十三%にして、上手なる職工ならば高サ五寸位の大いサ(ママ)[15]の人形の型起し、一日に二十乃至二十五個を、此の工賃一個に付金七錢を供するものなりと。而して製形に使用する型ハ、石膏形(型)を使用す。以前ハ素焼形(型)なりしも素焼型ハ造型の不便と注文の寸法に對し正確に保証する事困難なりと雖も、石膏型ハ造型の容易なると加ふるに注文の寸法に對し十三パーセントの収縮を掛くる時ハ、確実に其の寸法に製形する事を得るが故に、目下は悉く石膏型を使用するものなりと云ふ[16]。而して此の五寸位の大いさの母型一個を製作するに普通一日位を要すれども、熟練なる職工にありては一日に三個を造ると云ふ。而して斯くの如き人形の製品一個の製産費ハ造型(形)、焼成、彩色等を合算して一個に付二十乃至二十五錢にして、之のもの、賣價は五十乃至六十錢にして、製品によりてハ彩色の後光沢を発せしむる為めに研摩を要するものあり。彩色に使用する顔料ハ有機顔料にても可なり。何とならば素焼するの他、本窯焼成をなさざるに依るものなり。彩色上の技術に於ては膠の加減最も困難にして、職工の如きも自分にて此の加減をなし得る者は其の技量一人前なりと云ふ。而して職工は子供の時より稽古して得たる徒弟によりて従業せられ、美術學校又ハ陶器學校の模型科出身者は従来の徒弟より頭脳に優るとも技量に於て劣る處あるが故に、其の一日の工賃の額に於て従来の徒弟に及ばざるが故に、自ら去りて長く止まり更に技量を研かんとする者稀なれども、美術學校の卒業生を使用せんとする時ハ、校長に依頼し置く時ハ、校長ハ生徒中より希望者を募りくる、が故に、其の目的を達する事を得ると云ふ。而して商店の方に於ても時代の進歩に遅れざらん事を期し、職工の奨勵かた〴〵月に一回つゞ職工の作品展覧会を催して、大いに其の成績を擧げつゝありと云ふ。近年採〔彩〕色に使用する顔料は大いに其の範圍を擴張したれども『ニス』の如きものハ使用せず。ヴァルサン油は少量乍ら使用し居れりと云フ[17]。

第三日　正月四日

高取焼

福岡市外西新町字皿山にあり。(18) 昔は茶器、食器、花瓶の如きものを盛んに製造せりと雖も目下は土管焼成の復〔副〕業同様にして、従来の高取焼の製作に努力せず。其の原因は茶器、食器類は九州地方の明治以来の非常なる工業発達をなしたる為めに風流に志す者大いに減じ、高取焼が有する一種特別の雅味も之を識別する事を得ず。只白色なるを歓迎する不風流者の為めに有田製品の歓迎せらる、處となり、其の賣行頗る遠く、之のみを以て營業せんとせば事業縮小を要するにより、他方面に製品の品替をなしたれバ、目下は常滑の如く土管を主なる製品とするに至れり。殊に福岡縣下は荒地整理の為めに土管の需要ハ到底之に應じ切れぬ有様なりと云ふ。故に目下の製造家數軒ハ全力を挙げて土管の製作をなしつ、あり。故に焼物として深く研究するの餘地なけれど

5. 早川嘉平「黒釉耳付大花瓶」
（明治期、佐賀県立九州陶磁文化館蔵）

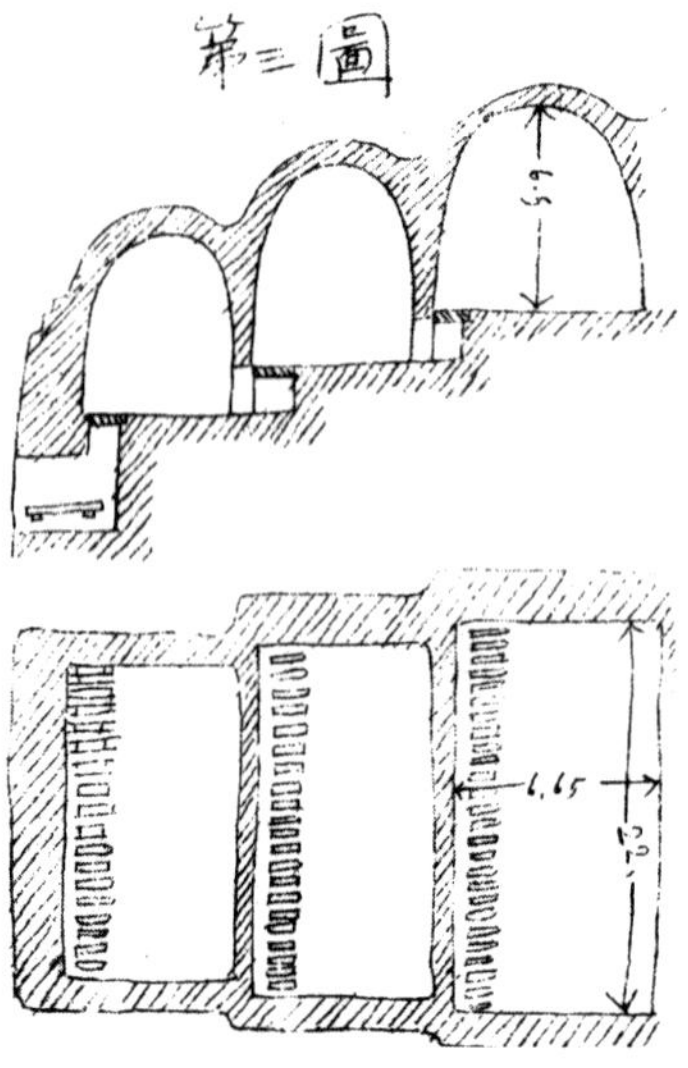

も、早川嘉平氏(19)は熱心なる製作家の一人にして、殊に築窯には多大の徑〔經〕験家なり。早川氏の工場には二基の昇り窯あり。普通肥前地方に用ヒらる、窯とは大いに異にして石炭を以て昇り窯を焼成する事を得るものにして、狹間は美濃地方の古窯に則り吹き上げ狹間となして、其の吹上口を第三圖に示すが如くせり。尚又他一登りは餘程小形にして胴木を有し、第一室ヨリ第四室までを本焼とし、順次大きくなり居れども第五室ハ馬鹿に大にして第四室との釣合も取れぬ程大なる素焼室を有し胴木の間にも品物を窯詰するものなりと云ふ。考ふるに胴木間に品物を窯詰すると云ふ窯ハ日本にも此の窯一つなるべし。而して其の狹間穴の大なる事ハ、大小両登窯共に京焼に似たり。巾と高サとが同一に近きは丸窯に似たり、吹き上げ狹間なるは古窯に似たり。楯を用ヒず火床と窯床の高サ同一なるは古窯及ビ京窯に似たり。焚き始めの胴木の如き處ハ、信楽の模範工場(20)の胴木に似

てグレート[21]を使用したれバ薪材、石炭何れにても焼成する事を得、斯くの如き窯は窯の分類上如何なる處に属せしむべきか大いに迷はしむるものなり。此の窯ハ早川嘉平氏が九州の炭坑の発達に伴ひ、松材の需要を加へ薪材として容易に落手し難き為めに、窯詰ハ出来るとも薪材なき為めに焼成する事能ハざる場合しば〳〵あるを憂ひ、石炭を以て焼成せん事を企て、尾張美濃地方を順遊して其の地方の窯の長所を折衷せるが故なり。尚又第四圖に示セルは早川氏の小登り窯にして胴木にも品物を詰めると云ふ珍らしき窯なれども、此の窯ハ薪材焼成窯なり。尚早川氏ハ西洋式角窯をも率先して築き第一回焼成に失敗し、再び瀬戸、美濃地方を廻り之を改良して目下にて大いに成績良く焼成する事を得るに至レリと云ふ。早川氏は只築窯法の講義などは聞かざれども、見て来てはやってみる、やって見ては改めるを幾度となくくり返した人なれバ、早川氏と築窯上の話をなす時は時間の過ぐる事など忘る、位なり。

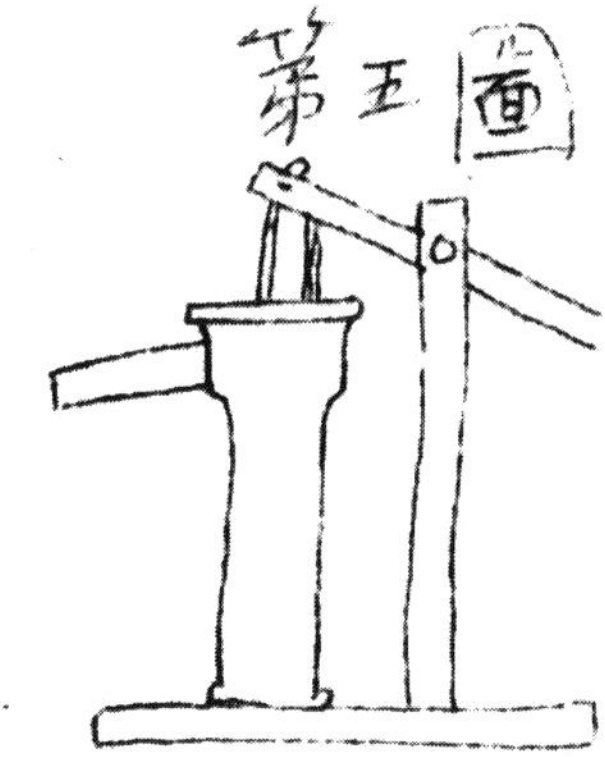

尚又近年長沼式と称する陶器製ポンプの注文ありたる為め、土管と共に相應の賣行ありとの事にして、第五圖に示すが如き、シリンドル[22]のみを陶器にて製作するものにして、ヴァルブ[23]は金属製なれどもピストンのストロークの距離は餘程の手間ものにて外部ハ多少凸凹あるともよ

6. 官幣大社筥崎八幡宮（大正後期〜昭和初期、絵葉書、個人蔵）

ろしけれども、前記の如く、シリンドルの内部ピストンのストロークする處の為めに一個一円以上ならでは引受くる事困難なりと云ふ。要するに高取焼の現状は茶器の如き従来の製品を背景として、現今は土管を主とせるものにして、其の最も苦痛とする處ハ薪材の乏しきと職工の不足と工賃の安からざるにあり。即チ工賃をおしむ時ハ職工はドシ〳〵と炭坑の方面に轉業するものなりと云ふ。故に高取焼ハ背面より観る時ハ従来の製品を製作し得る職工なくして製作し得ずと云ふも可なり。

以上記したる如く福岡の高取焼、博多の博多人形等を視察し終へて、福岡を去るに先きだち市内の見物をなした事など他事乍ら序しに記し置けバ

筥崎八幡宮(24)の祭

正月三日の午後三時頃、丁度今日は筥崎八幡宮

のお祭なれバ、と進〔勧〕められて見物に福博軌道に乗りて筥崎に下車すれバ、官幣大社筥崎八幡宮とあり。多數の人出にて大いに賑はい居たり。此の日お宮より一個の球を出し、此の球を二組に分れたる赤裸体の若者によりて争奪戰が行はれ、早く宮に納めたるものが其の年の勝者なれバ我劣らじと争奪し裸体の為めに覺ゆる寒さも忘れて汗を流し居る最中ハ、見物人ハ冷水をあびせかくると、冷水も汗と共に水蒸氣を上げて見る目も痛快なり。斯くて規定の範圍内を取りつ、取られつして歩き、終いに神社に納むれバ神官によりて式もいと嚴に擧げらる、ものなり。[25]

福岡市　年末年始の贈物

家に娘ある時は長サ一間位、巾サ二〔ママ〕尺位の、羽子板を贈り、男ある時ハ飾り弓を送るを習慣とせり。故に娘ある家ハ大なる羽子板の贈物を受け、床の間に飾り置くが故に其の大小多數によりても其の家の盛不盛をトするに足る位なり。

九州雑煮

京都地方の雑煮ハ味噌汁なれども福岡の雑煮ハ然らずして、餅ハ丸からず四角な切餅にして、すましの汁に鯛の塩漬の切身に椎蕈、青菜、大根等よりなりたるものにして調味ハ京都人には少々辛き感じあり。何品によらず九州調味ハ京都よりも少しく辛味なり。

第四日　一月五日

博多発午前七時四十五分八代行列車にて二日市に下車し、二日市より軌道にて有名なる官幣中社大〔太〕宰府神社[26]に参詣せん考へなりしも、宿の朝遅き為めに間に合はず、九時五分発長崎行列車にて唐津に行く事とせり。然るに關門連絡の都合上、列車ハ約二十分延着せしかば博多を出発して唐津行乗替の久保田に下車せし時ハ、唐津行列車の発車後十分なりき。止むを得ず待合所に約一時間を待ち、午後十二時四十五分に久保田を出車し、西唐津へハ三時頃に着せり。久保田、唐津間には炭坑多数にあり。西唐津ハ石炭の輸出港として重要の位置にありて、久保田を去る二十七哩の北にありて、海岸には虹の松原の景色あり[27]。舞鶴公園より港内に泊せる汽船を見下して、松浦川の唐津湾に注ぐ所、夏ならば海水浴もいとよろしき處、萬松一路の白波の上に翠を連ねて、玄海の清波に浮び、大なる机の如き領巾振山[28](ヒレフル山)の晴嵐に映じて居る。清麗の景、優艶の状、三保の松原も舞子の濱も或は及ばざる所。夕陽燃ゆるが如く海に映じて、波為に紅なるの時、海濱二里の砂濱白く、竝松萬株、翠滴りて紅白青の色を重ね、宛然たる二里の大虹をなす。唐津の虹の松原か、虹の松原の唐津か、虹の松原と云ふも何と其の命名の巧ならずや。

7.〈唐津名所〉虹の松原（昭和3年頃、絵葉書、個人蔵）

8. 七ツ釜（佐賀県編『佐賀縣寫眞帖』1911年より）

9. 呼子港（佐賀県編『佐賀縣寫眞帖』1911年より）

10. 名護屋城阯（佐賀県編『佐賀縣寫眞帳』1911年より）

七ツ釜、西唐津ヨリ海上北へ五浬、全岬柱を列べたるが如き玄武岩より成りて而して斗壁峭立、立端分岐して稍三叉状をなし、其の東なる叉の基脚に七個の横洞竝列して窯を列べたるが如くなれバ七ツ釜と称ス。(29) 波浪静穏なるの日、皆舟を容る、事が出来る。これより北呼子港に至る間、一里許り斷崖絶壁峭然として連續し、崖や壁や皆玄武岩、見る者をして思はず、日本にもフヰンガル窟あり、巨漢の石道あり、と絶叫せしむるの風光を見物して(30) 唐津に戻り長崎屋(31) に投宿す。

〔第五日　一月六日〕

唐津焼（第五日　正月六日）

唐津焼ハ有田焼よりも古くして昔は白泥（玉）(32)を製し、次いで青磁を製作したれバ世に唐津物として大いに賞玩せられ、此の事豊臣秀吉の耳に入り、秀吉ハ其の製品を全部幕府に納めしむ。之より家禄によりて製品を上納する事となり、一般には鬻《ひさ》がざりしが、昔唐津物として世に賞玩せられたるは何物なりしかをも知らざる者多くなるに至れり。徳川が豊臣に代って幕府を開きし時も、續いて之に上納する事になりたるものなりと。傳ふる處によれバ豊臣秀吉朝鮮征伐の際、名護屋まで来る。(33)陶器師を近く呼び寄せて各種の器を作らしめしと云ひ、其の粗〔祖〕先は朝鮮人にして九州へ歸化したる者三人ありて、歸化後ハ一人を太郎冠者と称し、一人は小次郎冠者、今一人の者を藤平冠者と称せしにより、其の名に因みて、其の住ひたる土地に太郎冠者の住ひたる村は太村《ダイラ》、小次郎冠者ハ小次郎冠者村、藤平冠者ハ藤の平村と命名し各村今に存すと云ふ。(34)

斯くの如き古き歴史を有する唐津焼ハ、昔ハ幕府の保護のもとにありて大いに盛大なりしが、明治以来幕府の保護ハ止み、家禄は取れ、税金を平等に課せらるに至りて大いに衰へ、現今に於ては太郎冠者を粗〔祖〕先とす中里祐太郎氏(35)のみ従来の如く營み居り、新規に〔*〕中野末造(36)と云ふ者の

13. 中野末蔵（造）・二代中野霓林
（『松浦大鑑』1934年より）

11. 十一代中里天祐（祐太郎）
（中里太郎右衛門陶房提供）

12. 御茶盌窯（編者撮影）

第六圖

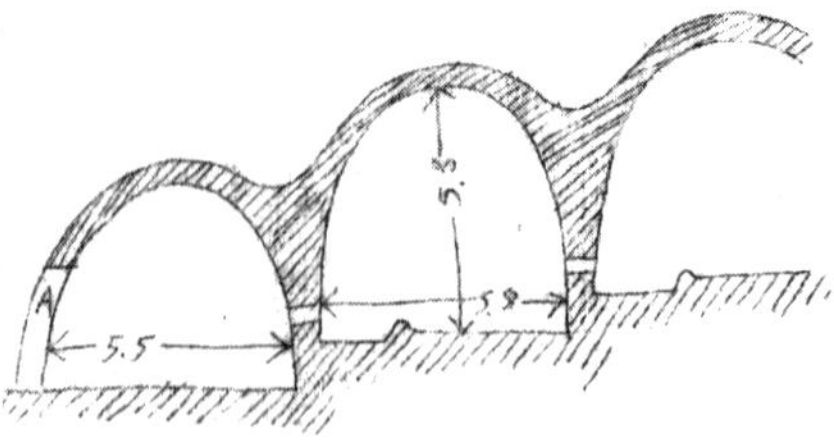

第七圖

開業を見たるのみにして、現今ハ唐津に登り窯二昇りを有し制作家ハ中里及ビ中野の二軒にして、其の製産力両者にて一ヶ年に二千円以内たるべし。

其の製品ハ徳川五代将軍の頃より薩摩焼に似たるものとなり、今下に於ても斯の如き製品を作り居り、茶器一切及ビ置物、人物等の調刻〔彫〕に巧みにして、〔口絵3〕高サハ三尺乃至五尺位のものを製作し、其の窯は我國登り窯研究上多大の價値あるものにして、有田の丸窯が之より進歩せる形跡を認むる事を得。即チ最も下方の一室は京窯の胴木間同様にして、第七圖の如く生松を太サ徑六寸以上の太きものを室一杯に詰め、第六圖Aなる出入口を第七圖Bの如く積出して小さくし、外部より焚き附けて火勢を強むる時は、生松も終ひに燃焼し、之が燃ゑ終る頃ハ、丁度第一室が釉薬溶融する頃なれバ、焚き止めて第二室に移るものなりと云ふ。[37] 其の焼成法も元始的なる方法によりて今も尚焼成せられつ、あれども、其の子寿一氏[38]は有田工業學校卒業にして目下唐津に於テ工場を建築中の唐津窯業会社の一技術員なれバ、目下の處餘り家業には関係せざるもの、如くなれども、主人祐太郎氏が此の築窯以来二百餘年を經たる古き窯を改めて築造し大いに面目を新にせん事を企てつ、あれバ、或ハ有田工業學校を卒業せしめたる其の學力に賴んで、此の考古學上に唯一の参考となるべき窯をも改造せられんとしつ、あり。小生考ふに此の窯が改造せられざる間に、識者によりて充分の研究をなしたる後に、自由に改造又ハ或る方法を構じて保存せられん事を希望する次第なり。[39] 参上の為め其の窯の寸法を記すれバ次の如し。[40]

	勾配ノ差	長	巾	高	火床の巾	サマの数	〃巾	〃高	〃深	〃高	出入口ノ巾	〃高	〃厚サ	焼成時間
火口		八、〇	5.5	4.5	｜					一、七	二、二	二、八	〇、八	二四
	一、七					十三	〇、四	〇、五	一、〇					
第一室		八、一	五、八五	五、三	二、四					〇、三	一、六	三、二	一、〇	八
	一、二					十四	〇、三五	〇、五	〇、七					
第二室		八、九	六、四	五、二	二、五					一、一五	一、八	三、四	一、一	六
	一、二					十四	〇、三五	〇、二五	〇、七	一、二				
第三室		九、七	六、一	六、〇	二、一									
	一、八					十三	〇、三五	〇、三	〇、八	一、八	一、七	三、五	一、二	六
第四室		一〇、七	七、八	六、六	二、三									
	二、五					十四	〇、二五	〇、三五	一、〇	二、一	二、〇	四、〇	一、三	六
第五室		一一、〇	八、〇	七、三	二、五									
	二、五					十七	〇、三	〇、三	一、〇	二、五五	二、一五	三、六	一、五	七
第六室		一三、〇	八、〇	七、五	二、四									
						十八	〇、三	〇、四五	一、五	二、一	二、一	三、四	一、四	六

此の窯ハ尚後に三室ありたるものを取りて今は其の跡を残し居れり。而して、[*]中野末造氏の窯ハ近年築かれたるものなれども、[*]其の築く處の窯も矢張二百年以前に築れたるものと同様にして、其の構造に於て寸分異なる處なきものとす。其の寸法ハ次の如し。(41)

	長	巾	高	火床の巾	勾配ノ差	サマ穴 数	サマ穴 巾	サマ穴 高	サマ穴 深	サマ穴ノ高サ	出入口 巾	出入口 高	出入口 厚サ
火口	六、七	四、三	四、六							一、〇	一、七五	三、〇	〇、九
					一、九	一二	〇、四五	〇、五	〇、七				
第一室	八、〇	四、三	四、四	一、七						一、三	一、五	三、二五	〇、八
					一、三	一三	〇、二五	〇、三五	一、二				
第二室	八、一	五、〇	五、一	一、七						一、五	一、六	三、三	〇、八
					一、三	一四	〇、三	〇、三	一、一				
第三室	一〇、〇	六、一	七、〇	一、五						一、四五	二、一	四、八	一、〇
					一、五	一七	〇、三五	〇、四五	一、四				
第四室	一〇、六	七、〇	七、二	一、六						一、四五	二、二	四、八	一、〇
					二、〇	一八	〇、三	〇、四五	〇、九				
第五室	一一、五	六、八	七、五	一、八						一、九	二、五	四、五	〇、七五
					二、〇	一九	〇、三	〇、三五	一、三				

以上の如く唐津焼に就て調査したる後、旅館長崎屋に戻り晝飯を食し、唐津駅を午後三時四十一分発久保田行列車にて有田に向へり。唐津駅より上有田まで四十六哩三、九十四戔なり。

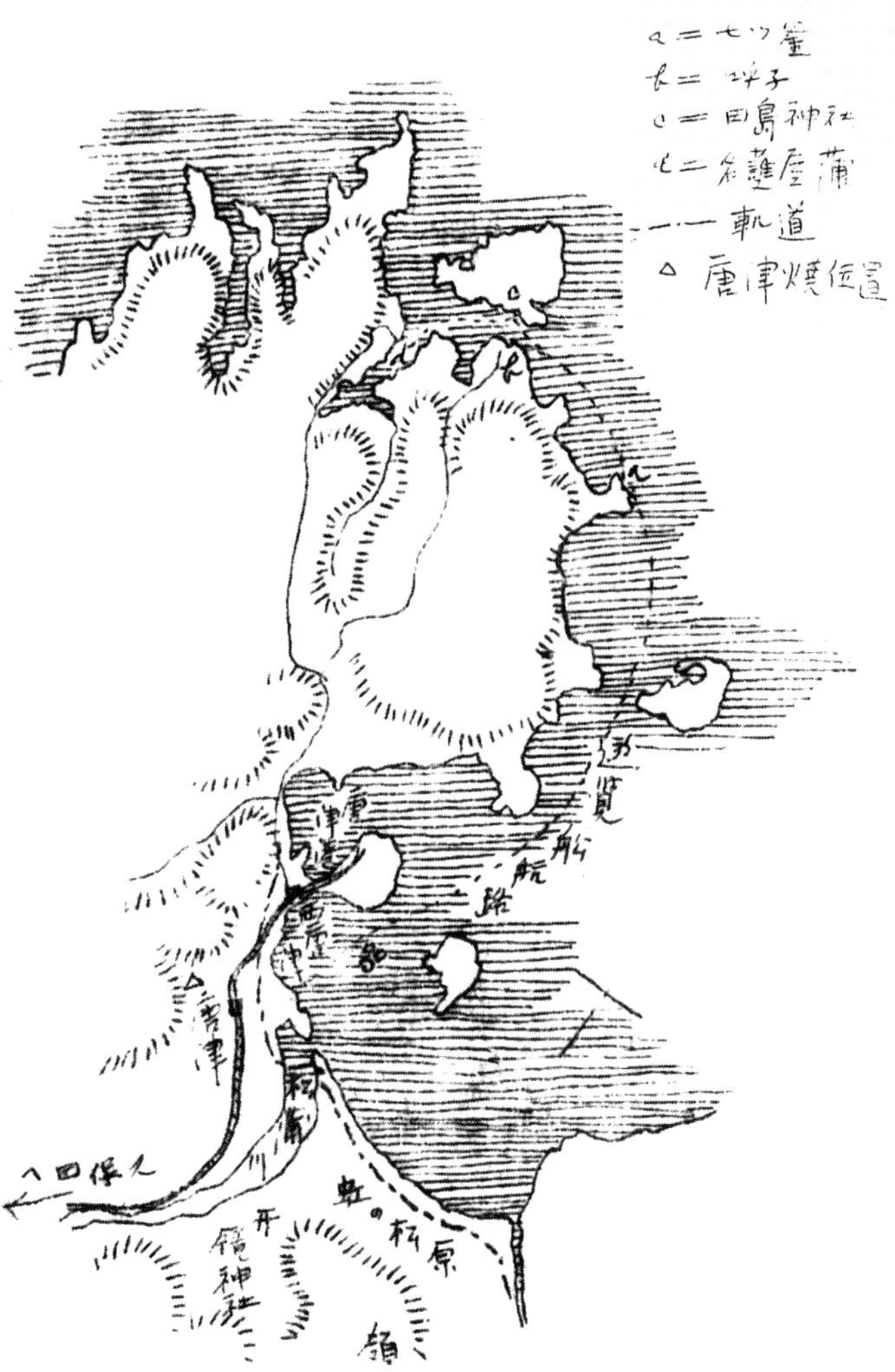
a＝七ツ釜
b＝呼子
c＝田島神社
d＝名護屋浦
—・— 軌道
△ 唐津焼位置
唐津
虹の松原
鏡神社

列車ハ松蒲〔浦〕川に沿ふて景色よろしき處を南下して鬼塚、山本、相知、岩屋を經て嚴木も通過す。嚴木には有名なる佐容姫屋敷跡あり。莇原（アザミバル）、東多久、小城を經て久保田に着せしハ五時三十分にして、長崎行列車ハ六時五拾一分発なれど延着して七時八分久保田を発し、牛津、肥前山口、北方、武雄、三間坂を經て上有田に着せしハ一月六日午後八時十分なりき。之より約二十丁を歩みて有田唯一の三冨屋旅館に宿泊す。

有田は宿屋らしき宿屋の無い處にして最もよろしき旅館にしても三冨屋一軒にして、他ハ木賃宿同様のもの及ビ木賃宿よりなきものにして、唐津の如く博多屋、新岩井屋、元岩井屋、海濱院旅館、長崎屋等の一流旅館なけれバ、三冨屋にて辛棒〔抱〕の出来ぬ人ハ有田より汽車にて四十分の後伊萬里に着し、伊萬里には岩田屋、今福屋[42]等あり。或ハ武雄に武雄温泉あり。東京屋、春慶屋、東洋館[43]、角枡、三國屋等ありて之より汽車にて通はさる〔ざ〕べからず[44]。

第六日　正月七日

泉山石採堀地[45]

泉山は有田町の東北にありて工業學校の裏手に当り、其の入口にはいかめしき泉山磁石採堀事務所と看板をか、げ、又一方には無用の者入るべからずとあり。先づ事務所に談じて許を得て進み入る。帯灰白色の巨岩、道の両側に直立して時々バラ〳〵と小石を落すが故に、何となく通るも氣味悪しく感じ、巨岩の落下するが如く思ふルよりて氣味悪しけれど歩み行けバ、カン〳〵と石屋が石に穴を堀る音聞え、時々ゴーとトロッ《〔ヨ〕》クの音聞ゆ。一つ曲って見れバもう白色の泉山石が目に入る。ゴーと聞えたのハ七馬力半の電氣巻上機械を使用し、悪土を山の裏手にトロッ《〔ヨ〕》クにて運船《〔搬〕》するものなりき。泉山石は山の頂より五、六十尺の下より産し、上部は使用する事能ハざる土砂及ビ岩石にして、昔は質のよろしき所にトンネルを堀り行きて採堀し、又其の穴に他の土を埋めてハ他にトンネルを穿ちたる為めに、泉山石の採堀上大いに以前に埋めし悪土の為めに、使用し得る優良なる泉山石までもが捨てらる、事少なからざるを以て根本的に採堀法を改むるの必要上、七馬力半の巻上機械によりてトロッ《〔ヨ〕》クを一台づ、巻き上げて、悪しき土を山の裏手に捨てつゝあり。故に此の方の事業が一日も早く進歩すれバ、それ丈泉山

14. 石場前の広場（大正～昭和初期、有田町歴史民俗資料館蔵）

15. 有田泉山の磁石採掘場
（『日本地理風俗体系 第12巻 九州地方 上』1932年より）

石ハ採堀に容易となるものなり。此の山ハ一町四ヶ村の共有にして、改良工事も亦一町四ヶ村の事業となり居るものなり。即ち有田町、有田村、曲川村、大山村、大川内村等なり。而して一ヶ年間の採屈高ハと聞ケバ、一車五百斤入三萬車と云へり。之は最大能力なりや、或ハ一桁の大風呂敷なるや計り難けれども、五百斤入り三萬車と云へば、一千五百萬斤となる。一千五百萬斤と云へば天草石の一ヶ年の産額なり。天草石ハ近くは肥前より遠くは京都、名古屋まで、殊に日本陶器会社ハ一ヶ年に六百萬斤を買い付けつ、ありと云ふ。之より考ふると天草石の産出面積の十分ノ一にも達せざる泉山石が、天草石採堀〔掘〕坑夫の約十分ノ一の工夫によりて、天草石と同料の産額を有すとは受取れず、一ヶ年の実際の産出高ハ百五十萬斤位が実際なるべし[46]。而して其の價格非常に廉にして一等品にても原石の儘ならは、五百斤に付僅に六十戔位なりと云ふ。之を粉砕して百斤一円六十戔位なれバ有田の坏土原料は極めて廉なるものと云ふべし。

泉山石の性質

泉山石は石英粗面岩[47]の分解によりて生じたるものなれバ、其の母岩に於ては天草石と等しきが故に、其の性質も亦大いに近似せるものなり。故に之を天草石と比較研究一層明白となるにより、之を表にする時ハ、

	天草石	泉山石
粘力	泉山石に優る	天草石に遠く及ばず
鉄の含量	磨によりて除ク事を得	硫化鉄となりて混ずるが故に除く事を得ず
シンターポイントとメルチングポイント(48)	其の間廣し	其の間狭し
焼成後の呈色	白色に近し	帯青白色乃至微青白色
素焼の熱度	ゼーゲル(49)零赤番 二十番	ゼーゲル零　六番
坏土の呈色	純白乃至帯黄白色	純白色

尚上記の他泉山石ハ頗る神經過敏にして、少しの焼成の失配〔敗〕にもよく製品の影響多けれども、此の点に於て天草ハ泉山石以上にあり。故に上表より考ふる時ハ、泉山石は天草石に比し遠く及ばざるものなれども、價格に於て非常に安價なるにより泉山石を使用し居れども、現今に於ては有田の内山と雖も製形を容易にする為めに天草石を二割乃至五割つゝ加ふる工場多くなり。泉山石單味にして使用する製作家ハ深川製磁会社、辻製磁〔精〕工場、藏春亭、香蘭社などなれども深川製磁会社、辻製磁〔精〕工場、香蘭社にても或る種の製品には天草石を混じて使用するか、又は天草石單味にて製作するが故に、有田町にて天草石を少しも使用せざるは藏春亭あるのみなれど、藏春亭の原石は泉山石には非ずして、泉山石の脈にして藏春亭の所有山より産するものを

使用し居るものなり。

泉山石は無盡蔵か否や

泉山石の採堀〔掘〕は二百年以来其の粉砕の為めに有田川を濁らしつ、あるものにして、年々採堀〔掘〕したれバ、大いに採堀〔掘〕容易の部分ハ今や取り盡して採堀〔掘〕し難き部分のみとなりたれバ、採堀法

第八圖

改良さへ構せらる、に至りたれども、地下深く堀りさへすれバあるものなりや否や、頗る凝はしき門〔問〕題なれども以前にトンネルを以て採堀〔掘〕せし跡は目下採堀〔掘〕中の床面以下にもあるを以って、目下の最も困難を感ずる所ハ、上層に多大の粘土ありて之を取り除げざるべからざるにあり。之さへ斷行すれバ採堀〔掘〕容易となるものなれども、堀り割られたる所より見れバ、一等品を産する所ハ極めて一少部分に止まり、二等品の所も狭まく三等品の産する所のみ廣けれども、三等品は需要なきを以て採堀〔掘〕せられず(50)、斯くの如き一少部分のみ採堀〔掘〕する時は、終ひには其の脈を盡す事となるべきなれども、有田の人ハ藏春亭(51)が所有せる山より採堀〔掘〕せる原石も全く此の泉山石の脈なりとし、泉山石の鑛脈の流れが二、三ヶ所に現

はれたるものにして、其の一例が藏春亭が堀る所、他に又山の裏にあたりても同様の石の出る所あるにより鑛脈あるものとなし、なくなれバ無くなりし時に方法を構ずるの方針を取り、目下は極めて原料には楽観せるものの如し。(52) 故に無盡藏とも幾年か後に盡きはてるものとも一度位の旅行には知り難し。(53)

岩尾氏考案倒焰式登り窯(54)

泉山よりの歸りにふと見れバ窯の見ゆるに、何氣なく立ち寄り見れば、普通の窯とは大いに撰を異にせる倒焰式の登り窯にて、床面に四十乃至五十餘の吸込穴を有するものなれバ、製圖するに足る丈けの寸法を取りたしと思ひ窯に出入する人に頼めバよろしと云う。されバ先づ胴木の如き一番下より寸法を取り始め、一之間を取り終り、二之間に入り寸法を取り、取り居り最中一人の大男来って君は何者かねと聞く。されば直ちに、京都市立陶磁器試験所付属傳習所特別科生徒、松林鶴之助〔ママ〕の名刺を差し出し、今回九州地方の陶業地見學に来りたる旨を述べ、此の地が始めての者なれバ何人に頼むべきや、それをも知らず、只窯に出入する人に頼みたる事を告げ、更に寸法を取る事を許されん事を乞ふ。然れバ私が此の窯の主人ですか〔が〕ね、実ハ大正五年〔一九一六〕に苦心に苦心を重ねて築造したるものなれバ、秘密にし居る窯なれバ、寸法など取られては困ると云ふ。(55) されど更に斯の如き窯を模倣せんが為めに寸法を取るに非ずして、小生は熱心なる登窯の研究をなす者の一人にして、京窯の容積と狭間穴との比は既に研究したれども、有田地方の丸窯のそれが知りたさにやって来た次第故と再び頼めば、京窯につきて試験的の質問に会し、之に對して説明を試みては頼み、やう〳〵の事にて寸法を取る事を許されたり。其の窯の構造ハ第八圖に示すが如く障壁に狭間穴を設けず、西洋式倒焔式窯の如くに床面に吸込穴を設ケ、床下に圖に示す如く煙道を造りたるものにして、吹上狭間なるが故にタテを要せず、倒焔式なるが故に窯室内の熱度を平均せしむる事を得。加ふるに焼成時間ハ他の窯に比し二分の一にて可なり。又此の儘にして石炭焼成をも行ふ事を得らる、ものなり。今此の窯の寸法を略記すれバ次の如し

	長	巾	高	吹入穴						出入口			焼成時間
				數	巾	長	深サ	横距	縦距	巾	高	厚サ	
第一室	一五、六	七、四	八、七	四四	〇、三	〇、二二	〇、八	一、一五	一、五	二、三五	五、一	一、四	三二
第二室	一五、七	八、九	九、三	五二	〇、三	〇、二二	〇、八五	一、一五	一、八	二、四四	五、四	一、四	一八
第三室	一五、六	七、六五	七、六五	三〇	〇、三	〇、二二	〇、九	〇、九	一、九	二、二	五、〇	一、三	七

にして第一室と第二室との勾配の差ハ二尺七寸、第二室と第三室との勾配の差も二尺七寸なり。吸込穴の床板の厚サハ二寸なり。此の窯は普通の窯の如く障壁の厚サを測定する事を得ざりしが、大略一尺四寸位の厚さなる事出入口の距離を側〔測〕定して得たり。

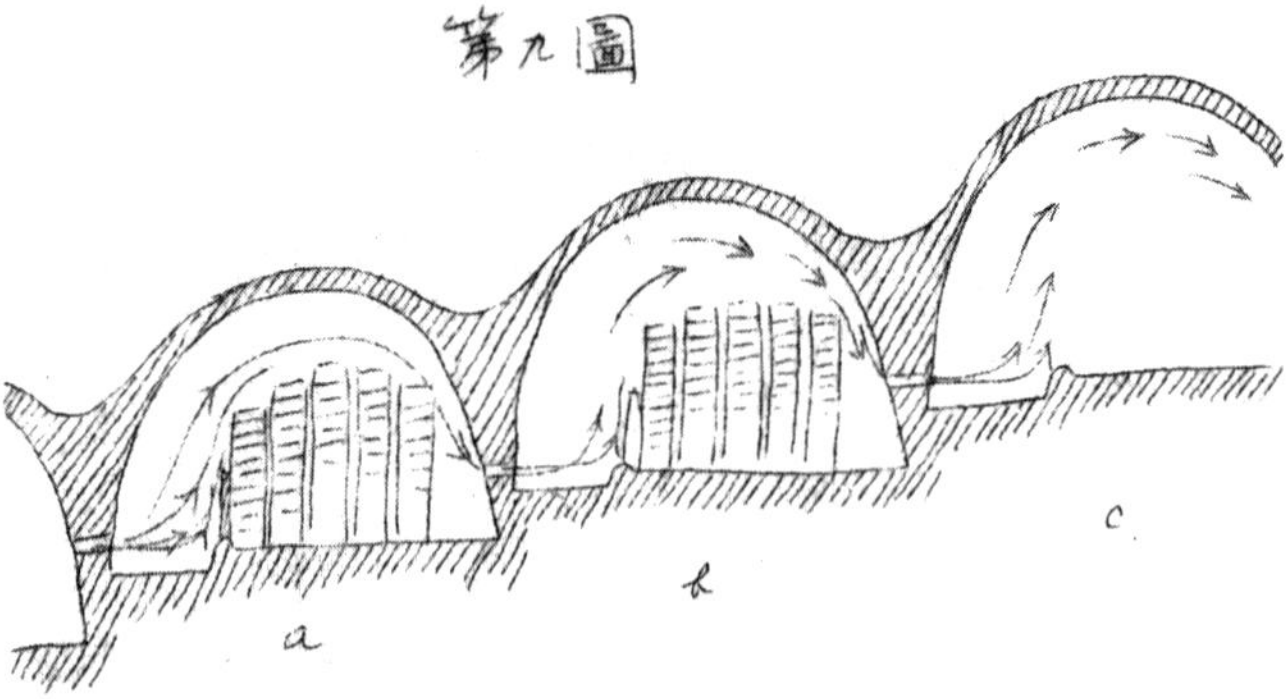

山口徳一氏工場(56)

本工場は職工約五十人を使用し大小の皿を焼成するを専門とす(57)。原料は泉山石に天草石を混じて使用し、製品は普通品にして優良なる製品を出さず。只、工業的に安價に供給するにあり。工場は今尚正月の氣分にて、職工は休業し就職せず窯のみ焚き居たりしかば、丸窯の焼成を実際に調査する事を得たり(58)。丸窯の焼成ハ其の窯室の容積一千立方尺に對し一平方尺内外の狭間穴を有するが故に、窯内に焔は留りたるが如き状態となりて大いに火の進む速度は減ぜられ、下の室より吹き出す空氣に燃焼したる焔は第九圖に示すが如く矢の方向に進み、天井に達すれバ次から〳〵燃焼し来る燃焼生成物の為めに押し下げられて、終ひに狭間穴に至れバ非常なる勢にて次の間に吹き出す事は酸水素吹管の焔が横に長く吹くと同様に、小なる狭間穴より楯に達してやう〳〵上方に向ふ有様は一つの壮観を呈するのである。今、第九圖のｂ室に於て今や焼成中と假定する。すればａ室に入りたる空氣はａ室の餘熱の為めに暗赤熱に熱せられ、空氣は攝氏一度の上昇によりて1／278づ、膨張するが故に、非常に輕量となりて室の上方に昇り行く時は、又次から〳〵入り来る空氣の為めに押し下げられるが故に窯室内は為めに壓力を生じ、少しにても穴あらば吹き出さんとする勢となりたる所に次室に進む狭間穴あるが故に、此の狭間穴より噴き出し得る限りの勢ひを以て、即チc室に吹き出し楯に接して大いに熱を失い焔は急冷して煙となりて薄暗になる。此の有様は第十圖に示すが如き出入口に投薪孔を開けた儘なるが故に，此の穴より目撃する事が出来る。此の投薪孔ハ高サ一尺七八寸、巾四寸乃至七寸ありて，如何なる大なる窯なりと雖も一方にのみ出入口を設け焼成の際も一方より投

16. 山口徳一（山口家提供）

17. 山口徳一工場（山徳）「銅版染付樹下美人文大皿」（明治後期～大正期、佐賀県立九州陶磁文化館蔵）

第十圖

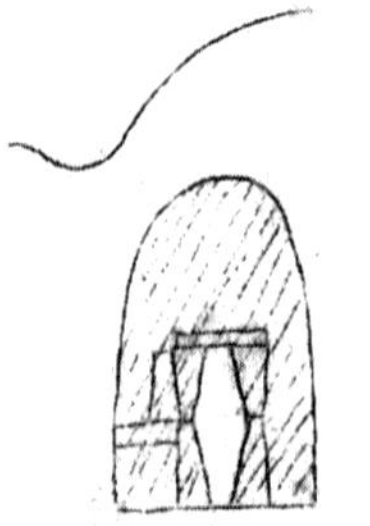

薪するものにして、投薪の順序ハ遠き所より順次近き所に投入するを常とし、窯焚専門の職工ありて、之に焚かしむるを普通として、六時間づつの交代を以てし平均一室を焼成するに四十時間を要す。薪材ハ重量取引にして、百斤に付一円十戔乃至一円二十戔なるが故に、京都地方の薪材よりも安價なれども其の品質ハ京都地方の薪材に遠く及ばざるものなり。長サ一尺一寸内外にして、太さは直徑三寸乃至四寸の松材を二つ割となしたるものを使用す。而して、焼成に際して薪材の水分を取る為めに焼成中の窯の上部に薪材を竝て乾燥をはかり、或は薪材を乾燥するに用ゆる乾燥室に薪材を五千斤乃至八千斤位を詰めて乾燥せしむるの方法を講じて居る。又薪材ハ重量取引なるが故に束などには決してしてない。受け渡しの時ハ竹の輪にて重量を計り、又輪をぬいて運ぶと云ふ有様にして、窯焚きの最中割木屋が来て薪材の取引をする事は京都と異らねど、割木割を雇ふて薪材を割るが如き事はない。何とならば薪材が前記の如き細きものなるが故である。

第七日　正月八日

佐賀縣立有田工業學校[59]

縣立有田工業學校は上有田の東の端にあるので、校舎の如きも期待に反して粗末なものである。前年石川縣立工業學校窯業科を從〔縦〕覧して大いに感ずる所ありしに反し有田工業學校は想像の方がよかったのである。故に餘り詳細に調査しなかったが、然し頭に残って居る丈の事を記せば、

職員ハ拾名、他に書記一名、校医一名、助手六名にして生徒約百名なり。高等小學校卒業の、若しくは同等以上の學力あるものを入學せしめ、修業年限ハ三ヶ年なり。之を本科と別科に分り、本科ニは製陶部と陶画部に分ち一週間四十二時間の授業とす。生徒は一定の制服を着用するものにして、其の規定は次の如し。

帽子　地質　黒色絨
　　　徽賞　磁器製工之字
　　　制式　海軍帽形

外套　地質　黒色絨
　　　釦　金色金属打出桜花に工之字
　　　制式　馬乗外套形
衣袴　地質　冬黒又ハ紺小倉織若クハ絨夏白小倉
　　　釦　金色金属打出桜花の内に工之字
　　　制式　背廣立襟
実習服　地質　不線　色鼠
　　　釦　角製
　　　制式　詰襟袖口紐付

右の如く規定せられたる制服にて生徒ハ登校し、先づ自分の名札が巾一寸、長サ二寸位の大いさの磁器製にて作られたるものあり。之を先づ出席の掛札に掛け、若し遅刻したる時ハ別に遅刻掛札あり之に掛くるものとす。故に職員は此の掛札によりて生徒の出席せるや否やを知る事を得るものなり。而して入學し得べき生徒の年令は満十四歳以上二十五歳以下にして、十四歳以下若しくは二十五歳以上のものは入學せしめざるものなりと云ふ。一ケ年に募集する生徒の人員ハ四十人以下とす。今各學年別の授業過程表を示セバ次の如し。

18. 佐賀県立有田工業学校（『佐賀縣寫眞帖』1911年より）

19. 佐賀県立有田工業学校「釉彩鳥文壺」（大正期、佐賀県立九州陶磁文化館蔵）

圖案繪画科	第一學年	第二學年	第三學年
修身	一	一	一
國語漢文	三	三	二
數學	三	三	三
物理	二	二	｜
化學	二	二	｜
博物學	一	一	｜
圖画	六	七	七
圖案法	一	一	｜
製陶法	｜	一	一
美術解剖	｜	｜	二
工業經濟	｜	｜	一
体操	二	二	二
英語	三	三	四
実習	二一	一九	二三
計	四二	四二	四二

製陶科過程表	第一學年	第二學年	第三學年
修身	一	一	一
國語漢文	三	三	二
數學	三	三	三
物理	二	二	｜

化學	二	二	｜
圖画	四	五	四
圖案	｜	二	二
工業經濟	｜	｜	一
鉱物地質學	｜	｜	二
製陶法	｜	二	二
美術解剖	｜	｜	二
体操	二	二	二
英語	三	三	四
実習	二五	二〇	二一
計	四二	四二	四二

右圖画の内に用器画を含むものとし、數學ハ一學年に於ては筭術及ビ代數として、二學年ハ代數及ビ幾何として、三學年も亦代數幾何とす。而して当校の設備は生徒に教授し得る丈のものにして、餘り設備として感心する程のものはなく、瀬戸の陶器學校(60)の設備に劣るとも優らず、教室の如きも傳習所丈の面積はなく、建築物の如きも傳習所の如き二階建の大建築は本館の他になく、佐賀縣立の名に思ひ、有田工業學校と人より聞きしに案外なりき。(61)

20. 辻 九郎（大正4年、東京工業大学提供）

辻製〔精〕磁工場[62]

　代々の宮内省御用達にして御主人ハ東京高等工業學校窯業科[63]の出身にして、其の御主人の目印として何人にもすぐ様知らしむる事を得るは、其の両手に非常に多くの『イボ』ある事なり[64]。其の數を言はば何人も驚くべし。実に両手にて三百を下らず為めに『イボ』と『イボ』と相接して殆ンド『イボ』を以て両手の皮膚をなす有様なり。此の御主人ハ生徒と聞き態々《わざわざ》御面談を以て親切を盡され、説明の如きも何分にも高工の出身なれバ、或る時ハ傳説的に或る時ハ學術的に述語を以て説明せられ、あだかも傳習所にありて先生より講義を聞くの感じありき。

　使用職工數ハ拾四、五人にして[65]、他の工場と異る所ハ有田ハ総て工業的なるに反し、辻製磁工場ハ家庭的にあだかも京都のそれの如く優良なる品物を製作するを常として、有田の丸窯は一登ありと雖も、目下は使用せられず。現今使用せられつ、あるは御主人の設計にか、る角窯にして、角窯は大小各種あり。錦窯をも合筭すれバ六、七基あり。大なるは九尺に二間位にして、小なるハ二尺に一尺六寸位の試験窯の如き小なるものあり。此の内最も完全にして、設計も亦

21. 辻精磁社「染付菊桔梗文蓋物」（明治期、佐賀県立九州陶磁文化館蔵）

美事なる角窯を一基製圖し得る様に寸法を取りたり。

床板の厚サ、〇．五
出入口の高サ、四．四
仝巾、二．一
仝側壁厚サ、一．九
吸込穴ノ数、一六
仝大イサ、〇．三三
〃　〇．三五
仝深サ、一．一

第十二圖ハ煙突と窯との間より見たる所なるが故に、地中に左右に穴の見ゆるは煙道なり。此の外詳細なる寸法ハ製圖以外に必要なきを以て省略する事とせり。此の窯一回の焼成に要す

る石炭の量ハ三千五百斤、薪材ならば七千斤を要す。焼成火度ハゼーゲル十一番なりと云ふ。原料としては泉山石單味、若しくは天草石單味を以て製作するものにして、天草と泉山石とを調合するが如き事なしと云ふ。故に天草石と泉山石との両者を比較研究しつ、あるも同様なれバ、之に就て質問すれバ、御主人の説明に依れバ、粘力ハ泉山石ハ少なく、泉山石は鉄分多く、素焼の火度ハ零五番位に焼成せざれバ、素焼に於て取扱ひ中に破損する事多く施釉困難なりと云ひ、又頗る神經過敏にして僅の事にも多大に影響するにより、整形も困難にして焼成も亦困

第拾圖

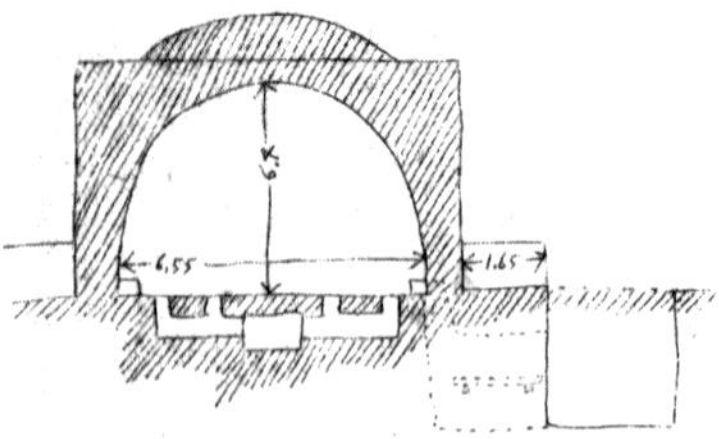

第拾一圖

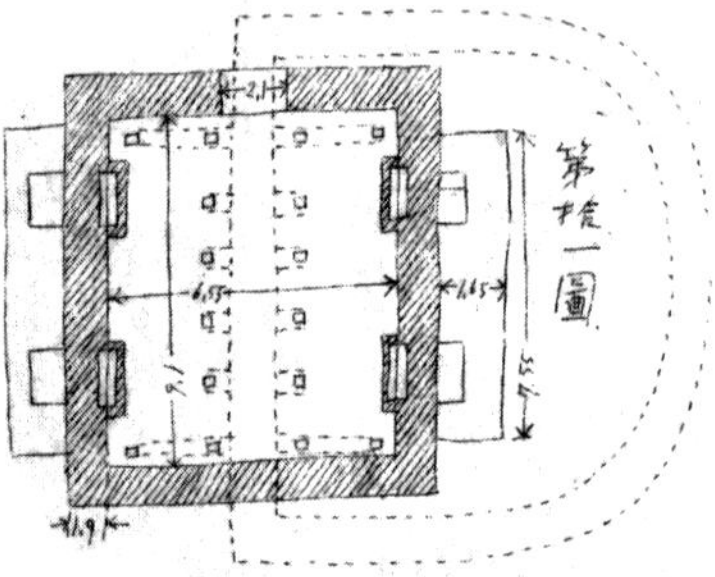

第十二圖

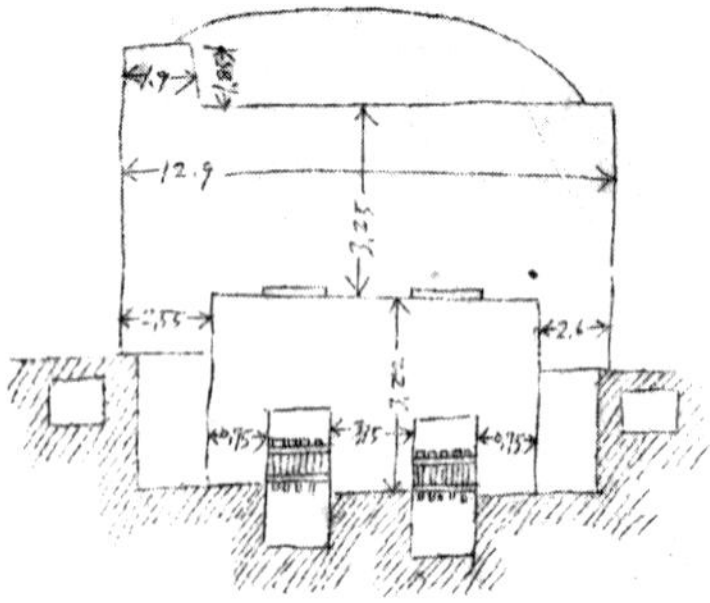

難なりと云ふ。之等の欠等〔点カ〕は天草石には餘りなきもの、如しと云ふ。然るに有田に於て泉山石を盛んに使用するハ、其の價非常に廉なるに依る事其の最も大なる原因とし、第二には從来の職人中、泉山石ならでは磁器を作り得ざるかの如き考へを持ち居れると。泉山石の呈色が有田焼の信用となれるが故なりと云ふ。故に宮内省御用達の金銭を忘れたる品物にも、廉なる原料の泉山石の一等品を使用せらる、も、從来之によりて信用を博せしに大いに依るものなりと。故に製形の容易と素焼の火度低く取扱いに破損少なき天草石を單味にして使用したる製品と共に納めつ、ありて、漸次天草石を原料として使用する方、工業的廉なる製品を製作せざる限り有利なりと云ふ。即ち泉山石によりて製形せられたるものが素焼に於て破損多きは、粘土質物〔物質〕が其の成分中に少き為めに粘力なくして容易に破損するものなり。斯くの如き現像〔象〕は粘力少き原料にはしば〳〵見る處なりとし、泉山石も其の一に漏れざるなり。

雪竹氏工場(66)

当工場ハ使用職工約三十人内外なりと雖も(67)尚一人も就職せず。只縦覧せしも別に機械を使用するにも非ず。只蹴轆轤を以て製形する事ハ普通の工場として普通の製品を普通の製法によりて營業せるに外ならず。其の工場内を參觀するとも更に薪〔新〕規改善の方法を講ぜんとせる模様なく、窯は相當大なる登り窯なりしが窯焚きを終った許りの時にて寸法を取る事も得ざりき(68)。原

22. 雪竹組「色絵竜文角皿（明治～大正期、雪竹家藏）

料としては泉山石と並天草石とを等分に調合して坏土となし使用し居れり。故に坏土としては有田に於ては非常に粘力を有する方なり。其の坏土は一見帯黄色にして黄土をバ調合したるかの如き感じあり。之天草石が劣等なるにより、其の鉄分の呈色の為めに黄色を呈し居れるものなり。焼成する時ハ第一酸化鉄の呈色となりて現れ、相当青味を帯び居る製品なり。坏土の貯藏には瓦土の如く土間に積み置きありき。

松尾工場(69)

使用職工數ハ七、八人にして有田に於て最も小規模の製作家なり。製品は主として便器及ビ瀬戸の本業焼の如きタイルの如き製品にして、便器は石膏形に依り製作するもの(70)なれども職工は尚就業せず、仕事は見ざりき。窯は五室あるものなれども第五室は屋外にありて、出入口を閉したれバ測尺する事を得ざりしが、其の他は寸法を取る事を得たり。此の窯は天秤詰によりて便器の如き大なるものを焼成し、棚詰によりてタイルの如き小器物を焼成するものにして、一ヶ年四回若しくは五回位の焼成をなすものなりと云ふ。第五室は近年使用せざるが如し。又、第一室には瀬戸の窯の如くに柱を一本立て、天井を支へ居れり。之窯の狂ひ来りしより、天秤詰の台を以て柱となし狂ひたる窯の天井を支へたるに過ぎず。其の位置は出入口の方より測尺して十一尺八寸の所にあり。柱の高サ七尺あり。其の大略の寸法ハ次の如し。

	長	巾	高	勾配ノ差	狭間穴 數	狭間穴 巾	狭間穴 高	狭間穴 深	狭間穴 高サ	出入口 巾	出入口 高	出入口 厚サ	火床ノ巾	時間	薪材(斤)
						〇、三		一、二							
第一室	一八、七	八、八	七、六							二、一	四、七	一、一	一、六	五〇	一二〇〇〇
				二、四	二三	〇、二	〇、四	一、三五	二、八						
第二室	二〇、二	九、五	八、八							二、二	四、七	一、一	二、二	二〇	六〇〇〇
				二、四	二六	〇、二五	〇、二五	一、七	三、〇						
第三室	弐三、五	一一、五五	九、五							二、二	五、一	〇、九	二、二	二〇	七五〇〇
				二、四	三〇	〇、二五	〇、三	一、三	二、九						
第四室	二二、五	一〇、六	一一、〇							二、四	五、二	一、〇	二、三	二四	八五〇〇
					三二										

上記の如き寸法にして窯内には白繪土(71)の如きものを塗付しありき。其の第一室の下部ハ第十三圖の如き二重になり居れるものなり。有田の窯は此の部分の構造の如何を調ぶるは、其の窯の系統の如何に属するかを研究し得るものにして、後に於て九州地方に行はる、窯全部に就て系

23. 松尾徳助（松尾家提供）

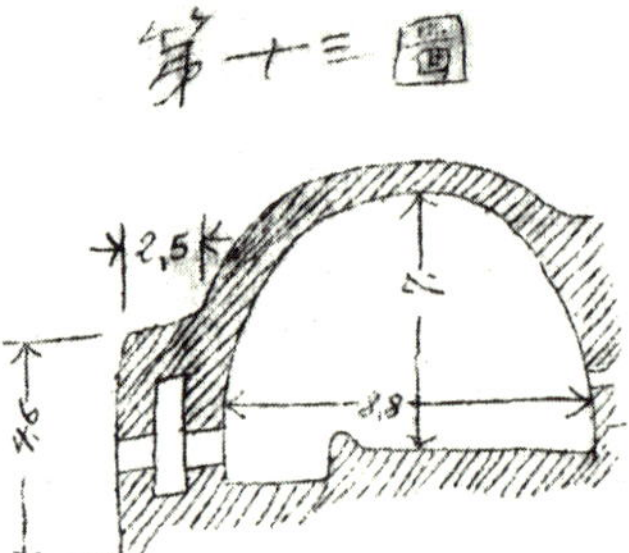

統的に少しく詳説するも、全くの此の部分によりて此の窯の築造せられし年代をも知る事を得、且つ又此の窯の築造の年代を調べて、有田の丸窯の変遷を知る事を得るが故に、此の部分ハ相当詳細に調査するを要す。

藏春亭久冨製磁場[72]

藏春亭久冨製磁工場ハ有田町第三位の大工場にして、其の入口には四角の高サ四尺位の杭ありて上部に縦覧随意とあり。何人にも工場を公開して縦覧せしむる所は香蘭社とは大いに異る處なり[73]。位置は上有田駅と有田駅との中間にあり、有田川を渡って山の下手にありて、使用する職工の數は約五十人内外にして[74]、工場としての設備先ず相当にあり。其の中特筆すべきは坏土原料を泉山石に依らずして、藏春亭が所有する山より産出するものを採堀してスタンパー（スタンプミルとも称ス）にて粉砕し坏土となし使用し居るものなれバ、有田は坏土は他の陶業地よりも非常に廉なる坏土を使用すれども、藏春亭は一層廉なる坏土を使用しつつあり。其の原石は天草石と其の母岩を同じ石英粗面岩の分解によりて生じたるものなれども、産出状態は天草石とは大いに異り、泉山石と極めて類似の層脈をなせるによりて有田人は泉山石の脈なりとし、有田に於て年々歳々採掘するとも、泉山石の鑛脈はこ、にまで来れるが故に無盡藏なりとし楽観せしめつ、あるも、此の藏春亭原石採堀地あるに依るものなり。釉薬原料は對州石[75]に山石（釉石代用品）、石灰石等を調合するものなり。有田は瀬戸、美濃地方の如く棧板は長サ六尺五寸のものを使用し板に棧を設くるが如き事なし。而して其の製品は普通有田に於て製造せられたる

24. 久富季九郎（久富家提供）

25. 久富季九郎「騎象婦人置物」
（久富家蔵）

26. 蔵春亭工場全景（大正期、久富家提供）

27. 蔵春亭工場内風景及び久富二六（大正期、久富家提供）

従来の製品と異る所なし。製形法は千変〔篇〕一律、大同小異なるを以て斯くの如き事を一つ一つ調査するも徒労なるを以て、地方によりて著しく異る窯に就き深く研究せんとす。藏春亭には登り窯は廃窯となりて使用せられず[76]、大なる窯は十四尺に二十八尺の角窯にして石炭焼成をなす[77]。第十四圖に示すが如くにして、焚き口ハ一方に五ヶ所合せて十ヶ所あり。其の焚き口ハ第十五圖に示すが如く投炭口には横に滑車を以て輕く開き得る鋳鉄の蓋を備へ投炭口の下に花岡〔崗〕岩の橋ありて下はすぐ堀込となる。第十五圖に於てａと印せる鉄棒は圖の如く焚き口一ヶに付に一

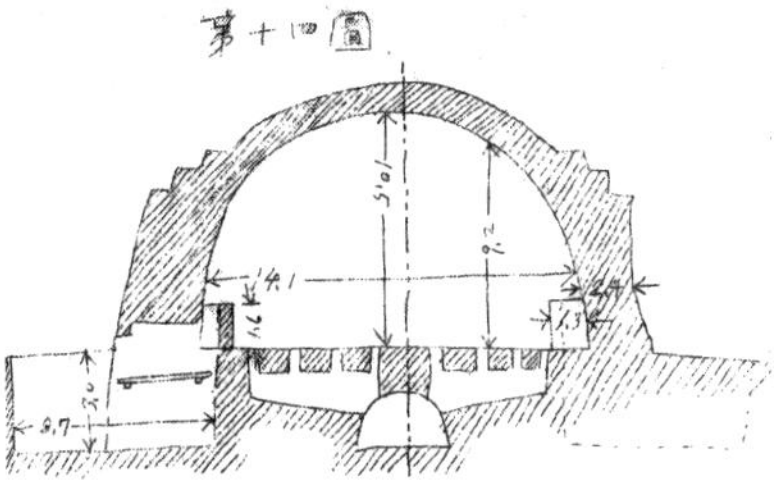

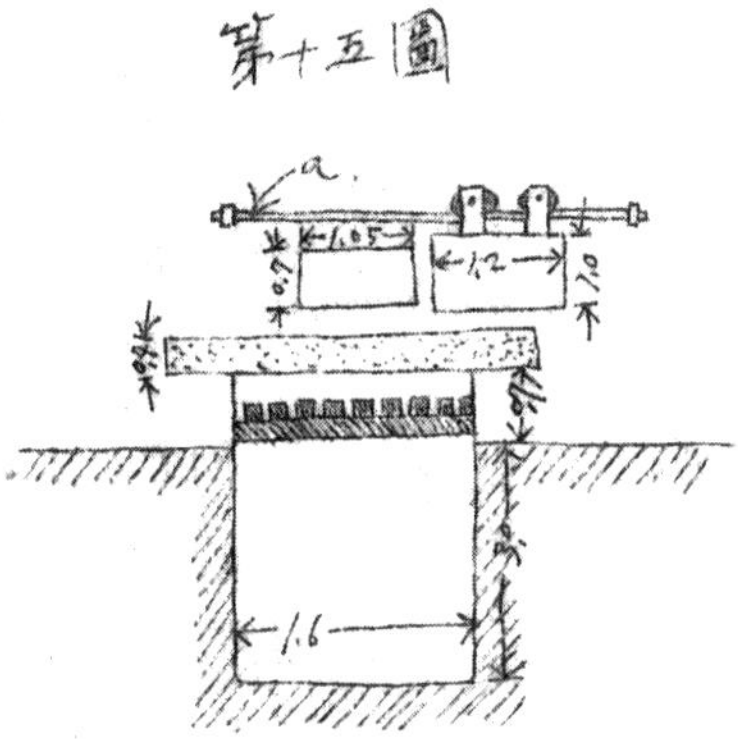

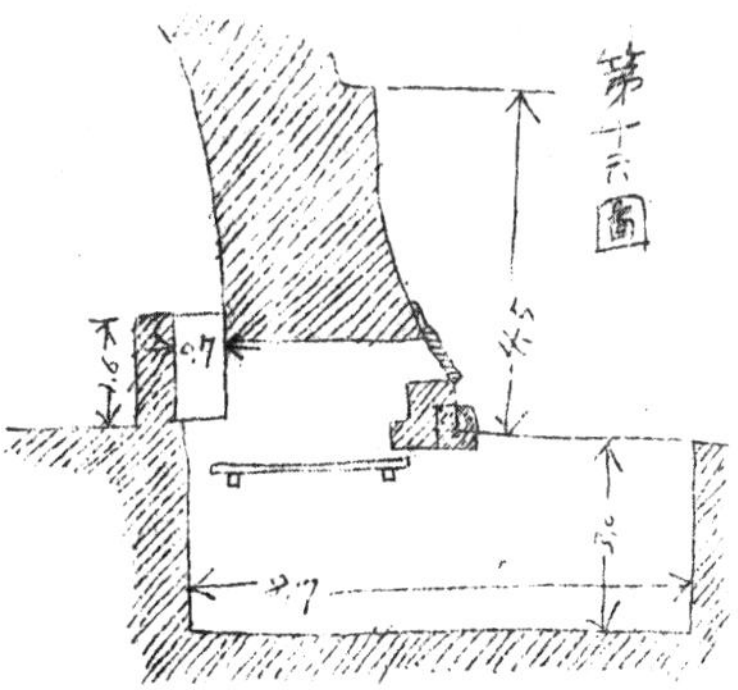

本とせるものと三ヶ連續に通したるものとあり、直径五分位なり。蓋の厚サハ一寸位なり。此の焚き口の正面より切斷せるセクションを現はさば第十六圖に示すが如くグレートは水平にして長サ三尺五寸あり。巾一寸高サ一寸位の角の鉄の棒を切りてグレートせるものにして、七本又は八本を使用す。吸込穴ハ第十四圖に示すが如き八列になれるものが十四あり、其の大イサハ二寸五分に三寸のものにして深サ二尺五寸あるにより、横の煙道の底は床面より二尺五寸の下にあるものとすべく床板の厚サ八寸あれバ、煙道の高サハ一尺七寸位なるべし。中央の煙突に至るトンネル状の煙道は巾二尺高サ二尺位のものなり。此の窯の焼成時間ハ五十二時間にして一回の焼成に石炭二〇〇〇〇斤を要すと云ふ。其の焼成火度はゼーゲル拾二番より八番位なり。最も火の強き所と弱き所にて実四番の差あり。窯壁は非常に厚くして脚部ハ四尺以上あり。其の四角には石桓〔垣〕を積みて丈夫にしあり。天井の厚サハ一尺内外らしく、窯内の作業には洋燈を炎じて光を取り、然らざれバ薄暗くして充分に窯詰の如きものハ注意を拂ふ事を生ず。例へバ品物が匣鉢に擱れ居る時は之を訂正せざるべからざる如き事も暗き為めに識別する事を得されば、作業には必ず洋燈を使用しつ、あり。窯出しを終らば未だ餘熱のある間に、白繪土に類似の白色の耐火性粘土を窯内に塗布し置くものなりと云ふ。其の効力は輕視すべからず。此の事に就ては朝日焼に於ても古くより行いつ、ある所にして、其の益は甚大なり。例へは白色なるによりて副射より熱の經濟たるのみならず、窯のゆるみを補ひ尚焼成中製品の溶融状態を確実に色見穴より認め得る効力あり。此の事は京都に於ては餘り行ハざれども、実施して大いに益あるものとす。有田に於ては尚此の他にトンバリ《〔トンバイ〕》（築窯材料）が中程より切れ、焼成中の器物の上に落下するをも防ぎ得るものなりと云へば、有田の如き築窯に適する廉なる耐火粘土に乏しき所には、此の方法ハ大なる効《〔功〕》を湊《〔奏〕》するものなり。尚又此の窯ハ窯壁の厚きに失する為めに、一ヶ月に二回以上の焼成を行ふ事能はず。即チ冷却に多大の日子を要すればなり。考ふるに窯壁の厚サハ、窯の熱が窯壁を通して外氣に散逸するを防ぐ為めと、加ふに丈夫ならしめんが為めに窯壁を厚くする時ハ、窯壁を熱する為めに焼成の都度少なからぬ燃料を要し、加ふに冷却に多大の日子を要する二欠点を伴ふが故に、窯壁の厚サは大いに考へものにして、厚きに失せざる様薄きに失せざる様にせざるべからざるも、此の窯は少くも一尺位は厚きに失するもの、如し。然るに天井は側壁の非常に厚きにも似ず厚さ僅に一尺位なり。聊《〔いささ〕》か其の厚サに關しては無感覺の内に築造せるもの、如し。斯くの如き窯二基を有し、別に素焼窯廃窯となれる登り窯あり。其の一部分を打ちこはしありたれば、小生の為めに有田の登り窯の実物に就て、セクションを見せくれたるの感じあり大いに研究する事を得たり。後に窯の部に於て詳説すべし。

28. 帝国窯業株式会社（『九州實業大家名鑑』1917年より）

有田村方面

帝國窯業株式會社(78)

有田町を上有田と称し有田村を下有田と称す。其の堺〔境〕は鉄道の踏切以西を有田村、以東を有田町と称ス。鉄道に於ては下有田のステーションは伊萬里行きの分岐点なるが故に、重要視せられ有田駅と称し急行も停車すれども、有田町のステーションは上有田駅と称し急行は停車せず。此の有田村、有田駅の附近に帝國窯業株式會社あり。使用職工は第二工場を合算して三百人(79)。其の製作する所のものハ硬質陶器(80)にして、天草石を主なる原料として使用し居れり。此の会社に先づ名刺を差し出し案内を乞へば、應接室に導かれ約三十分待ち、やう〳〵此の会社は何人にも縦覧はさせぬのでありますずか〔すが〕、態々遠方からの見學でござりますから、との事

29. 有田焼原料製粉所（中央に見えるのがフレット）
（『日本地理風俗体系 第12巻 九州地方 上』1932年より）

にて有田工業學校の卒業生に案内せられたり。先づ始めハ試験室より、試験品焼成室、次に製形室、次は焼成室と次に機械室を案内せられたり。原動力はランカシャー形スチームボイラー(81)を据附けダブル・アクチング・スチーム・エンヂン(82)によりて起動せられ、ベルトに依りて動力を傳達する事、機械として平々凡々なる設計にして、ボイラー及ビエンヂンは古機械を購入したる為めに、公称四十馬力なりと雖も実馬力又ハ有効馬力としては三十馬力を下るものなり。泉山石の粉砕にはスタンパーのみ使用せられたれども、此の会社は天草石を使用するが故に、天草石は泉山石の如く粘力に乏しからざれバ、スタンパー以外の粉砕機によりて粉砕するとも使用する事を得るが故に、二台のクラッシャー(83)、二台のフレット[84]を設備し、細末とするには十六台の八百キロトロンメル[85]あり。一台一千二百キロのトロンメルアリ。キ倹《〔危険〕》を避ける為めに動力は二階よりベルトにより傳達せらる、所少しく考案したり。窯には内徑五メートルの円窯倒焔式のもの一基、角窯三基あり。一ヶ月に各窯四回位焼成すると云ふ。八寸のスープ皿に換筭して一日約二万枚位の製《〔生〕》産力あり。素地には一万分の五位のコバルトを入れてブリューイングを行ひ、釉薬にはブリューイングを行はず。釉薬の調合には鉛丹を少しも用ひず、フリットミキシングも唐土なれバ、ミルミキシングも亦唐土にして何故か鉛丹を用ひず。去年名古屋に硬質陶器に於いては我國第一の古き經験を有する松村製陶所[86]を参観せる際には、フリットミキシングには鉛丹とブリューイングを行い、ミルミキシングには少量の鉛丹を使用せるが故に、薄赤き釉薬なりしが、加賀の加賀製陶所は、鉛丹のフリットミキシングにブリューイングを用ひ、唐ノ土のミルミキシングなりき。然るに帝國窯業会社ハ唐土のフリットミキシングにブリューイングは用ひず、唐の土のミルミキシングを行ふものにして、唐土を使用する方成績よろしと云ふにあり。何とならば鉛丹による釉薬は何となく釉薬に黄色を共ふれども唐ノ土は斯る欠臭少しと云ふにあり。又釉薬にブリューイングを行ふと、釉薬の留りたる所は著しく青味を帯ぶるが故に面白からず。故に素地にブリューイングを行い釉薬にはブリューイングを行はず出来得づくんば、無色に近き釉薬を施釉したき考へなりと云ひ、此の目的より鉛丹は適せずと云ふにありき。

原料の天草石は帝國窯業會社が天草下島の川を一つ距て、都呂々村の五層に續く下津深江村に採堀場を所有し、其の採堀したるものハ会社に運び来って磨きをかけて使用し、原料には大いに注意を拂ひ、鐵の呈色なき純白なるものを製作せん事に努力し、今尚盛んに試験中にして、其の目的を達せんとするもの、如し。製品は金沢の日本硬質陶器会社[87]の如く、随分各種に渡って製作しつ、あり。模様を附するには轉写を多く行い、上繪付けをなし、錦窯にて焼成しつ、あり。石灰釉の上繪付と鉛釉の上繪付とは大して異る處なしと云ふ。只注意を要するは、上繪付によりて釉薬にクラック[88]を生せしむる憂ある事にして、此の事ハ普通磁器よりも一層注意を要すと云ふ。此の會社ハ職工に對して工賃の勘定に數と日雇の両方法を採用しつ、ありと。斯くして荷造場を参觀の後退出せり。製品は多く内地よりも輸出するものなり。資本金は尋ねる事を忘れたり。

30. 青木俊郎（青木家提供）

青木兄弟商会[89]

帝國窯業の門を出ると、此のあたりに製造家はと物色すれバ、内外向各種陶磁器硝子装飾品類と廣告せる大商店を見、足を此の方に運ぶ。道の両側に一方は店、一方は工場なれバ、工場

31. 青木兄弟商会工場全景（明治末頃、青木家提供）

32. 青木兄弟商会展示館全景（1914年、青木家提供）

の事務所へ入り名刺を差し出して参觀を乞ふ。然れバ快聲を放って「河合〔井〕君知ってます。河合〔井〕君は僕の同窓です」と云ふ事を眞先にして、傳習所よりの見學を大いに歡迎し、ご主人自ら案せられたり。職工の數ハ百三十人位[90]。御主人は俊郎氏[91]にして河井寛次郎先生[92]とは東京高等工業學校に於て御同級なりしなり。原料は泉山石、天草石等、流石に高工窯業科の出身丈けに、有田に於ける普通の製作家とは大いに異り各種の製品あり。然れども製形法ハ千変〔篇〕一律を離る、事能ハざるを以て、此の方面は素通りにしたれども、窯に就ては日の暮れてやう〳〵窯より出し有様なり。御主人が設計にか丶る角窯大なるもの三基あり。其の寸法を取るに時間を要したれども製圖する事を得べし。尚御主人が理想のカーブを有する登り窯ありたれども、窯詰の儘なりしかバ、鹿兒島より歸途、再び有田に立ちより寸法を取らせて戴く様に願って許されたれバ、角窯の寸法を得て御主人より説明を聞き見て解せざりし所を解し、次に道の向ふの陳列場を参觀す。製品の種類の多き事、実に驚かん許りにして、電氣用品に至るまで、磁器を以て製し得るものは悉く製作しあるの感じありき。採画ハ下繪染付〔口絵4〕、上繪錦繪に至るまで精巧なるものより、普通有田磁器と何等撰ふ所なきものまで、巾サ〔ママ〕四間位、長サ二十間程の二階建の陳列場に一面に陳列しありたるは、陳列場としては有田第一位なるべく、工場として有田村に於て第二位、有田町、有田村を通じて、香蘭社、帝國窯業会社、深川製磁会社に次ぐ大工場なり。藏春亭は此の此〔工〕場に次ぎ、有田製陶所又之に次ぎ、山口徳一氏工場又有田製陶所に次くものなり。

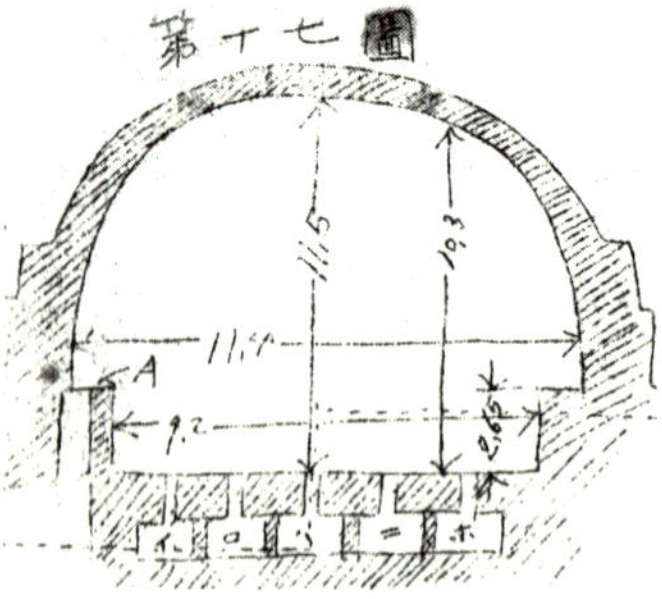

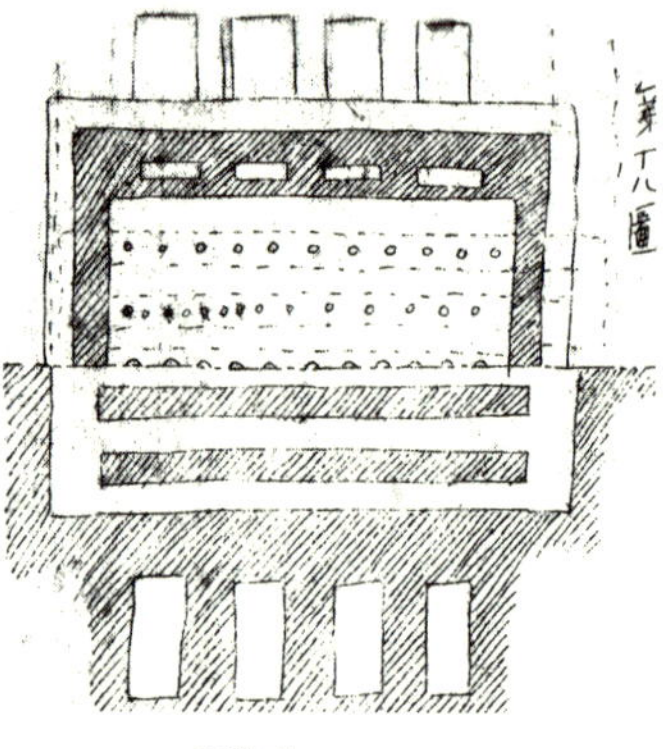

次に圖を以て角窯を示せバ、第拾七圖ハ吸込穴の配列と其の煙道の並列せる所を示セルものにして、吸込穴は円形にして直徑三寸にして、其の數五十三個あり。イ、ハ、ホの煙道に吸込まる、吸込穴ハ各十一個を有し、ロ、ニ、の煙道には十個を有す。此の床下に五本の煙道は窯の外側にて二本の大なる煙道に合して煙突に導かる、ものとす。此の窯の特筆すべき点ハAなる吹出し口の非常に高き所にある事なり。窯の様式ハ松村式にて斯くの如きは珍らしからず。焚キ口ハ一方に四ヶ所、合せて八ヶ所あり。今其の平面圖ヲ示せば第十八圖の如し。第拾八圖の切斷面ハ第十七圖に於ケル臭線の高さに於けるものにして、焚き口の配置、吹込穴の配置を知り得べし。而して其の焚き口は第十九圖に示スが如く水平に傾斜と両グレートを使用す。尚又第二

回目訪問の時、寸法を得し登り窯は次の如し。

各室＼構造	室の大いさ			狭間孔					勾配の差	出入口			火床の巾	火床と室ノ床差	備考
	長	巾	高	數	巾	高	深	穴の高		巾	高	厚サ			
					○、四	○、四	一、三	｜							
第一室	二六、五	一三、五五	一○、八							三、三	五、○	1.1 3.1	二、二	○、八	素焼室
				三三	○、三	○、三一	一、三	○、八 ○、二	一、五						
第二室	二六、三	九、四	九、五							二、三	五、二	1.0 3.1	二、四	一、四	本焼室
				三四	○、三	○、三	一、四	一、四 ○、七	二、一						
第三室	二六、五	一二、五	一一、一							二、三	五、五	1.0 3.0	二、七	○、九	〃
				〃	○、三五	○、四	一、四	一、四 ○、五	二、○						
第四室	二二、三	一四、五	一一、四							二、七	五、三	1.0 3.0	二、八	一、四	〃
				〃	○、三	○、三	一、五	二、○ ○、八	二、二						
第五室	二六、五	一三、五	一一、三							二、七	五、一	1.0 2.8	三、○	一、三	〃
				〃	○、三	○三五	一、五	一、二 一、一	一、五						
第六室	二七、○	一三、○	一○、五							二、七	五、五	1.0 2.7	二、九	一、一	〃
				〃	○、三	○、三	一、五	一、二 一、一	一、五						
第七室	二六、八	一三、五	九、二							三、一五	五、五	1.0 2.8	二、四	一、四	素焼室
					○、三	○、六	一、三	○、八							

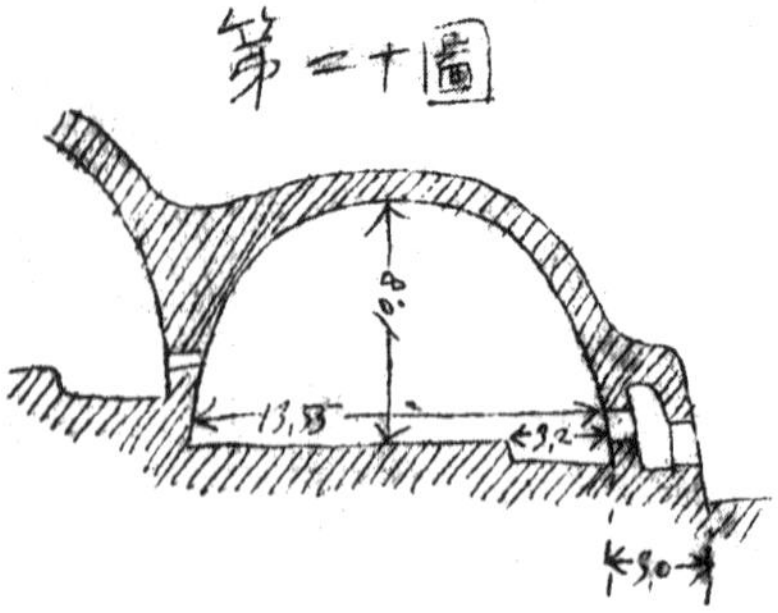

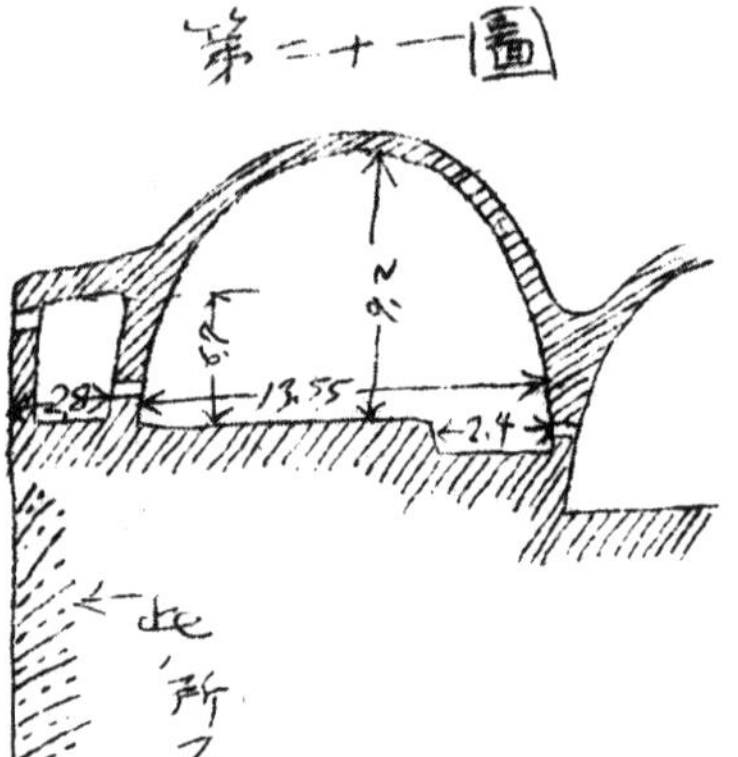

右表中出入口の厚サは側壁の厚サにして、出入口下部ハ三尺内外にして非常に厚く、天井に近き所は一尺位なるを以て、此の部に筭用数字を以て上下を示したるものなり。狭間穴の部に於て穴の高サに二行に印しあるは吹出し穴、吸込穴の高サとす。而して最も下部ハ第二十圖の如く煙の吹出し口は第二十一圖の如し。

此の登り窯に就て特筆すべき点ハ、長サが二十六尺五寸を以て、京窯の如く最初より終りまで同一なる事なり。焼成火度ハゼーゲル十一番を目的とし、一室に平均四十時間を以て焼成し、全部に付き八萬斤の薪材を要すと云ふ。窯詰は京都、美濃、瀬戸地方の如く、相当高く匣鉢を以て詰める事は、他の工場よりもはるかに高し。

御主人は御親切にも南川良の西村文治氏、伊萬里の柳ヶ瀬製陶所、鹿兒島の慶田製陶所へ紹

33. 青木兄弟商会角窯の窯詰
（昭和20年代、青木家提供）

介状を給はりたり。此の嬉しさは感餘って涙を催したり。獨り五百哩以上を離れて、参觀し得るや否やをのみ案ずる者に取りては此の上の喜びなかりき。之も河合〔井〕先生の御同窓なるによりて此の歡迎を受けしものと思ひ、旅行先より河合〔井〕先生にまで嬉しさの餘り此の事を報じ置きたり。此の嬉しさは永久忘れざる事なるべし。

第八日　正月九日

城島製磁工場(93)

使用職工數ハ二十四、五人にして、有田としては大きからず小さからずの工場なり。(94) 若主人(95)ハ

東京高等工業學校の窯業科の出身にして、濱田先生(96)とは同級なりしとの事にて之又大いに便宜を計られ、深川製磁会社の平濱氏を紹介せられたり。此の日、丁度窯焚きの最中にして、幸ひにも今色見を出して窯の焼けたるや否やを見る處なりき。其の色見を出す有様は第二十二圖の如し。此の色見を出して水中に投じ、其の成績によりて直ちに次の間に移るか或ハ尚少しく焼成を續くるかの決定をなすものにして、色見には高サ三寸五分、巾三寸位の湯呑の如き煎茶々碗の如きものにして、其の縁には呉須にて線を引き、呉須の呈色度をも試験し得る様にしありて、色見は側壁より三尺乃至六尺の所にあり、一個乃至四個を置き、何れも外部より挾み出し得る様にせり。若主人が高工卒業生なるを幸ひとし、種々質問を発して説明を乞ひたり。其の内山口徳一

氏の工場の處にて記さざりし處を大略乍ら略記すれバ次の如し。

西北風は『さらけ』南風は『ねばる』

窯焚夫の考《〔老〕》練なる者の異口同音に云ふ所にして、有田の窯は一登り一回の焼成に一週間半乃至二週間を要するものなるが故に、少しつ《〔ヅ〕》、の影響も相當大大《〔ママ〕》なる結果となる事しば〳〵ありて、一晝夜乃至二晝夜にて焼成を終る京窯にては氣附かざる点多くある事を知りたり。即ち西風、北風の吹く時は窯はさらけると称し、焼成時間短く、南風の吹く時にはねばると云ひて焼成時

34. 城島守人（有田町歴史民俗資料館蔵）

35. 城島窯「銅版染付山水文皿」
（明治期、佐賀県立九州陶磁文化館蔵）

間を餘計に要すと。其の原因は何に起因するかは終いに要領を得ざりしは調査の手落ちに非ずして、頗る複雑なる原因に依るらしき模様なれバ、一回位の見學旅行を以て解決する事能ハざるものなり。

夏と冬の焼成時間の長短

例へて云ふならば、窯室内を摂氏一千三百二十度、ゼーゲル十一番に上昇せし、さらには夏期外氣の氣温が二十五度ありとせんか。氣温二十三度の空氣を熱して一三二〇度とするには一二九五度の熱を加へざるべからず。若し冬期ならば、外氣の温度零度なる時ハ一三二〇度を昇すに一三二〇度を加熱せざるべからず。故に冬期の方が二十五度丈餘計に加熱することを要するが故に、夏期よりも時間も長く燃料も多く焚かざるべからざる如く考へらるれども、実際は然らずして、冬期は早くして燃料も少く、夏期は長き時間を費して多大の燃料を要するは何如〔如何〕なる理由かと云ふに、此の点に於ける城島氏の説明は頗る要領を得ざるのみか、こゝに記するの價値なくして、之でも高工出身かと呆れる程の見解なりしも、夏より冬の方焼成時間短く速に熱度の上昇するは小生は次の如く解釈するものなり。

頗る複雑を避くる事能はざれども、燃焼論より之を論及せざるべからず。即ち石炭を使用するものならば、直ちに萬國ボイラー組合に於て制定せられし熱量計算の公式を以て數學的に計算し、數學的に論及容易なれども、薪材ハ石炭よりも水素分に冨み、炭素分に少く硫黄なければ、小生の如き薄學の者には薪材を以て計算するの公式を案出するの技量なければ、理論上より例を以て説明を試みんとす。

即ち汽車が重き荷を積みて走り、汽船が大船体を高速度を以て走り、電氣が遠距離に輸送せらるゝも、或る必要なる『差』を有するに似る。即ちボイラー内の熱度が摂氏百六十度に達するものとせば、外氣との熱度の差ハ大なるものなれバ、ボイラーはよく汽機を運轉するの力を有すれども、外氣の温度を漸次高めて、ボイラーの内部の熱度と平均するに至らば、ボイラーはエンヂンを起動せしむるの力は消滅すべし。此の事はエンヂニアの片時も忘るべからざる處なる事はタービンを見よ。シリンドルより出るエキゾース[97]を冷却してエキゾース・スチームと水との間に冷温の差を作りて、再び動力を発生せしめつゝあるにあらずや。電氣に於ては更に一層専門的の説明をなす事を得べし。即ちC=E/Rの公式は差の大なる程、商の大なる事を証明し居るものなり。Cはカーレント[98]、Rはレヂスタンス[99]、Eはエレクトロモーチヴフォース[100]なるが故に、此のエレクトロモーチヴフォースEに置き換ふべき數字を漸次小なるものとせば、其の商は終いに零に達すべし。之即ちボイラーの外氣の温度を内部の熱度にまで上昇し平均せしめたるに同じ現象を呈す。更に近き例を以てせば、今コヽに一本の煙突ありとせんか。煙突内のコンバンションプロダクト[101]の温度と外氣の温度との間には摂氏百度以上の差を要す。若し此の外氣の氣温を漸次高めて煙突内部の温度と平均せしめなば、煙突は通風を停止するの止むなきに至る事は物理學上明らかなり。故に現今活社會に時々刻々に生じつ、ある、普ゆる現像〔象〕を物理的現像〔象〕と化學的現像〔象〕とに区別する事を得べし。此の二現像〔象〕の生する際に、必ず或る處に必要なる『差』の一字を忘れて、現像〔象〕の起るべきものに非ず。窯焚きも亦物理的現像〔象〕と化學的現像〔象〕との同時に起りつ、あるものにして、差の必要條件としては外氣の氣温と窯室内との熱度の差にあり。此の差の絶對値の小なる程、其の能率を下くる事はエンヂニヤの元則〔原〕となす處なり。此の点より考ふる時ハ冬期の差は夏期の差に比し大なるが故に窯としてのエフィシエンシー[102]大となりて摂氏二十五度や三十度位冷めたき空氣が窯室内に入り来ると、尚よろしく熱度を上昇せしめ得る事実ハ次の諸項によりて一層明白に証明する事を得べし。

一、空氣の乾燥

氣温の高低は空氣の乾湿に関係する事密接にして、夏氣は多量の水蒸氣を空氣中に飽和するが故に、燃料の燃焼の際には此の水蒸氣の為めに多大の発熱量を減ぜられ、窯に對して無効の薪材を燃焼する事にして、冬期は一般に空氣乾燥せるが故に、入り来る空氣は冷氣なりと雖も無効の薪材を燃焼せしむる事無し。

二、通風の可否より来るもの

冬期外氣の氣温零度なる時に、吹き出しより出づるコンバッションプロダクトの熱を百度と假定せば百度の差を以て通風起れども、夏期ハ外氣の氣温が二十五度位にまで上昇すれども、排氣の熱度には変化なきを以て差引七十五度の差によりて風通しを起す事となるが故に、夏期は通風頗る悪しく之が為めに受くる影響最も大なりとす。即チ外氣と排氣との温度の差多きをよしとする事は既に記したり。

三、外氣の氣温に就て

燃焼論より論及すれバ、燃料若しくは空氣が豫め熱せられたる時は、其の熱せられたる丈は発熱量を大にする事を得と云ふ。故に夏は冬期よりも空氣を豫め夏期の氣温にまで熱したると同様なれバ、空氣の氣温丈は夏期の方発熱量多き事事実なり。

右三項中、第三項は前二項によりて償ふて商、餘あるによるものなり。故に氣候の変り目、殊に秋の頃夏の調子を以て焼成する時は焚き過ぐるものなり。以上は山口徳一氏の窯焚き、城島氏の窯焚きを見て聞きたる事を綜合して、自分が既往に川崎先生(103)より燃焼論の講義を聞きたる事に案じて斯くは解繹〔釋〕せるものなり。

貝島氏工場(104)

有田小學校(105)の近くにあり、使用職工は二十人内外を以て火鉢の如き大器物を専門に製作する工場にして、小なるものにて鉢とす。原料は泉山石に二割の天草石を使用し、素地は一種なれ

第二十三圖

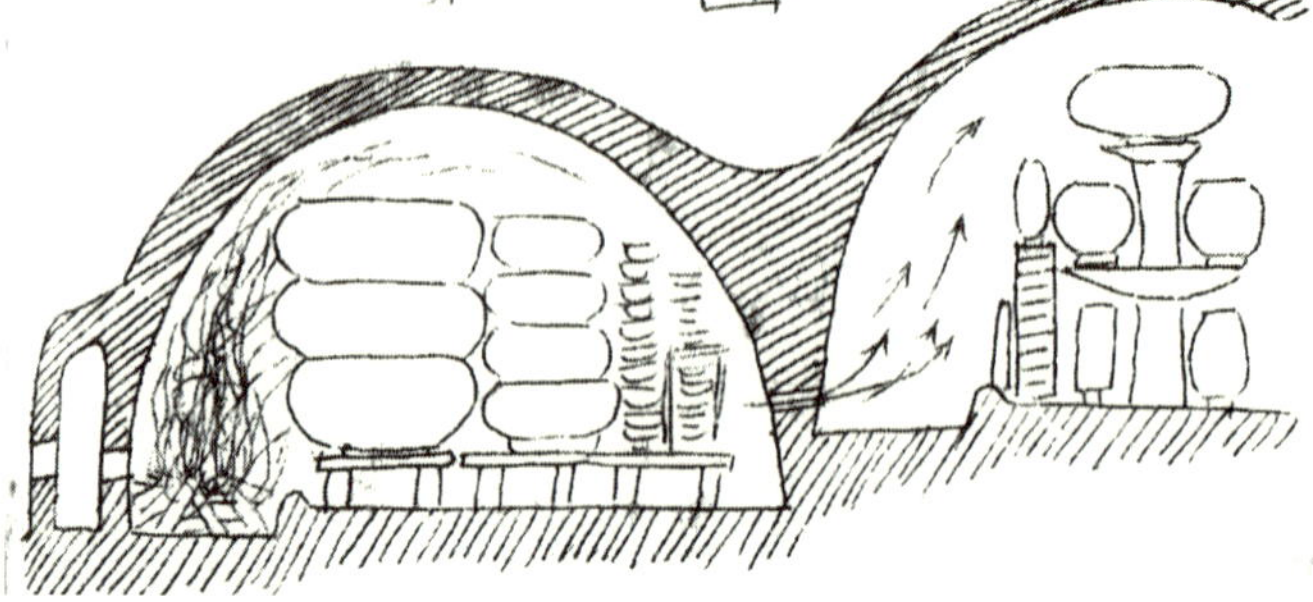

ども釉薬は強中弱の三種に分ち、原料としてハ對州石に山土の釉元に對し、三杯、三杯半、四杯の石灰石を混じて強釉及ビ弱釉を造り、施釉の際、強、又ハ中、又ハ弱と釉薬の耐火を品物に記入しつゝ、貯藏し、窯詰の際は弱より窯詰をなし、漸次高く積み上げ上部の火のよく利く處は強釉のものを詰めるものとす。製形法は石膏製の外形を使用し、其の内部に必要なる丈の粘土をタヽキ込み、轆轤に乘せて普通製品の如く伸し上ぐる時ハ、焼上げ徑一尺五寸の大火鉢の如きも、よく一日に一人の職工にて製形のみ五十個を製作し得ると云ふ。京都地方に於て二枚轆轤を使用し一人の熟練なる職工と一人の轆轤廻し、即チ助手を普通女を使用して一日三個乃至五個の火鉢を製形するとは大いに撰を異になせり。京都地方の陶業者も他の地方を時々順遊して製形法など大いに進歩改良を計るを要す。

　斯くの如くして容易に大器物も製形し得るが故に、之を充分乾燥の後、削をなし、仕上げで素焼を昇り窯の第一室及ビ最後二室を以てゼーゲル零六番に焼成して、之に染付繪を施すものにして、繪の具には人造呉須を使用す。此の人造呉須ハ酸化コバルト一斤に對し白繪土の如き有田の附近より産する粘土四斤を混じて之を素焼（ゼーゲル〇、五番）に焼成したるものを、挽き臼によりて粉砕したるものなり。此の繪具ハ始め六斤合せと称し、酸化コバルト一斤、白繪土五斤、合計六斤となしたれども、酸化コバルトの品質悪しくなり、現今には五斤合せを使用するに至れりと云ふ。動力には三馬力のサクションガスエンヂンを使用し、燃料には木炭を使用せり。一俵八貫あるものも拾時間の運轉にて消費すると云ふ。何故電氣を使用せざるものかと聞けば、電力を使用するの設備なかりし為めに、新規工塲を建築して一ヶ年遅れて電力を取らんとせば、電力は売切れて供給する事能はずと云ふにあり。止むを得ず斯くの如き不便なる発動機を使用しつゝ、ありと云ふ。窯は九室よりなる登り窯にして一ヶ年十五回の焼成なし、一回の焼成に七百個の焼上、徑一尺五寸の大火鉢と大小の鉢類、火鉢の少しく小形なるもの等を窯詰して、賣上高三千円ありと云へは一ヶ年四万五千円の製産高あるものなり。此の窯は素焼焼成中にして窯焚きの始めなりしかば、大器物を天秤詰を以て窯詰する状態と素焼の焚き始めを見學する事を得たり。第二十三圖の如し。

圖の如く大火鉢を積み重ね相當高く積み、其の背後にも積み、間に鉢の類を入れ、最初は火床にて割木を組み合せ圖の如く燃焼せしめ、出入口を閉ざす。火熱高まりて漸次中央より焚き

第二十四圖

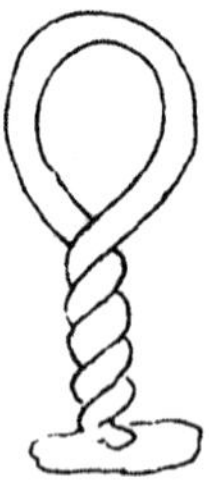

廣め終いに出入口を閉し例の投薪口を明け置き、こゝより本焼の如く焼成するものにして、素焼にも見色《色見》を使用す。其の色見は第二十四圖の如く、粘土を細長き棒状として、之を圖の如く輪の如きものを窯の外より引き出し得る様に立ちる為めに捻りて圖の如くなしたるものを、色見台の上部に二個位を置き、火度上昇して暗赤熱より赤熱に移り、白熱の始めに移らんとする頃（ゼーゲル零五番又ハ六番）引き出して其の程度を見、よろしけれバ第二室に移るものにして、尚足りざる時ハ再び焼成を續行したる後、第二の色見を引き出して其の程度を決定するものなり。京都地方の素焼ならば赤熱にさへ焼成すれバ可なれども、泉山石を原料に使用する時ハ泉山石が天草石よりもクレーサブスタンス[106]に乏しく、尚其の性質として焼占《締》の火度より熔融の火度との距離短き為めに赤熱位の素焼に於ては素焼は薄桃色、即帯紅白色となりて、少しの打撃にも破損し素焼製品として取扱ふ事能はざる位脆弱なるを以て、更に火勢を強めて白熱の最初に焚き終るものなるが故に、素焼の色見は輕視すべからざる程むづかしきものにして、丁度此の頃は熱の上昇速なる頃なれバ、本窯よりも注意を要するもの、如し。

有田製陶所[107]

福知技師[108]及び主人不在の口実を以て参観を許されず終いに退出せり。然るに右両氏の容貌を豫め聞き置きたれバ、退出の際の工場の方にあたりして福知技師を認めたれども将さざりき。

深川製磁株式会社(109)

郵便局の前の通りを西の方へ行く時は香蘭社の裏手に当り、深川製磁株式会社あり。縦覧随意としたれバ参観極めて容易にして、事務所に入り平濱氏を訪ね刺を通じて参観を乞ふ。平濱(110)氏は上海より大須賀先生(111)が豫め手紙を出し置かれたると。先日、辻製磁工場を参観せし時、辻氏は小生の熱心なる見學に大いに感動せられ、平濱氏に小生が既に深川製磁会社を参観せしかと尋ねられしかば、平濱氏ハ未だ参観に来ぬ旨を答へらるれば、辻氏は平濱氏に対し、若し小

36. 深川忠次
（深川製磁株式会社提供）

37. 深川製磁株式会社
（『松浦大鑑』1934年より）

38. 深川製磁株式会社（深川製磁株式会社提供）

生が行きし際は殊に便宜を許られたしと言い置かれしかば、一月の始めは有田の習慣として、職工の雇ひ入に付大多忙中にもか、はらず、平濱技師自ら工場を案内せられたり。

使用職工数は百五、六十人にして宮内省御用達を務め、有田に於ては香蘭社と共に美術品を製作せられつ、あり。(112)〔口絵5〕原料は各種のものを使用せらるれども、泉山石を單味にて使用するを普通となし、物に依りては天草石を混じて使用せらる。工場は有田川に沿ひて相當廣く模範的設備をなし、機械など多數を据附けたれども、横置式パックミル(113)、及ビ、エッチラナー(114)は泉山石を碎末し或は練るに適せず、切角の設備も使用せられず。泉山石は粘力不足の為めに粉碎するにも、可及的に粘力を増大し得る方法を講せざるべからず。故に旧式のスタンプミルを使用し泉山石を粉碎するを常とす。

有田の職工は此のスタンプミルならでは粉砕する能ばざるが如く心得るもの少からず。故に機械粉砕の粘土が彼等の云ふ程粘力不足するものにも非ざれども、彼等はスタンプミルにて粉砕せられたる坏土ならでは使用せざるもの、如し。されどもスタンプミル以外の粉砕機に依る時は、挽き臼の外ハ皆粘力を減ずる事は一般に認められ、技術者も之を覺り今後の工場の設計には泉山石を原料とする場合には、決してフレットやパックミルの如き機械ハ据附けずして、スタンプミルの設計をなすを常とす。スタンプミルには第二十五圖の如きものを最もよろしきものとす[115]。

即ち主軸の周圍に木製の歯車の一部分をなすものを附し置く時は、杵を充分高く上ぐる事を得、上りたる杵は歯車の歯のなき所まで上りて落下し、再び歯車が廻り来って上るものなり。

此の会社には登り窯はなく二基の角窯ありて、何れも餘熱を以って素焼を焼成する様に別に焚き口なき素焼窯あり。此の窯は青木兄弟商會の角窯の如く吹き出し口は高からず、寸法を取らざりし為め詳細なる説明をな

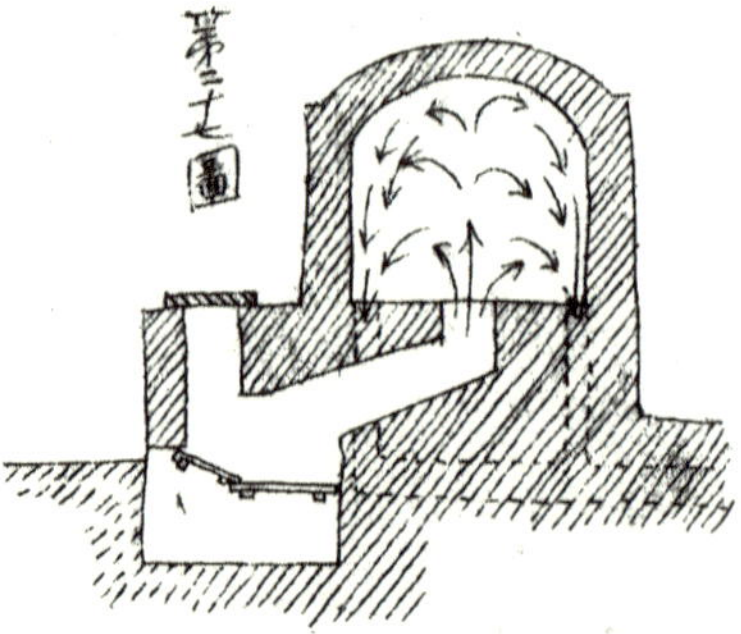

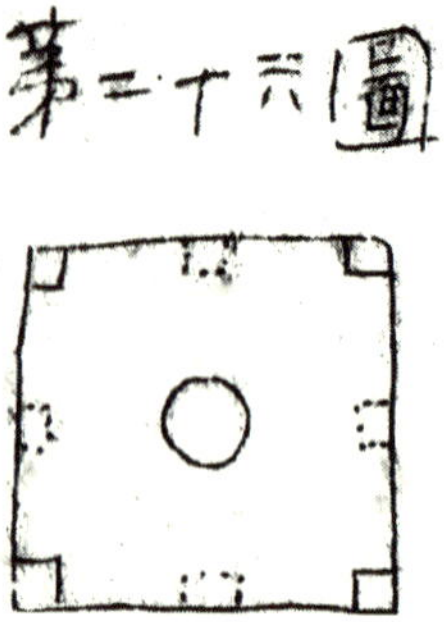

し得ざるを遺憾とするも、あの場合致し方なかりき。尚他に錦窯、試験窯など数基あり。中にも珍らしかりしは第二十六圖の如き窯床の中央に吹き出し口を設け、四角に吸込穴を設けて一ヶ所より焚くと云ふ面白き窯ありたり。窯の内部の容積一立方メートルの試験室は奌線にて示せる所に吸込穴を四ヶ増設して之又非常に成績よろしと云ふ。其の斷面圖を示せば第二十七圖の如きものなり。此の窯は經験上大いに面白奌ハ小なる窯程角隅などが充分に焼成せられざるを以て、四隅へ吸込穴を設け、吹き出し口を窯の中央よりしたる所が頗る面白きものなり(116)。築造容易にして焼成に輕便なれバ、此の式に則り小なる試験室を模倣して設計し築造せん考へなり。此の以外ハ大同小異のことをくり返し〳〵記するが如きものなれバ省略し、陳列場に移る事とせば、製品陳列場ハ脱靴せざるべからず。階上に陳列しありて其の製品は宮内省御用達丈に美事なるもの多く、染付下繪は勿論、錦繪に致るまで大は花瓶、壷より小は盃に至るまで磁器を以て製し得るものは碍子に至るまで製作しつゝあり。此の会社

のみならざれど有田地方の上繪具は京都及ビ加賀とは大いに異れるものあり。其の最も著しきものハ赤繪にして、九谷の赤繪は赤繪の本場丈に実に見事なるものあり。石野龍山[117]、中村秋塘氏[118]に次いでは清水美山[119]などの九谷赤は少しも盛れ上がずして、フリット[120]を極めて少量に使用するものなれども決して脱落せず。実に羨ましき次第なれども、有田地方の上繪の赤は何となく嫌氣のさす程盛れ上りて上品ならず。同じ鉄に依る上繪の赤なれども九谷赤とは大いに撰を異にするも、其の調合中白玉の分量多く、其の白玉の成分は知る由なけれども、其の上繪に少しもクラックなきは又特色とす。通常白玉を多く調合する時はクラックを生ずる嫌いあるものなり。青及ビ紫は白玉の調合量赤繪よりも多きものなれども、有田の青及ビ紫も同じく白玉を多く調合せるが故に多少ともクラックを生じ居れり。其のクラックは細きものと荒きものとの二様に分れ、深川製磁会社のものハ細きクラックにして青繪は九谷青の如く透明ならず、嚴密に云へは《ば》上繪具は素焼に施さる、釉薬によりて差を生ずる事決して輕視するべからざる事なれバ、有田の上繪の赤も京都の素地を用いなばクラックを生ずるや計り難く、有田の青繪、紫も亦京都の釉薬にはクラックを生せざるや計り難し。要するに有田の上繪具ハ、有田に於て普通に行はる、釉薬は石灰の多少によりて強、中、弱の三種あれども、此の三種の釉薬が同一に上繪具に作用し、決して強には適されども、中及び弱釉には適せざるが如き事なしと。

平濱氏を工場内隅なく案内の上、尚事務所にて九州地方見學行程の順序を説明せられ、尚藤津郡の集散地、塩田の肥前商会(121)の松尾文太郎氏にまで紹介状を給はり、此の嬉しさの内に目釜先生(122)とは同郷なれバとて、お歸りになりましたら「目釜新七君によろしく」と云ふ一言の傳言を頼まれて退出せり。

有田町の人情　風俗　習慣の所感

一、宿屋は木賃宿が三、四軒あるのみにて、少しくよろしきが三冨屋と云ふ旅館にして、以前は河内屋と云いしものにて之も三流旅館なり。斯くの如く有田町ともあろー所に旅館なきは、古来より仕入先にて泊め込むるの習慣にして、旅館には餘り意を用ひず、有田に於ける中流以下の職人連中は其の道楽を賭博と女と酒なるが故に、飲食店の割合奥深きものありて、藝妓など居らざれども三味の音を漏らすが如き道徳上不都合なる飲食店にして、十室以上を有するもの一、二軒あれども、旅館として營業もせざれば又公認せられず、宿屋には不自由なる所なり。

二、職工の工賃ハ一ヶ年毎に改契約をなす。

職工は一ヶ年の契約を以て雇傭せられ、毎年年末には解雇せられずとも、其の身ハ全く自分の身體となり、改めて傭賃の交渉をなし、若し雇主の傭賃廉にして彼等の理想を満足せしむる事を得ざれば、正月は雇主が譲歩するまで就職せざるを常とし、浮世のならひとして傭はる、者は多大の工賃を貪らんとし、雇主は薄給に甘んぜしめんとし、年々歳々年末には職工と雇主との間に喧嘩を起し、時日は少しも裕餘せざるが故に喧嘩の内に正月は過ぎ、松の内もあけんとして職工は日常酒や賭博、女よと金銭を貯蓄する事なき生活をなすが故に、長き月日を遊食する能はず多少の譲歩をなし来る時、雇主も多少は日進月歩の今日物價の騰貴を顧み、職工の生活をなし得る程度に譲歩し、両者より譲り合ひて交渉纏まらば、仕事仕初めの式の如く職工共打揃ひて早朝より出勤し仕事に取りかゝり、午前中をなして午後は晝飯より酒を呑むものなれバ、雇主も一年一度の事なれバ之を承認して酒を與ふるの習慣にして、尚又、雇主は半日の仕事も一日分の日給を給する人多くなりたりと云ふ。故に正月に有田に見學にいかば、製形の作業は中頃過ぎならでは充分ハ見る事能はざるべし。故に有田の製陶家は皆此の間に窯焚きをなすものにして、一月中には何れの窯も窯焚き若しくは窯出し、或は窯を冷却せしめ居るが如き有様なり。故に窯の研究を主として其の他の見學を背景として九州地方の陶業地を見學に行きたるものには、充分なる研究をなす事を得たり。何とならば窯を見るとも、其の焼成を見ざれバ充分なる研究と云ふ事能ハざる也。

三、入札販賣(123)

有田町に於ては製造家より仲買い人の手に賣渡すには入札を最も盛に行はれ、各種製品を數多一ヶ所に持ち寄り、仲買人の多數ハ之に對し購入價格の入札をなすものにして、年々歳々殆ンド変らぬ製品の事なれバ、入札の價格の如きも殆んど一定して、最高入札と最低入札と三千円に對して五十円の差なしと云へば、殆んど入札とするの價値なきものにして、此の入札が時々製作家の製産費よりも更に廉なる事あり。斯かる場合には製作家は決〔欠〕損をなさざるべからざるが故に、製作家は入札價格の廉なるに應ずべく粗製品を造り、製作の方法中より利益金を得んとするが故に、有田の製品は工業的價値ありと雖も、美術的、或は更に進んで藝術的價値あるものなく、入札制度は有田の陶業をして粗造に導きたるの恨みあり。之即ち供給よりも需要多ければ、入札價格昇りて入札とするの目的を達し得られたれども、有田に於ては然らずして、需要よりも供給の方が多ければ、製作家が製品の價格が釣り上げん目的の入札も返って仲買人のストライキに苦めらるゝが如き状態にあれども、辻精磁工場ハ宮内省御用達なるを以て入札を他所目に見物するの他に、香蘭社と深川製磁会社及ビ、有田村の青木兄弟商会の如き大工場にありては、他に支店出張所を設け自ら大都会に販路を得つゝありて、入札などには出さず、多少營業方針を異にすれども、普通有田の製陶家は入札にさへ出せは三千円や四千円の金を現金にて得らるゝを楽しみに、極めて薄利を以て賣却するを常とし、一ヶ年三万円以上の製産額ある製陶家も其の純益金ハ幾何もなく、只多數の職工を使役して粘土を有型の化學的變質物たらしむる為めに、親譲りの職業に啻營々として働きたるのみ、と云ふが如き状態にあり。[124]西洋にもローカルカラーとやら地方の色には染められ易きものか、有田には東京高等工業學校窯業科を卒業したる陶業家御主人公も少なからざるにも驚きたれど、其の高工出身者の無能なるにも驚きたり。即ち地方の色に染められて平々凡々なる粘土を吾人が日常の生活に必要なる状体〔態〕の物となし、之を熱によりて化學的変質物たらしめて満足し居るが如きは実に有田の為めに憂ふべき事にして、何の為めに高工を終へたるかをも顧みざるがもの、如し。其の内にても稍や高工出身に依りて基礎を作り活働せるは青木兄弟商会の主人俊郎氏にして、氏は城島、辻、西村三氏に比し大いに見るべきものあり。又、他の方面より観察すれバ、城島、辻、西村氏の如きハ眠れる虎にして、青木氏は今や餌を求めんとするライオンの如し。将来更に発展あるべき事と信ず。又、京都地方の陶業家は虎の眠ルる間に再び覺醒する能はざる迄に発展し置くを要す。

有田町の人情

有田町ハ其の大半が磁器製造業に従事せるものなり。上は陶業家僅ニ二十軒位。仲買人の大なるもの拾四、五軒にして、是等の従業家は極端に言へば眠〔眼〕前の局計を弄するのみにして大企畫を策せず、田舎の氣分に充ちたるものなれバ、之に任ゆる七百人の職工も亦、僅に一年を案ずるのみにして、二年目は野となれ山となれ時の都合で成る様になれで、殊に甚だしきは妻帯せざる若者にして女の為めに働くか、酒の為めに働くか、賭博の為めに働くか、自分の為めに働くが如き者なしと云ふも過言に非ず。窯中にて賭博の最中へ窯の寸法を得んが為めに測尺の目的を以て行き、巡査の靴音と聞き逃げ出したる為め返って自分が驚きたる事もありき。上下を通じて斯くの如き有様なれバ、工業學校の生徒でさへも酒色に溺る、者あれバ、工業學校には此の方面の取しまり、他の學校に比し滑稽なる程厳重なり。故に人情は自然に堕落して、人一人として見るときは其の性質決して悪からざれども、堕落の為めに利己主義となり田舎の割合に不親切なる處なれども、他府縣より此の地に入り込む者は郷に入って郷に従えと言うが如く、土地の習慣に多少とも應ぜんとする結果、田舎氣分を味はんとする為めに大いに親切なる事事実なり。

有田の風俗

有田町の一年中の風俗を調査する事ハ明日と思い、又明日と思い乍ら終ひに其の実を挙げざりしを遺憾とすれども概して華美ならず。職人所にして仕事着の儘、市中を横行する者多き為めに、身近に絹布をまとふが如き事は餘り彼等の考へざるが如し。使用の言語ハ近年大いに改善を小學校に於て計り、國定教科書に依りて嚴重に実行したる為めに若き者程言葉使ひよろしく老人程に従来の九州辨を使用し、例へば、

此の窯は余程フトカタ（大きい）デスバイ（ございます）。

コンゲにフトカタな窯はエットナカバイ（此の様な大きい窯は沢山ありますまい）。

時間の都合は丁度ヨカンベイ（時間の都合は好都合でした）。ワルカ人になると、うそをイッチョッタバイ（悪い人になると虚言を云ふて居ました）。

等の如き言葉なれバ決して不可解にあ〔は〕非ざれども、多少耳新らしき奌なしとせず。其の内にても『バイ』は何事の末にも附する事多し。

家屋の建築には京阪地方と大差なけれども、瓦の形状は第二十八圖に示すが如し。即ち京阪地方の桟瓦の丸きものとは少しく異り角を有するものにして本瓦葺きは少なく、草屋も稀にあり。家屋は京都の如く柱を染め付くるが如き事は稀にして大概白木なり。門構へもあれども、門は大概黒色に近き色、又は黒に塗りあり。門標なく赤十字愛國婦人会会員標をはりある所多くして、磁器製の門標に明白に姓名をかゝぐる所は大概仲買人にして商人氣取りなり。故に製作家を訪問するには門前にても尋ねざるべからざる不便あり。

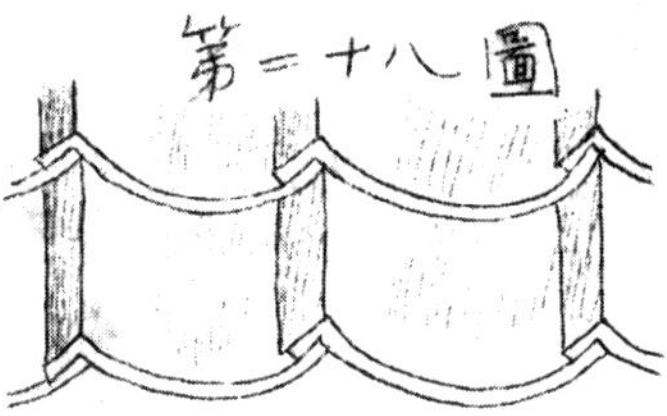

39. 粘土攪拌機と粘土壓搾器（手前右側がフィルタープレス）
（『日本地理風俗体系 第12巻 九州地方 上』1932年より）

第九日　正月十日

早朝より曇りたれども有田を出発して南川良を徑て伊萬里に向へり。先ず宿屋にて弁當を作りて西へ歩み有田村より更に西行して南川良に行き、青木氏より給はりたる紹介状を携へて西村文治氏を訪ふ。

西村文治氏工場[125]

午前九時半頃に着して刺を通ずれバ直ちに御主人に面談する事を得たり。後より聞けバ御主人は大坂〔阪〕高等工業學校[126]の出身なりと云へども、主人少しも斯くの如き事を語らず極めて通俗的に話す人なりき。使用職工は約二十五、六人にして[127]、製品は天草石を泉山石と等分に混じ水簸したるものを、水製のヒルタープレス(128)にてしぼりたるものによりて作られ、柞灰を等分合せに調合するが故に、其の釉薬は京都の釉薬と少しも異らず。小生等が有田の品物と京都出来のものとは釉薬を以て第一の識別点となすものなれども、此の工場に於て製するものハ、京都出来のものと区別する事頗る困難にして、其の範を京都に取りたれバ、有田の製

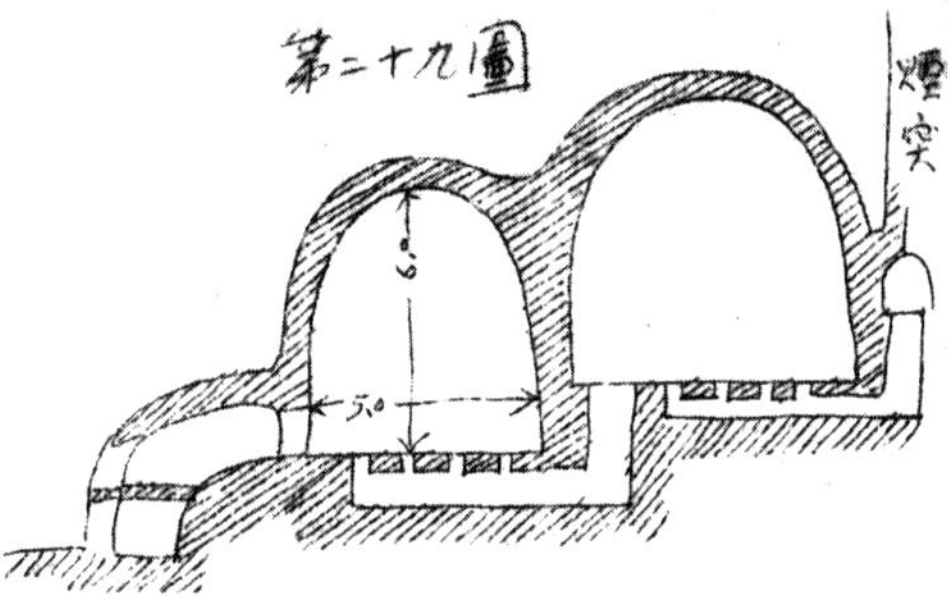

品とは大いに撰を異にし、入札などには出さずして青木兄弟商会の近所に辻商会(129)と云ふがありて、製品の全部を之に供給しつゝ、あるを以て、製品を見んとする時ハ辻商会を訪ねざるべからず。〔口絵6〕工場ハ割合に掃除のゆきとゞき居るは感心にして、前記の如き木製のヒルタープレス(手働)一基あり。窯は大小各種六、七基もあり。登り窯は改造せられ、二基の単独に孤立せる角窯となり、松村式にして青木兄弟商会の角窯とは吸込穴の丸き所までよく似たるものなれども、只異なる所ハ吹き出し口が少し低き丈の違ひなりき。尚他に第二十九圖に示すが如き倒焔式昇窯あり。京都地方の窯の如き胴木あり。岩尾工場の昇窯の如き吸込穴を床に設けて狭間穴を全廃せるなど面白き窯にして、只室数少なき為めに餘熱の利用少きを遺憾とするものなり。尚他に胴木を設けたる素焼窯もあり。

一つとして同じ形式の窯なく悉く珍しき窯にして、西村氏が欲する處にまかせて自由自在に窯を築く技量は感心なれども、尚燃料の不經濟の域を脱する事を得ず。窯の小なる為めに燃料ハ何如〔如何〕なる式にても大なる窯には及ばざる事を此の工場に於て一つゞ〔づゝ〕形の変りたる窯にて実際に説明する事を得べし。此の窯など製圖し得る様に寸法を取りたきは山々なれど、伊萬里へ急ぎければ残念乍らも身長と両手を左右に開きて大略第一室の寸法を得たる事ハ第二十九圖に書き込めるが如し。

酒田〔ママ〕柿右衛門氏工場[130]

柿右衛門と云へば芝居にも演ずる位一般的に世人に知られたる陶工なれど、其の子孫にして目下十三〔二〕代目柿右衛門氏あり[131]。西村文治氏宅より極めて近き事なれバ参観せり。然るに主人は不在なりしかバ歸宅を待つ事四十五分間、此の間にお嫁様に依りて工場を案せらる。目下は工場の改築中にして窯の如きもこはしあり、只一つ角窯を見たれども窯詰の儘なりき[132]。製形室は目下建築中のもの出来上らば之を製形室となし、現在の製形室は陳列場に改築の考へなりと云ふ。原料は泉山石に天草石を混じ泥漿を『ヤブクマ』に入れて濃度を一層濃厚としたるものをデンボに入れて、天日乾燥とデンボの吸収とによりて製坏するものにして、ヒルタープレスなどを用ひず、釉薬は柞灰單味或は柞灰の等分合せにして、西村文治氏の製品よりも一層入念にして、有田の工業的製品に對しては聊か美術品にして上等品をのみ焼成する事に努力し、採画は呉須染付を最も多く、上繪には赤繪を使用する他、金其の他の色繪を多く用ひず、使用の職工は約二十人位なれど三十人位は作業し得らる、工場なり。[133] 尚新築落成せば一層製産力も増す事なるべし。[134] 呉須は唐呉須を使用せず、五斤合せ人造呉須にして、酸化コバルト一斤、白繪土四斤よりなるものにして、唐呉須を使用する場合ハ其の儘挽き臼にて挽きたるものを使用し、ポットミル[135]の如き機械粉砕をなさず。昔の製品を拝見の上、伊萬里の汽車の時間に遅れぬ様に退出せり。工場改築中なりしを最も遺感〔憾〕とす。

40. 十二代酒井田柿右衛門
（『松浦大鑑』1934年より）

41. 十二代酒井田柿右衛門
「色絵地文菊花形三脚皿」
（昭和前期、佐賀県立九州陶磁文化館蔵）

高麗人旧跡(136)

昔朝鮮人の渡来して焼物を焼成せし旧跡南川良の山中にあり、旧跡としてハ何も残り居らざれども窯の跡あるのみ。其の窯跡は數ケ所ありて、長き月日の内に段々と破れ行きて、現今に於ては、其の当時如何なる窯なりしかを調査せんとすれども、其の窯底を残すのみなれども、其の勾配のゆるやかにして巾の小なるは、或は割竹窯なるやも計り難けれども、唐津に在する處の窯と同一なりしかと思はる、点もあり。此の他に二、三日を研究に費すに非らざれバ分明せざるべし。

有田駅を十二時四十分発に乗車して車中に於て弁當を食し、藏宿、夫婦石を径て伊萬里に着したる時は午後一時半。直ちに青木氏に給はりたる紹介状を携へて柳ヶ瀬製陶所を訪ねたり。

柳ケ瀬製陶所(137)

〔伊萬里〕伊萬駅を去る七丁餘の所にあり、登窯の傾斜せる屋根み江たれど、道は曲りて以外に歩まざるべからず。先づ玄關に行きて案内を乞ふ。然れども留守にして何人も居らず致し方なく下男に尋ねれバ四時頃には歸られますとの事。待つ間に窯の寸法を取り、室數九室を有し、第二室の火床にはグレートの如きものあり。

前表〔次頁〕中測定不可能なりし所ハ寸法の記入なきものにして、記入を忘れたるには非らざ

各室＼構造	室の大イサ 長サ	室の大イサ 巾サ	室の大イサ 高サ	火床 巾サ	火床 高サ	勾配ノ差	狭間穴 数	狭間穴 巾	狭間穴 高	狭間穴 障壁ノ厚サ	狭間穴 穴マデノ高サ	出入口 巾	出入口 高	出入口 側壁ノ厚サ	焼成時間	備考
							二	○、五	一、一五	○、七	｜					
第一室	二四、○	一二、○	一○、六	二、八五	一、六							三、○	五、五	1.5 2.4	四○	素焼
							三五	○、二五	○、三	一、五	一、○ ｜					
〃二〃	二三、四	一○、六五	九、八	二、八	一、○							二、五	五、三	1.5 2.4	六○	本焼
						二、一五	三六	○、二七	○、三	一、六	一、八五 ○、七					
〃三〃	二五、七	一三、七	一一、二	二、七	○、九							二、四	五、五	1.4 2.4	四○	〃
						二、二五	四二	○、二七	○、二五	一、六	三、一五 ○、九					
〃四〃	二七、八	一四、○	一一、二	二、八	○、六							二、九	五、七	1.4 2.4	〃	〃
						一、七	四四	○、三	○、二八	一、七	二、七 一、○					
〃五〃	二八、三	一四、六五	一○、八	二、九	○、八五							一、九	五、○	2.0 2.8	〃	〃
						一、八	四二	○、三	○、三	一、六	二、六 ○、八					
〃六〃	二八、三	一四、○	一一、○	二、六	○、六							二、四	五、○	1.7 2.4	〃	〃
						一、七五	四三	○、三	○、三二	一、六	二、五 ○、七五					
〃七〃	二七、一	一三、七	一一、○	二、九	○、七							三、○	五、○	1.5 2.8	〃	〃
							三九	○、三五	○、三五	一、九	二、六五 ○、八					
〃八〃	二八、三	一五、○		二、八	○、九							二、七	五、七	1.7 2.7	〃	素焼
〃九〃		一一、○														素焼

42. 柳ヶ瀬製陶所（『伊万里案内』1927年より）

るべし。何分にも窯出しの最中に測尺せしものなればバ後部は未だ出入口をも取らず、尚熱高く入る事を得ざるなり。寸法を取る事を得し所にても最後のあたりは暑くして汗を流して測尺せるものにして、窯を冷却せしむる為めに出入口のみ取りたる所なれバ窯室内の温度は摂氏四十六度あり、測尺にも多大の苦心をなしたり。即ち服を脱ぎ捨ててシャッツ《〔ママ〕》一枚になりて走り入りては走り出づる臭一臭《〔息一息〕》の間に測らざれバフラ〳〵として倒れんばかりに苦しかりき。其の構造の一部を第三十圖を以て示せば次の如し。

　第二室ハ第一室よりも少しく小なり。之有田の丸窯としては第一室より順に大きくなるものと思ふべからずして、第二室を一度小にして然る後、第三室より大きくなし行くを最も理想的なりとす。何とならバ第一室が素焼の為めに第二室に及ぼす餘熱は極めて少なくして、第二室の焼成時間は非常に長時間を要するが故に、床床[138]に多量の火を生するが故に、之を速に酸化せしむる為めに圖に示すが如き巾一尺三寸、深さ一尺三寸位の溝を掘り、此の溝に粘土製の四寸角位のグレートを一寸位の間を距て連ね、速に酸化してCO_2の瓦斯《ガス》にせしめんが為めに此の装置を有するものなり。

第三十圖

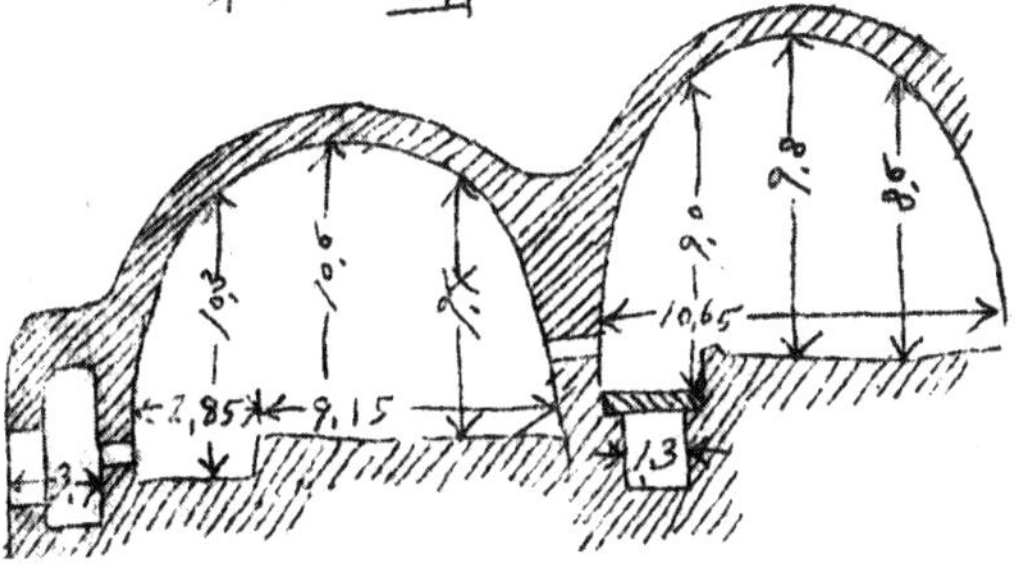

第三十一圖
室一回の焼成に薪材12,000斤を要す

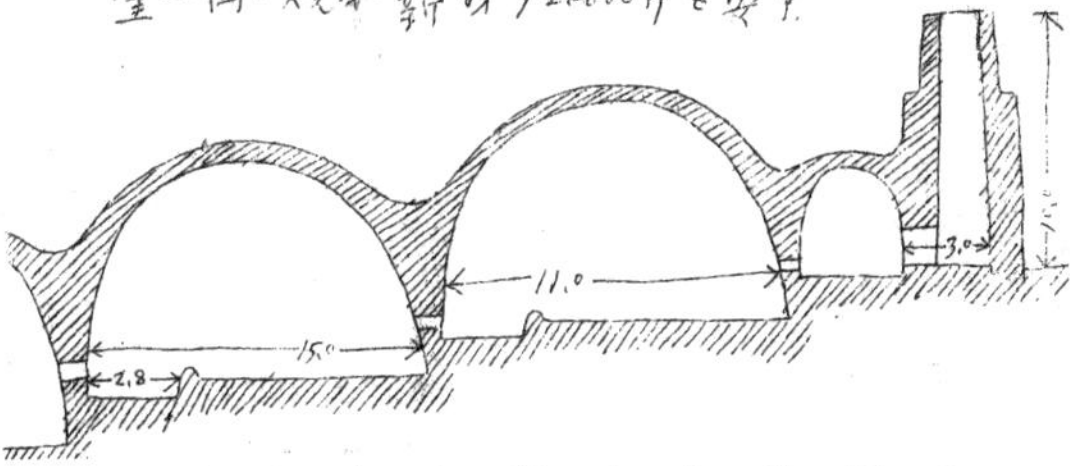

第三十一圖は後部を圖示せるものにして、煙突四本を有し一度第九室よりトンネル状の小なる煙留に導き、然る後に四本煙突に出づる装置なり。尚、他に一登りあれども餘程小にして目下は倉庫に使用せられ、廢窯にして焼成するには餘程の修膳〔繕〕を要す。やがて主人にはあらざれども店の者歸り来れバ此の人に紹介状を渡して参観を乞へば一人の職工を附して工場内を一覧す。職工の總数六十人、原料には天草石を主原料として坏土を廉ならしむる為めに泉山

43. 伊万里相生橋（今幅屋はこの橋のたもとにあった。『松浦大鑑』1934年より）

石を外三割加ふるものにして、釉薬は普通有田に行はる、ものにして製品は鉢の類を主とし茶器之に次ぐ。磁器の他に炻器をも焼成するものにして、普通品及ビ上等品等、製品の範圍は相当に廣くして、大なる花瓶に上繪付をなせるものもあれバ、廉なる厚き朝鮮向き下等品もあり。伊萬里に賣店を設けたれバ工場には陳列場なし。此の工場も増築中なりしかバ、落成の暁は一層盛大なるべし。斯て日も西の山に入らんとせしかバ、宿屋と聞けバ本町通に沢山あれバ行って見らるべしとの事にて退出せり。

教へられし如く本町通を物色中、今福屋と云ふがあり、此の旅館に投宿す。[139] 今福屋は伊萬里に於ては岩田屋と共に伊萬里一流にして兄たり難く弟たり難きものなりと云ふ。

伊萬里は商業地にして港に舟運の便あり

伊萬里焼と云へば日本全國よく其の名を知るものなれども、伊萬里には柳ヶ瀬製陶所一軒にして、他に焼物を焼きたる形跡もなきは此の地に来て始めて知る處なり。然るに伊萬里焼の名は何故に廣まりしかと云ふに、大河内、及び、三河内に於て製造せられたる焼物の集散地にして、伊萬里より往昔舟運の便あるを達〔幸〕ひとして各地に輸出せられしかば、大河内、三河内は世に知られずして伊萬里焼の名を以て商はれしに依るものにして、瀬戸に於て磁器の製作せられざる以前は、内地に於て磁器は非常に珍重がられて玉と称せられし頃なれバ、伊萬里焼の名は日本全國に廣まりて有田を知らざる人も伊萬里と云へば知るが如き有様なり。即ち伊萬里は大河内、三河内（木原、江永）は勿論、有田のものまで此の地より輸出せられたる商業地にして、製造地には非らざりしものなれども、現今に於ては柳ヶ瀬製陶所一軒あるのみなり。而して柳ヶ瀬製陶場は駅の東南に当れるものなりと。

伊萬里町見物

夕方伊萬里湾を見んとして道を女の人に尋ねると答へが面白い。「此の道を左サへ行かばってん、橋を渡らんばってん、そして又右サへ行かばってん」と教へて来れた。九州では「ばってん」を使ふとは聞き居たるも実際に聞いて驚きたり。小學校の生徒は學校に於て言語改正嚴重なる為め小生等に對しては決して、ヨカバッテン式の會話はなさざれども、餘り教育なき人は従来の九州辨にてヨカバッテンを盛んに曉舌る。海岸に出ると伊萬里川が海に注ぐ處は風光も何もあったものでない。海産物は大いに見るべきものあり。海岸には雜奥問屋の大なるもの京都の問屋町の如く軒をならべて居る。伊萬里公園は東北十町程の所にあり。伊萬里湾を少し見る事を得れども海は細長く見ゆる位のもの。七つ島の勝景は夕方なりしかば見江ぬものか。或は全然見江ざるものかは知らねども見る事能ハず。伊萬里川の流る、今福屋に歸りたり。町は有田よりもはるかによろしく、伏見位の賑はしさにして中等程度の學校もあるらしく、算盤を用意したれば商業學校らしき制服の生徒の多数が歸り来るをも認めたり。(140) 今回の欧州戦争よりの凱旋する将士あるらしく凱旋門を見受けたり。

44. 大川内陶磁器製造地（『佐賀縣寫眞帖』1911年より）

第十日　正月十一日

今福屋に命じて弁当を作らせ一里半とは云へども二里は充分ある大河内へ行く[141]。大河内に着せしハ拾時頃。大河内第一の製陶家、小笠原英太郎氏を訪ねる。

小笠原英太郎氏工場[142]

大河内には餘り製陶家なく、其の産額の二分ノ一は此の工場に於て製作せらる、ものなり[143]。原料は天草石を使用し、釉薬には此の地特産の山土ありて單味にてよく釉薬となり、對州石を單味にて用ふるものを強釉となし、對州石に土土〔山土カ〕の混合物を弱釉として、上等品には對州石の釉元に對して柞灰三杯を入れたるものを使用す。染付用の呉須は酸化コバルト一斤に白繪土四斤を混じて素焼し、之を挽き臼にて摺りたるものを乳鉢にて女に摺らしむるものにして、普通一斤半を一週間摺ればよしと云ふ。坏土は天草石單味の他に泉山石、七、に對し天草石、五の割合に混じて使用するものもあり。之は泉山石が天草石よりも廉なるに依るものなり。使用の職工は約三十人にして西松浦郡の規定に依り、職工は規定の時間より時間まで就業せざれバ一日分の日給を得ざるものにして、後に示すが如く四季の晝間長短に應じて月別に就職時間を規定せられ、休憩の時間も悉く鐘を鳴らして信号するものにして職工は皆明從せり。

次に五室よりなる登り窯の寸法を記せば次の如し。

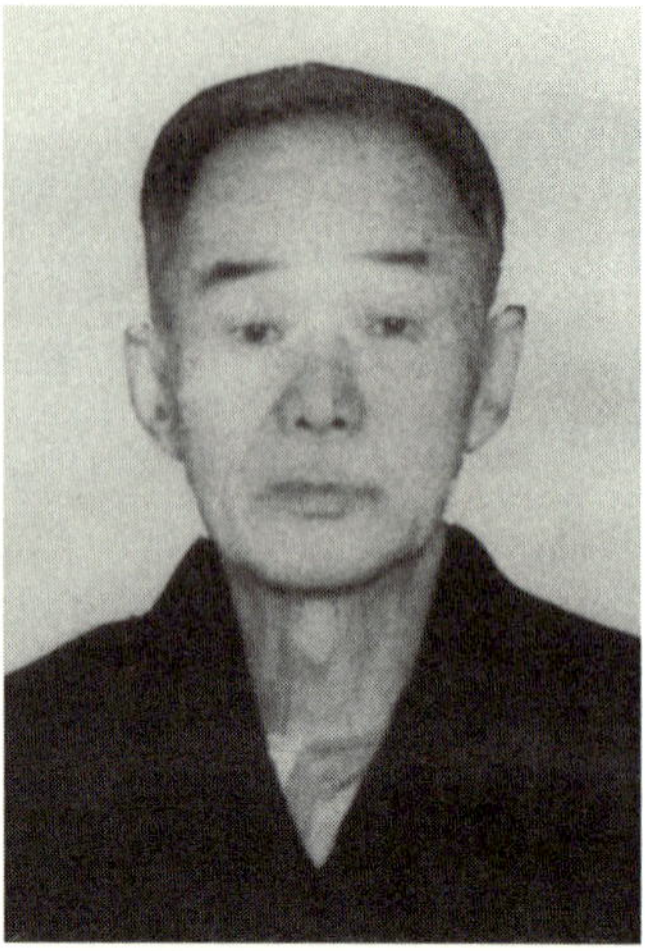

45. **小笠原英太郎**（小笠原家提供）

46. **小笠原英太郎（魯山）**
「褐釉伊勢海老置物」
（小笠原家蔵）

各室＼構造	室の大いさ 長さ	室の大いさ 巾さ	室の大いさ 高さ	火床 巾さ	火床 高さ	勾配ノ差	狭間穴 數	狭間穴 巾	狭間穴 高	狭間穴 障壁の厚サ	狭間穴 窯穴床マデヨリ高サ	出入口 巾	出入口 高	出入口 側壁の厚サ	焼成 時間	焼成 燃料	備考
第一室	一七、〇	八、五	七、七	二、〇	〇、七						—	二、五五	四、四	1.6 2.4	二四	一〇〇〇〇斤	素焼
（第一室・第二室間）						一、三	二三	〇、三	〇、四	一、二	一、八 〇、五						
第二室	一八、五	一〇、五五	八、八	二、三	〇、四							二、六五	四、八	1.6 2.4	一二	六〇〇〇	本焼
（第二室・第三室間）						二、一五	二五	〇、二五	〇、三五	一、二	二、七 〇、五五						
第三室	一八、七	一二、八五	一一、三	不明 二、四？	不明 —							二、五	五、六	1.9 2.7	一二	六〇〇〇	〃
（第三室・第四室間）						二、七	三一	〇、二五	〇、四	一、三	三、〇 〇、三						
第四室	二三、弐	一三、二	一二、〇	二、九	〇、五							二、八	五、六	1.7 2.8	一二	六〇〇〇	〃
（第四室・第五室間）						二、六	三三	〇、二五	〇、四	一、二	二、八 〇、二						
第五室	二六、三	一〇、五	一〇、七	二、九	一、三							二、九	五、五	1.6 2.9	〇、五	三〇〇	素焼
（第五室以後）								〇、三	〇、五		〇、一						

此の表によれバ焼成時間が有田とは非常に短い。然るに窯の大いさには大して変りがない。之には何か大なる原因がある事を考へ調査すれバ、大河内は昔は青磁を専門となしたる位青磁に適する釉薬原料あり。此の青磁を完全に焼成せんが為めに還元焔を要するに依り、有田に於ても還元焔を以て焼成せらるれども、一層強き還元焔を要するにより強く燃焼せしむるにより、

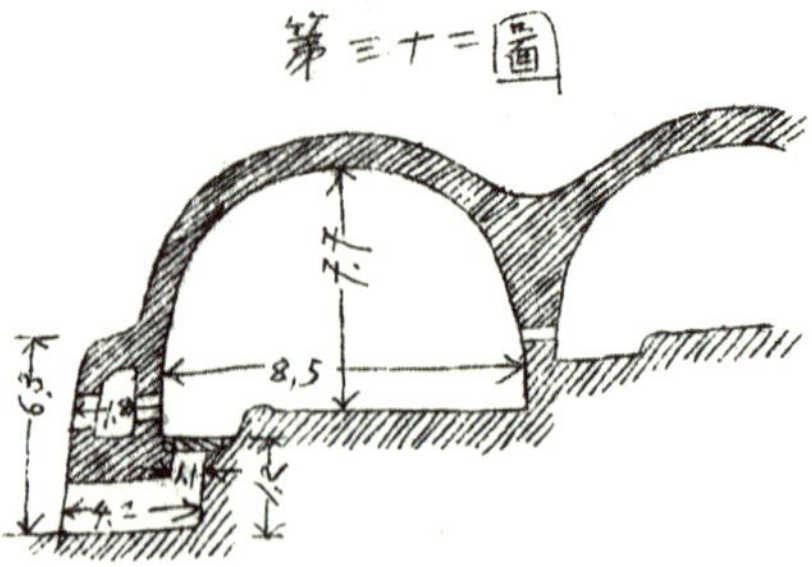

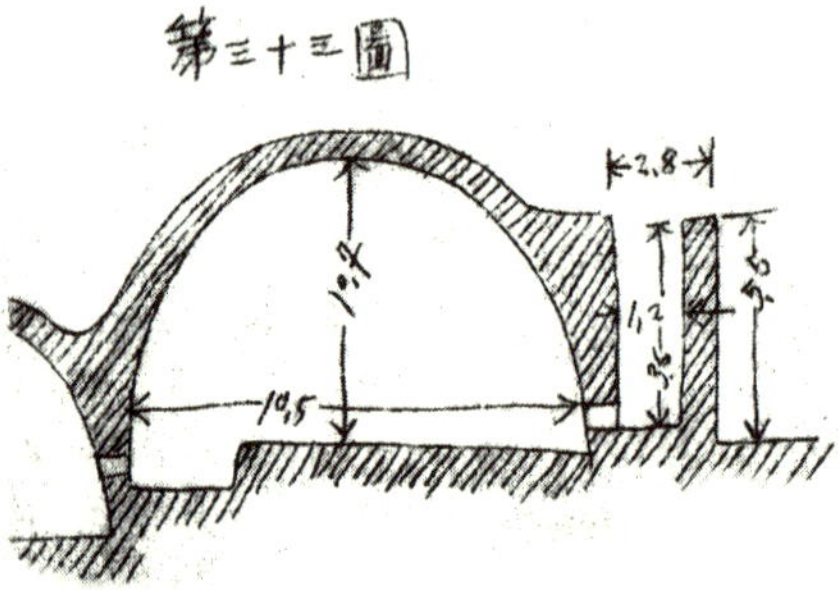

著しく焼成時間短きものにして、木原、江永及ビ藤津郡の方も此の焚き方にして有田の二分ノ一の時間にて焼成しつゝありと云ふ。次に此の窯の最初の部分と後部とを圖解すれバ第三十二圖の如し。即ち第一室には多量の薪材を燃焼せしむるが如くに、灰にならざる火の留りて燃焼を不充分にする欠点を補はん為めに、火床にグレートを作り、其の下方は圖の如く外氣を吸入して火を酸化せしめ、炭酸瓦斯として火床火の留まらざる方法を構じたるものにして、天保以前には此の形のものなく、天保以後の築造にかゝるものは此の式のものあり。丸窯が進歩の形跡を残せるものなり。第三十三圖ハ煙の吹出し口にして、丸窯の吹き出し口ハ水平なるものと垂直なるものとあり。之は垂直なるものにして、此の形を最も普通とせるものなり。此の工場ハ細き川を挾み居れるが故に、水の便利頗るよく、別に水車小屋あって泉山石、天草石等の粉砕に使用するも

のにして、働〔動〕力を要する場合には自由に水車を設置する事を得るものにして、京阪地方の如く川の附近十間は河川法令により面倒なる手續きをなすの必要なく、随意に水車を設くるも差支なしと云ふ。而して水車の一基や二基は水流急なれバ何所にても設置する事を得べし。

鍋島候〔侯〕爵御用窯(144)

市川氏の工場ハ宮内省御用達以上の營業状態である。刺を出して参観を乞ふと嫁さんらしい人が私は方は家族《ゾク》的にやって居りますので職工の如きもお恥しい程少ふございまして……と云ふ(145)。されば、何人程と聞くと十五人許り居りますと云ふ。使用職工十五人にして家族的とは驚

47. 市川光之助（市川光山家提供）

48. 旧鍋島侯爵家御用窯の煙突
（編者撮影）

第三十四圖

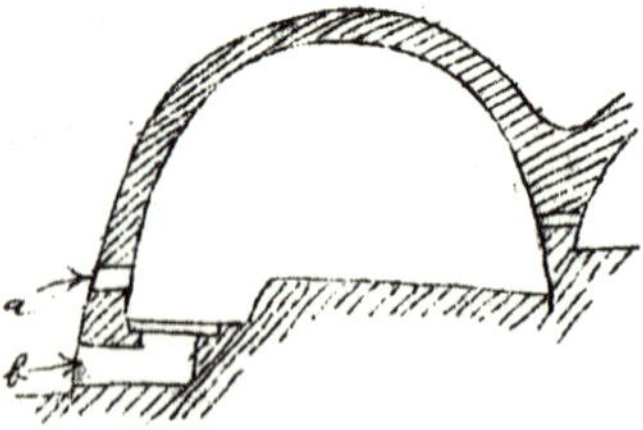

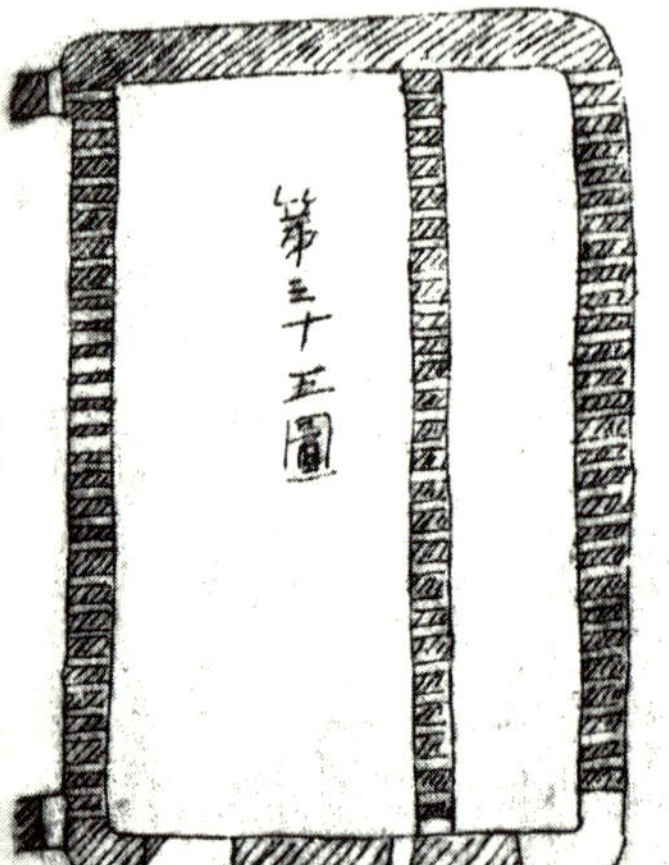

第三十六圖

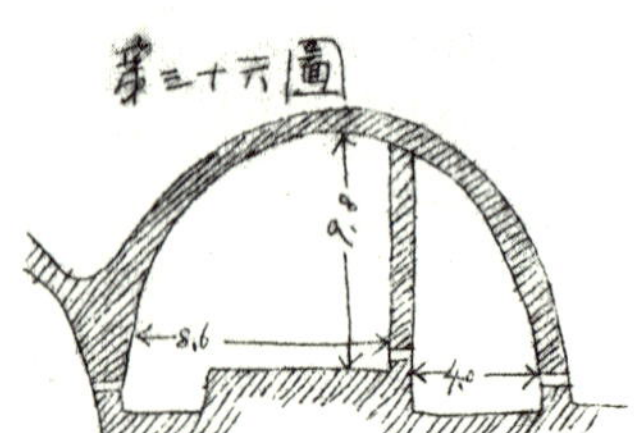

きたり。最初は朝鮮人が来て焼いたもので鍋島候〔侯〕爵専用窯にして明治の頃まで鍋島家に於て經營せられしも、明治以来職人頭の市川氏によりて經營せられ、其の製品の全部を候〔侯〕爵家に納め、傷物丈ハ賣り拂ふともよろしかりしが、現今は傷物も納めて一品も一般には販賣せず、一ヶ年に四室を有する窯五回を焼成すると云ふ。其の一回の納め高は或る時ハ三千円、或る時は二千円にして、時によりてハ納高が製産費にて足らざる事もあれバ、又製産費の數倍に達するとも返付せざるものなりと云ふ。素地ハ天草石に泉山石を使用し、釉薬は柞灰單味にして强釉弱釉を作らず。窯詰を極めてあっさりとして窯室内の熱度を一様に保たしめ、上下共に殆んど同一

火度に焼成して、よく根詰めの品物も、上部の品物も同一に焼成する事を得と云ふ。丁度小生の見學に行きし時は窯詰めの最中なりしかバ、其の窯詰めの状態をも調査する事を得たり。而して窯詰中にはあれども、許可を得て窯の寸法を取り得る限り取りたり。[146] 次に示すが如し。

構造＼各室	室ノ大イサ			勾配ノ差	火床		狭間穴					出入口			焼成時間	備考
	長サ	巾	高サ		巾	高サ	数	巾	高サ	深サ	穴マデノ高サ	巾	高	側壁ノ厚サ		
第一室	一六、〇	八、三	八、三		二、四	一、〇						二、四	四、六	1.5 2.4	二四	
				一、七			二四	〇、三	〇、四	一、八	〇 〇、四					
第二室	一七、一	一一、〇	八、二		二、四	〇、五						二、四	五、一	2.1 2.4	一〇、〇	
				二、五			二四	〇、三	〇、五	一、四	｜ 〇、二五					
第三室	一八、五	一二、八	九、三		二、八	〇、五						二、八	四、八	2.1 3.1	一四	
				二、五			二九	〇、三五	〇、六	一、四	〇、三					
第四室	二〇、二	八、六	九、八		二、六	一、六						二、七	四、八	2.7 2.6	〇、五～一	素焼
							一九	〇、五	〇、五	一、三						

第三十四圖は此ノ窯の前部の構造を示スものにして、aなる穴ハ二十五個ありて、巾三寸にして高サ五寸。bなる穴は巾五寸にして高さ六寸の穴九個あり。其ノ深サ一尺八寸なり。下圖の第三十五圖ハ第四室が二室に仕切られある所を示すものにして、其の斷面は第三十六圖の如し。即ち第四室の後半部ハ全ク使用せられず。昔は更に第五、第六、第七の三室を後部に有せし其

の跡あれども現今は斯くの如く縮少せられたり。又出入口ハ最後の角に設けられ、角より測定して一方は二尺二寸の巾あり。一方は八寸あり。尚後部に聯續せし窯の事なれバ煙の吹き出し穴は圖の如く普通の狹間穴にして、何等の装置もなきものなり。而して薪材ハ第一、第二、第三室の合計が二萬斤にして、室別には不得要領なりき。窯詰には匣鉢を以てし、天秤詰は少しも用ひず、製品は範圍廣く人物の如き高サ四尺位の彫刻より茶器に至るまで、磁器として普通に見るものハ何でも焼成するものにして、斯くの如く多數の焼物を島津候〔侯〕爵家にては之を自家用、及び、交際用として進物返礼に使用せられ、尚、焼物のみにては不足なりと云ふ。今日も尚大名生活が吾人等の生活とは雲泥の差のある事は此の事によりても推知する事を得べきなり。

49. 川副泰五郎肖像画（川添家提供）

川副泰五郎氏工場(147)

今回の旅行が窯を主として他を背景とせる為め窯を先に参観し寸法を得たり。製圖に必要なる細部の寸法ハ別にあれども大略を示せば次の如し

各室＼構造	室ノ大イサ 長サ	室ノ大イサ 巾サ	室ノ大イサ 高サ	火床 巾	火床 窯床トノ差	勾配ノ差	狭間孔 數	狭間孔 巾	狭間孔 高	狭間孔 障壁ノ厚サ	狭間孔 孔ノ高サ	出入口 巾	出入口 高	出入口 側壁ノ厚サ	焼成 時間	焼成 薪材	備考
第一室	一六、三	八、五	七、二	二、四五	〇、二							二、二	四、六	1.6 2.1	二七	七〇〇〇斤	本焼
						一、一	二三	〇、三	〇、四	一、三	一、七 〇、六						
第二室	一八、二	一一、〇	九、四	二、六〇	〇、四							二、五	五、三	1.3 2.0	一〇	五〇〇〇	〃
						一、七	二六	〇、三	〇、四	一、二	二、四 〇、七						
第三室	二一、〇	一二、一	一〇、〇	二、七	〇、三							二、六五	五、三	0.9 2.2	一二～一四	五〇〇〇～六〇〇〇	〃
						二、二	二八	〇、三	〇、三五	一、二	二、六 〇、四						
第四室	二三、三	一二、五	一一、〇	二、九	〇、三							二、八	五、四	0.9 2.5	一二～一四	六〇〇〇	〃
						二、二	二七	〇、三	〇、三五	一、二	二、五 〇、三						
第五室	二〇、八	一一、二	九、六	三、〇	〇、四五							三、〇	五、五五	1.1 2.8	〇～一、五	〇～三〇〇	素焼
							二七	〇、四	〇、五	〇、八	〇、三						

右の窯にて年に八回乃至九回を焼成するものにして、窯詰には匣鉢を使用し棚詰をも行ふ。第三室の出入口には高サ三尺一寸の所に、巾三寸五分高さ五寸の穴あり。一方ハ深三寸五分、一方は五寸あり。内側より七寸の所にあるものにして、何の為めかと聞けバ第三十九圖に示すが如く出入口を閉して出入不可能ならしむる為めに錠前を掛くる為めなりと。

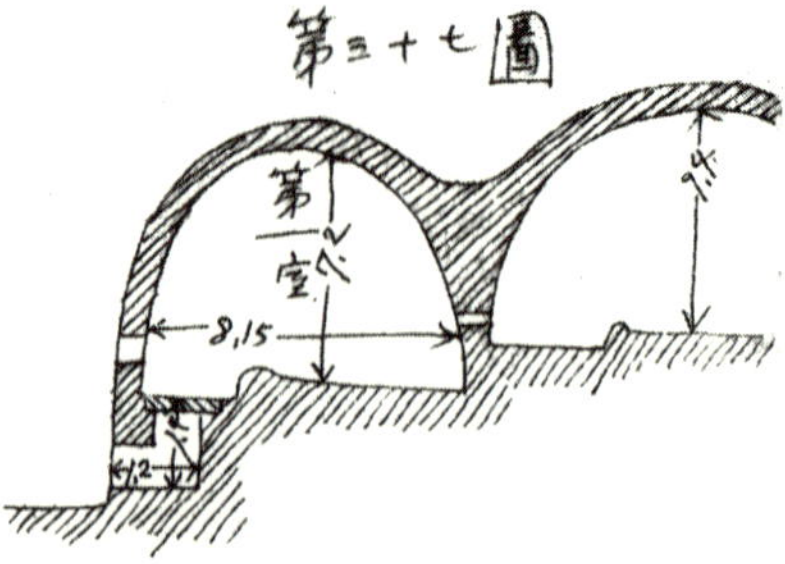

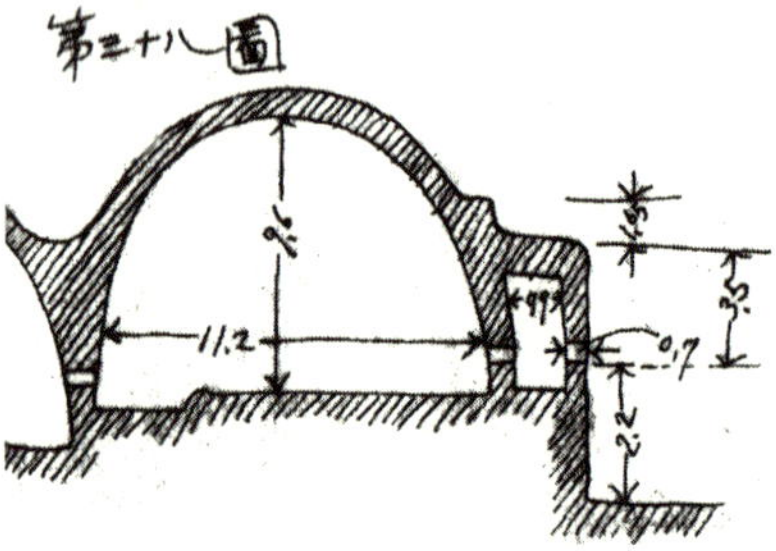

第三十七圖ハ、第一室下部狭間穴の形状と空氣吸入口を別に設けたる所を圖示せるものにして、第一室は以前第二室たりしものにして一室分を減じたる形跡あり。室數を減ずる場合には普通後部に於て行はるれども、前部に於ても行はる、場合なしとせず。即ち此の窯ハ斯かる場合の一例なりとす。第三十八圖ハ其ノ後部にして煙の吹き出し口の斷面にして、樋口氏の窯と吹き出し口を相對して、其の間僅に一間位より間隔なきものなり。第三十九圖の如く出入口を閉す場合は窯焚〔出カ〕しが終らざる間に日暮れたる時、品物の盗難を防ぐ為めにして、斯くする時ハ何如〔如何〕

にしても之を開く事能ハず。京都の窯にては側壁薄く窯弱けれバ斯くの如き設備をなす事能ハざれども、有田の窯の側壁は二尺乃至三尺五寸ありて頗る堅牢なるが故に、無理に開かんとするも窯の破損する憂ひなきものなり。此の工場に於て使用する職工の數ハ僅に五、六人にして、天草石を外三割加ふるものなれバ、坏土の主原料としてハ泉山石なり。釉薬は對州石に大河内産釉石(山土と称ス)を調合して、强弱釉を製するものにして、其の調合は極めて乱暴にして、濃度の如きも非常に差あるも大なる影響なしと云ふ。極めて神經にぶき原料なれバ、極單に両者單味にても釉薬となるが故に調合量を定めざるが如く。弱きを欲する時ハ對州石を少くする心持にて調合するものなりと云ふ。大河内ハ青磁の特産地と聞きたるに、青磁よりも白色磁器の方多く其の青磁の釉薬は大河内産の製〔青〕磁土を水簸して其の泥漿の濃度を一定にして、一定濃度を有する石灰石の泥漿を十杯に對して三杯調合するものにして、此の調合ハ神徑〔經〕過敏に一杯間違とも非常に強弱を生ずるによりて、斯くは嚴重なる容積調合をなすものにして、其の青磁土は帯褐黄色の鉄質粘土にして、粘力を有するが故に施釉に際して沈澱するが如き事なく、

50. 泰仙窯「色絵紅葉文碗」
(大正～昭和初期、川副家蔵)

焼成すれバ酸化鉄を用ひたる青磁の如く稀に酸化鐵の塊が第二酸化鉄の呈色を星の如くに出すが如き欠点なく、極めて滑らかに光沢もよく一様に熔融するものにして、熔融するとも比較的過乗〔剰〕の熱に耐ゆる事ハ粘土を石灰にて熔融点を低下したるものなれバ、普通の青磁釉よりも其の成分中に酸化アルミニウムの含量多きものならずやと想像し、其の結果ならんと再考するものなり。此の工場にも西松浦郡の規定労働時間が張り出されて居る。

月別	就職時間	始業時間	月別	就職時間	就業時間
一月	七時五十分	五時十分	七月	七時	六時四十分
二月	七時四十分	五時二十分	八月	七時十分	六時二十分
三月	七時三十分	五時四十分	九月	七時三十分	六時
四月	七時十分	六時十分	十月	七時四十分	五時四十分
五月	七時	六時四十分	十一月	七時五十分	五時二十分
六月	六時四十分	七時	十二月	八時	五時

右の如き規定にして職工は小笠原氏の鐘を相圖〔合〕に、よく明従して居る。何分にも小笠原氏の工場が最大にして皆附近にあるを以て、鐘の音がよく樋口氏の工場にまでも聞江るのである。川副泰五郎氏の令弟(148)ハ、有田の工業學校を卒業したるも不幸にして死去したりと話し掛け、小生等の見學旅行には決して参觀をこばむが如き事なき處にして、窯の寸法を取り居る際など大いに手傳ひくれる位にて、陶器學校の生徒と聞けバ自分の弟を聯想して感慨無量なるもの、如く見受けられたり。

樋口氏工場(149)

樋口氏の工場は餘程不規則なる建築振りなるが故に作業上大いに不便あるべく、[*] 其の窯は二百年前後の以前に築築せられしものにして、唐津の中里氏の丸窯が少しく進歩したるものなり。

火口の斷面圖を画かば第四十圖の如し。

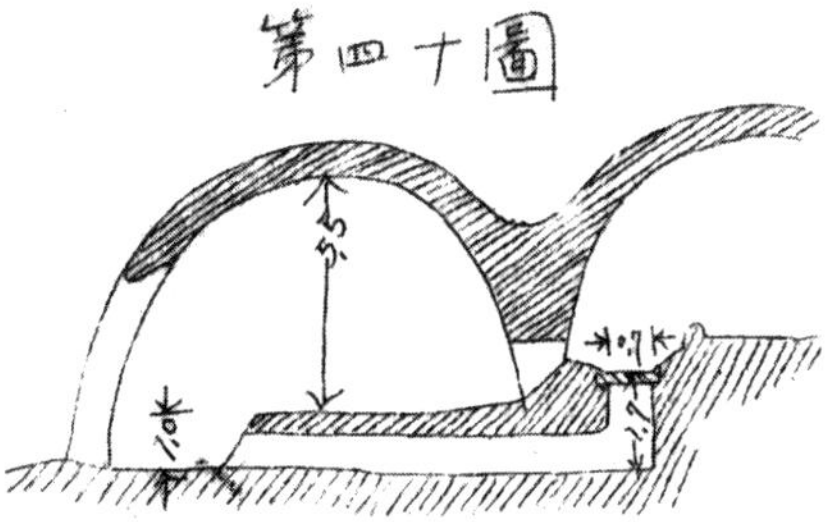

火口の形状は中央ハ高サ七寸巾七寸五分の角孔一本ありて、第一室の火床の下部に連續するものにして、此の作用は相當重要なるものにして、火口に胴木と称する直徑六寸以上の太き薪材を室一杯ニ積みて、外部の穴を小サクしたる後、焚き附けて胴木と称スル薪材の全部燃焼せし後、第一室を尚八千近〔斤〕も燃焼せしむるに依り、多量の『オキ』を生じ狹間穴を閉し通風を害し、完全に燃焼起らざるを、床下の孔より空氣を入れて『オキ』を速にCO_2となして、其の容積を少にすると、尚又、火口焼成の際、火口に積みたる胴木が不完全燃焼の儘第一室に入りて、床下の孔より出づる空氣に会しよく燃焼するものにして、此の場合に於ける燃焼は燃料が既に瓦斯体なるを以て氣化の潜熱を要せざるにより、発熱量ハ比較的大となる事を昔乍らも考案せるものなり。此の窯の火口は火床

構造	室ノ大イサ			火床		勾配ノ差	狭間穴					出入口			焼成		備考
客別	長サ	巾	高サ	巾	窯床トノ差		數	巾	高	障壁ノ厚サ	孔ノ高サ	巾	高	側壁ノ厚サ	時間	薪材	
火口	一一、四	五、五	六、五	二、六	一、〇							三、六	四、四	一、〇		二〇〇〇斤	
						二、三	一五	〇、三	〇、五	一、一							
第一室	一二、一	七、〇	六、五	二、一	〇、五							二、二	四、三	1.0 1.5	一一	八〇〇〇	本焼
						〇、六	一八	〇、二五	〇、四	一、二五	一、一 〇、五						
第二室	一四、五	八、〇	七、三五	二、〇	〇、四							二、〇	四、一	三、〇	一一	八〇〇〇	〃
						一、一五	一九	〇、三	〇、四	一、一	一、七 〇、五五						
第三室	一六、〇	一二、三	八、〇	二、四	〇、五							二、〇	四、〇	三、〇	一三	五〇〇〇	〃
						一、九	二一	〇、三	〇、五	一、〇	二、一五 〇、七						
第四室	一七、二	一一、〇	八、六	二、五	〇、六							二、四	五、〇	二、五	一一	五 六 〇〇〇	〃
						一、六五	二三	〇、三	〇、四	一、五	二、〇 〇、七五						
第五室	一九、一	一二、〇	九、七	二、九	〇、五							二、六	五、二	三、〇	一三	六 七 〇〇〇	〃
						一、九	一七	〇、三	〇、五	一、五五	二、四 〇、六						
第六室	二一、〇	一三、七	一〇、六	二、六	〇、七							二、六	五、三	二、五	一三	七五〇〇	〃
						一、五	二八	〇、三	〇、三	一、一	二、二 〇、七五						
第七室	二一、〇	一三、八	一一、五	二、七	一、五							二、五	五、六	三、〇	一三	七五〇〇	〃
						一、五	三〇	〇、三	〇、四	一、二	一、九						
第八室	二三、〇	九、〇	九、〇	二、七	不明							二、七	五、二	三、〇	｜	——	素焼
							二三										

を有し二段になれるが故に京窯の胴木の切斷面に似たる處あり。而して其の窯焚きに先ち火口に一杯充鎭する薪材を稀〔称カ〕して、胴木と称するなど或ハ京窯の胴木間か〔が〕斯くの如き處に起元〔源〕を有するものに非らざるかと思はる、㕝あり。京窯の胴木に就ては、行基菩薩が鉄砲窯より地上に築く事を考案して其の当時の陶業者に教へしにより、行基と称せしものが胴木と國音相似るが故に誤りて胴木と云ひしに起因するものなりと云ふ。此の事は何人も鳥の雌雄を知らざる如く、解決的に明答を與ふる人なきものなれバ、何れとも信じ難きものなれども、此の両者は調査すれバする程京窯の起元〔源〕となりしものらしくして、いよ〳〵迷はしむるものなれバ、此の二者を混じて、

行基菩薩が教へしにより、行基と称したるものを、此の行基に用ふる薪材を胴木と称するにより、行基と胴木と國音似たる為めに言い易き胴木となりたるものなれバ、其の字は二者を混じて胴基と認むる方意味深長なりと云ふにあり。故に胴基と認むる人ハ背景に哲學ある人の如く、胴木と認むる人ハ哲學を背景に携へざる人の如く、何となく薄っぺらな感じのある人の如し。故に胴基と認むるを胴木なりとも胴木と認めたるを見て、胴基なりと争うべきに非ず。斯くの如きは小生が卒業後の楽しみに、暇のある時に之を更に研究し解決を下して我も許し他人にも亦、其の解決的説明を許さしめんものと期しつつあり。故に既記の事項は多く解決的なりしも之は解決的説明をしばらくひかゆるものとす。さて、第四十一圖ハ此の窯の後部を示せるもの

第四十一圖

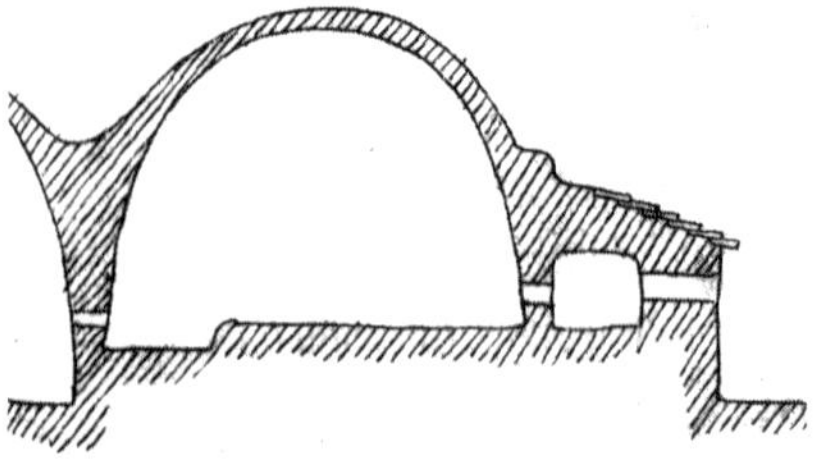

にして、煙の吹き出しの穴の高さは二尺三寸とす。而して此の部分ハ屋外にあるに依り、其の上部には瓦を葺きて屋根とせし事京窯に多く見る處なりとす。

樋口氏の工場ハ窯の寸法を測尺中に日は西に傾き暮れんせしかば、灯燈の用意なき為め参観せずして伊萬里へ急ぎたり。大河内にハ、尚他に京窯と同一の胴木間を有する窯ありて、胴基間はいよ〳〵密接なる關係あるものとなるものなれど、冬日の短かきには致し方なく、只見たるのみにて寸法は得ざりき。故に圖解も止めて記さず。只京窯の胴木に就ては少しく考ふべき点ある事を認め置くものなり。又、一説には此の京窯と同一の胴木間を有する窯は、後より斯くの如き胴木と改造せりと云へども、其の以前はと聞けバ矢張り胴基の如き火口ありたりと云へば、唐津の中里氏の窯の火口の如き元始的のものに非らざりし事を知り得るものなり。

斯くて約二里の道を急ぎ伊萬里に着したるは午後七時頃なれバ、日もとっぷりと暮れて暗き中を歩みたり。今福屋へは七時過ぎに着したり。尚大河内に調査したき点少なからざれども明日は長崎へ向ふ事に決したり。

第十一日　正月十二日

今福屋に命じて弁当を作らせ、午前九時二十分伊萬里発有田行き二番列車にて伊萬里を去って夫婦石を過ぎ藏宿へは十時頃に下車した。空は何となく曇って来た。三河内へは何れの方向に行くべきや。初旅の地は解らず尋ねると自分の考へとは反對の方へ行けと云ふ。今下車した氣〔汽〕車ハ又戻って行くかの如き感じがした。然し教った人が聞き違ったのではないかと再び他の人に尋ねると矢張り同じ様に教へてくれた。いよ〳〵丈夫と思ってスピードを出して三河内に急いだ。空ハます〳〵曇って遂ひに傘を差すも可なり、ささざるも可なり位の雨となった。一町程行っては尋ね〳〵して行く。三河内のみの見學ならば伊萬里より長崎までの切符を買ひ三河内に下車するものなれども、木原、江永を見る為めに藏宿に下車して好まぬ雨は段々とはげしくなり、木原を通り流し乍らも窯を見る頃ハ、オーバーも下半分ハ雨にビッショリとぬれてしもうた。ゆっくりと見たきは山々なれど、長崎へ今日の間に出る豫定なれバ急いで江永に入った。此の地ハ木原よりも少しく盛んに製作するらしく約五、六軒の製造家はあるらしい。其の内最も大なる山口氏の工場には雨宿りかた〳〵参觀した。[150] 職工は三十人以上を使用し相当盛んである。次に南部冨左衛門氏の窯を見た。[151] 急いで次の如き寸法を得た〔次頁〕。前記の寸法は何れも

長崎縣東彼杵郡小郡村字江氷　南部冨左衛門氏登り窯

構造／客室	室ノ大イサ 長サ	室ノ大イサ 巾サ	室ノ大イサ 高サ	火床 巾	火床 窯床トノ差	勾配ノ差	狭間孔 數	狭間孔 巾	狭間孔 高	狭間孔 障壁ノ厚サ	狭間孔 孔床ノ高さ	出入口 巾	出入口 高	出入口 側壁ノ厚サ	焼成 時間	焼成 薪材	備考
								〇、三	〇、四								
第一室	一八、〇	一〇、〇	九、五	二、〇	〇、八							二、二	五、〇	一、六	一〇	七〇メ	素焼
						二、三五		〇、三	〇、四	一、五	一、三五						
第二室	一八、〇	一〇、三	九、六	二、二	〇、六							二、一	五、三	一、八	一一	八〇	本焼
						二、二		〇、二	〇、四五	一、二	一、八／〇、五						
第三室	二〇、八	一一、五	九、六	二、五	〇、五							二、三	四、六	二、〇	〃	〃	〃
						二、四	三四	〇、三	〇、四	一、七	二、二／〇、三						
第四室	二三、〇	一二、八	九、七	二、三	〇、六							二、六	五、〇	二、一	〃	〃	〃
						二、三五		〇、三	〇、五	一、六	一、七五						
第五室	二四、〇	一三、一	一一、五	二、八	一、二							二、五	五、二	三、〇	〃	〃	〃
						二、八		〇、三	〇、五五	一、四	一、八						
第六室	二三、〇	一三、二	一一、〇	二、七	〇、九		-8					二、九	五、〇	三、一	〃	〃	〃
						二、三	三〇	〇、三五	〇、五	一、六五	二、一／〇、七五						
第七室	二五、七	一三、七	一二、〇	二、六	〇、八							三、〇	五、二	二、五	〃	〃	修膳中
						二、九		〇、四	〇、四五	一、五	二、五〇／〇、四						
第八室	二五、〇	一四、二	一二、一	三、一	〇、九							二、九	五、一	二、五	〃	〃	本焼
						二、四		〇、二五	〇、四	一、五	二、〇／〇、五						
第九室	二五、九	一四、二	一一、八	二、七	一、二五							二、六	五、二	二、八	一三	二〇〇	〃
						三、〇		〇、二五	〇、五		一、七五						
第十室	二四、七	一三、五	一一、四	二、六								二、五	四、六	二、八	拾三	二五〇	〃
						三、三	三一	〇、三	〇、五五	二、〇	二、〇						
第十一室	二三、一	一〇、〇	九、〇		一、四							二、五	四、六	一、六	｜	｜	素焼
								〇、三五	〇五五								

詳細に製圖し得る様に取って来た内から摘出したものであるが、此の窯は急ぎたる為め次に示す寸法の他ハ自分の目に記憶のある丈で記載の寸法以外に質問に應じられない。

第四十二圖ハ此の窯の下部火床の斷面を圖示し、大河内の川副氏の窯と同式にして、川副氏の窯は下部一室を取りたる為めに、第三十二圖の如きものが第三十四圖及ビ第三十七圖の如く同一の様式に改造せられたるものなれども、此の窯は最初より此の様式に築造せられたるものなり。第四十三圖ハ第十一室の素焼室の斷面にして点線ハ出入口二個を有する位置にして普通の素焼室とは反對の火床を有し、其の下段には通路と棚を設け素焼を棚に詰める

51. 南部冨左衛門（南部家提供）

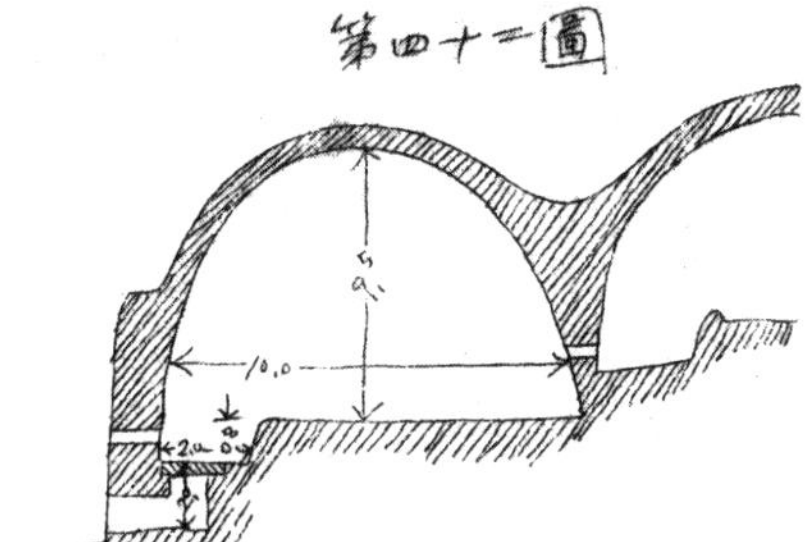

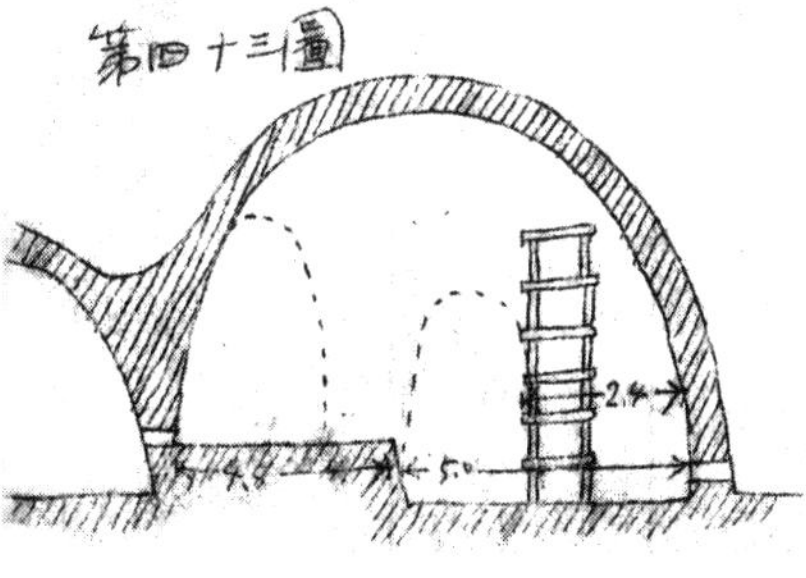

ものにして、其の棚の位置ハ圖示せるものの如し。此の地方の薪材の取引きハ一〆《シメ》三十斤にして一〆二十五笺なれバ百斤に付九十笺以下なり。故に有田よりハ餘程廉なり。故に前表中焼成の部の薪材に記入の單位は何れも『一〆』を單位とせらるにより之を三十倍したるものが斤數となるものなり。

江永村より三河内ステーションに行き荷物を一時預けとなし、三河内へ行く。ステーションより三河内までは約二十町あり。木原、江永よりはるかに盛んなり。

長崎縣東彼杵郡折尾瀬村字三河内の陶業(152)

三河内には三十軒程の製造戸數あり。登窯は十二又ハ十三基あり。其の内二登りは三河内共有のものにして百年以前に築造せられしものにして一つは十六室あり、他の一つは十三室あり。此の窯を口石嘉五郎氏の一職工に案内せらる。其の寸法を大略得たるにより参考の為め記せば次の如し。

此の窯は三河内陶器組合の所有にして、各室一室つゞ〔づゝ〕を受持ちの製造家によりて窯詰せられ、各製造家ハ申し合せて一緒に窯焚きを行ふものなれバ、窯出しの際などは一室毎に其の製品の持主を異にするが故に、第三十九圖に示すが如き戸を各室毎になしたれバ二、三の室は其の持主に頼んで明けてもろー事を得れども、第十室、第十二室、第十三室、第十五室の四室は残念な

各室＼構造	室の大いさ 長サ	室の大いさ 巾サ	室の大いさ 高サ	火床 巾	火床 窯床トノ差	勾配ノ差	狹間孔 數	狹間孔 巾	狹間孔 高サ	狹間孔 障壁ノ厚サ	狹間孔 孔床マデノ高サ	出入口 巾	出入口 高サ	出入口 側壁ノ厚サ	焼成 時間	焼成 薪材	備考
							二二	○、三	○、四								
第一室	一○、三	一六、八	七、五	二、一	一、五							二、○	四、五	一、四	二二	七○メ	匣鉢類焼成
						二、七五		○、三	○、三	一、四	一、二五						
第二室	一二、三	七、二	七、五	二、三五	一、三五							二、二	四、五	一、七	八	一○○	本焼
						二、五	二三	○、三	○、五	一、五	一、三五						
第三室	一六、二五	九、八	九、二	二、三	一、五							一、九	四、五	二、○	二一	一七○	〃
						二、三	三○	○、二五	○、三	一、七	一、二五						
第四室	一八、○	一一、○	九、八	二、二	一、四							二、二	四、八	二、○	二二	一七五	〃
						二、四		○、二五	○、四	一、六	一、三五						
第五室	二○、二	一○、五	一○、五	二、二	一、一							二、二	五、三	二、二	二二	一五○	〃
						二、七		○、二五	○、五	一、七	一、二						
第六室	二○、二	一○、五	一○、一	二、一	一、一		三八					二、五	五、二	一、八	二二	一五○	本焼
						二、三		○、二	○、四	一、七	一、二						
第七室	二一、五	一一、二	一○、五	二、一	○、五							二、二	五、○	二、○	〃	〃	〃
						二、二	四一	○、三	○、三	一、七	一、五						
第八室	二三、二	一二、○	一一、三	二、四	○、九							二、五	四、八	二、四	〃	〃	〃
						二、七		○、二	○、五	一、六	一、八						
第九室	二五、三	一○、六	九、九	一、九	一、一							二、○	五、○	二、三	〃	〃	〃
								○、三	○、四	一、三	一、六						
第十室															〃	〃	〃
第十一室	二七、五	一三、三	一二、七	二、七	○、六							二、四	四、五	三、○	〃	〃	〃
								○、二五	○、四		一、五						
第十四室	二五、○	一三、○	一○、四	二、四	一、○							二、五	五、八	二、九	〃	〃	素焼
							四二	○、三	○、五		一、六						
第十六室	二三、一	九、五	一○、○	二、六	一、○							二、一	四、五	二、九	｜	―	〃
								○、三	○、五		一、五						

がら寸法を取事を得ざりき故に記する事は勿論得ず。然れども其の前部の火床を圖示すれバ第四十四圖の如し。

第四十四圖の如く西洋式角窯の堀込に似たる穴を中央に一個と其の両側に中央の物の二分ノ一位の巾を有するもの一個づ、を有し、上部の孔ハ普通の如し。而して第四十五圖に圖示せる如く後部には十數室を取り除きたる跡あり。昔豊臣秀吉が此の地へ朝鮮より陶工を數多つれ歸

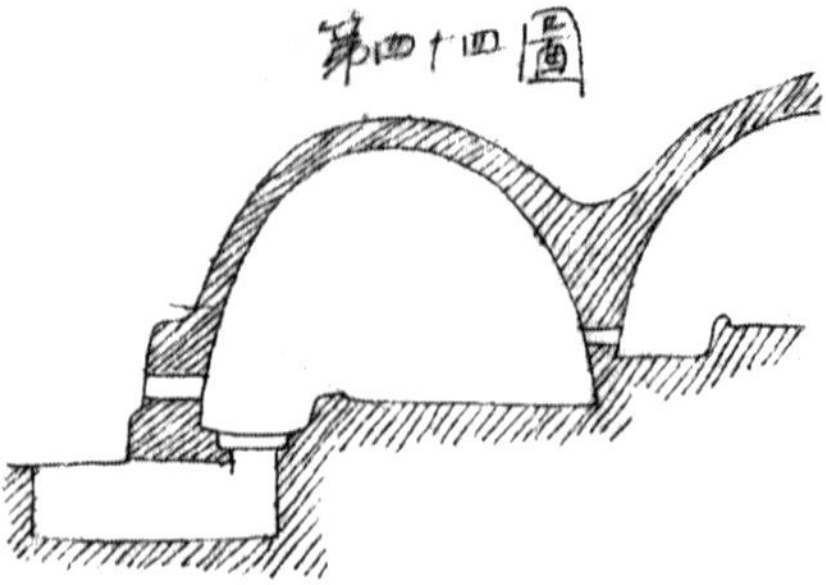

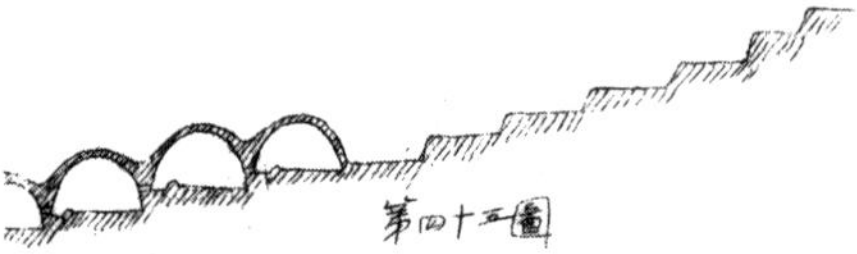

52. 三川内窯「染付鶴亀文宝珠形蓋物」
（明治期、佐賀県立九州陶磁文化館蔵）

りて焼物を焼かしめし頃、現時よりも盛大なりしものにて其の全盛時代に築窯せられ、下部に於て窯焚き居れバ中部ハ窯詰中にして上部は焼成中なりと云ふ様な工合に、常に二ヶ所は焚き居たりしものが、現今に於ては下部十六室を残して第十七室以後を取り除き、其の二分の一にも足らざるものとなり居れるものにして、昔時の盛大なりしを偲はしむるものなり。此の窯を地方の人ハ東の大窯[153]と称し、之に匹適するものに西の大窯あり。[154]之も共有窯にして各室毎に第三十九圖の如き戸を閉し漫《みだ》りに出入りし能ハざる様にしありたり。此の窯も後部に第四十五圖に示すが如く十數室を取り除きたる跡を残し居りて東の大窯と殆んど其の規格に於て変らざりしものが、今は僅に十三室を有するのみにして、然も一室づ、製作家が受持ちに焼成し居れるが故に、窯焚きには拾數軒の製造家が申し合せて焼成する事、東の大窯に等しき不便あり。三河内に於ける東西の両大窯は一室の大いさより云へば藤津郡大野原《オーノハル》(小野原)の窯には遠く及バずと雖も、室數に於ては昔は天下一なりしものなれども、現今は瀬戸の加藤門〔紋〕右衛門[155]氏の十七室を有する本業窯を凌駕する事能ハざれども、盛大なりし昔を偲ばしむるには充分なり。

口石吉嘉五郎氏工場[156]

三河内の組合委員にして約二十人の職工を使用し普通品の製作をなす。氏の談によれバ三河内には製作家は約三十軒にして登り窯の數ハ十二、三ありとの事。〔*〕折尾瀬尋常小學校に附属の小

53. 口石嘉五郎（口石家提供）

建築ありて、実習は地方の老練家に學科は有田工業學校の卒業生を講師として夜學を以て新進の青年を教育しつ、あり。之実によろこばしき事なり。此の夜學に通はる職工などは比較的小生の訪問を歓迎し居れバ、十年後の三河内は現今の三河内よりも余程の教育程度を向上するものと考ふる次第なり。三河内にも泊るべき宿屋も不自由乍らあれども、翌日の行程を楽にする為めに、午後六時十分発の長崎行列車にて三河内駅を出発せり。日は早くも暮れて車窓外の景色も何も見江ず眞暗の中を汽車は西へ西へと走って行く。早岐駅は佐世保線の分岐する所略図を以て示せるが如く今朝伊萬里を出発して木原、江永を徑〔經〕て三河内に入り、今又三河内を出発して早岐駅にて汽車は方向を一変して南下しつ、あるのである。南風崎、川棚を徑〔經〕て彼杵を通過す。彼杵は圖に示すが如く東北へ三里にして嬉野の温泉に達するが故に、此所かくも藤津郡の陶業地に入る事を得べく嬉野より五町田の東なる塩田まで電車あり。塩田は藤津郡の集散地にして祐徳軌道により武雄に出づる事を得。かくて汽車が長崎に着したるは午後九時頃にして、長崎は蒲〔浦〕上駅より人家續き電車走り都會の感じ充分なり。長崎に下車すれバ勝手も知らざれど、

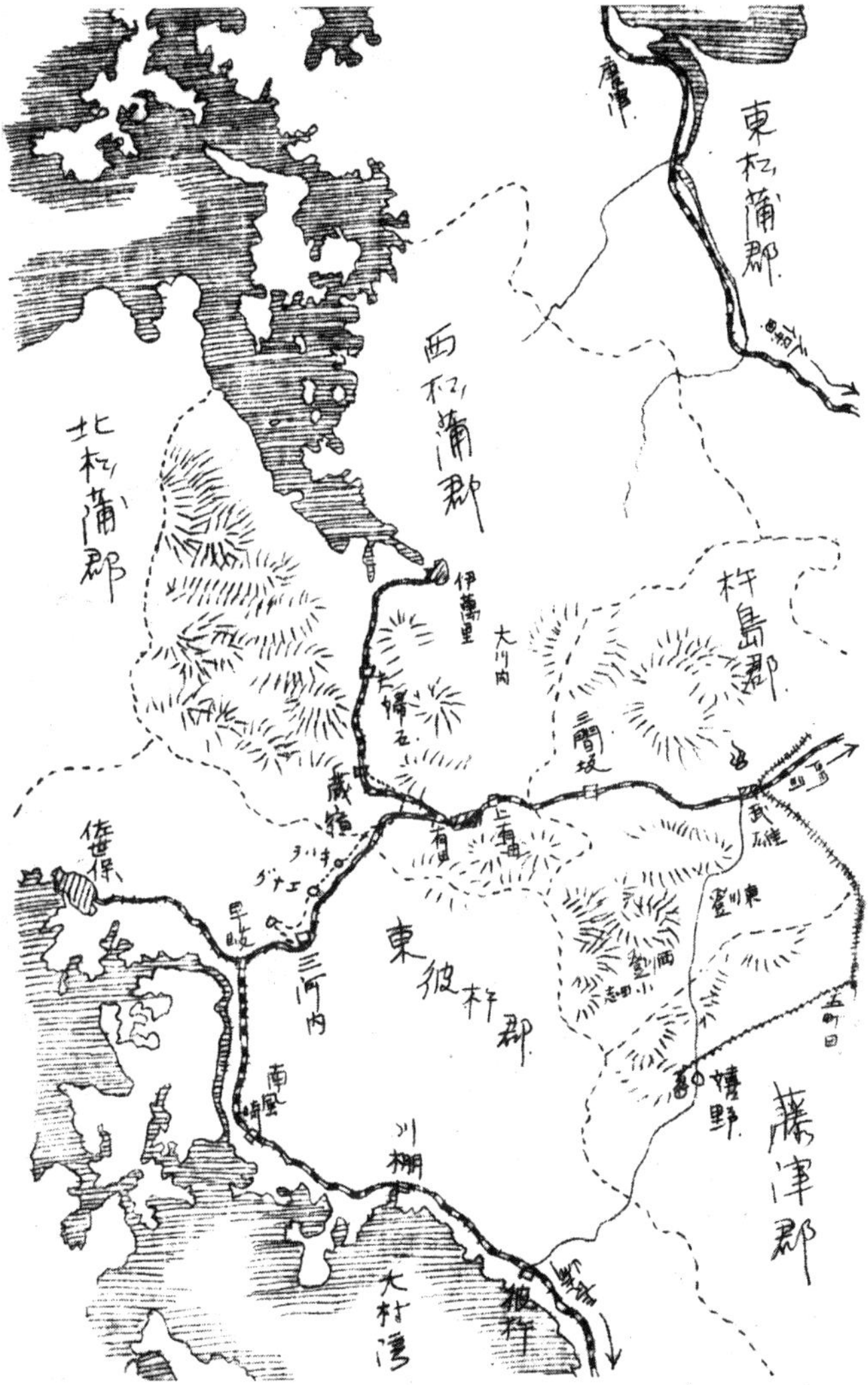
東松浦郡
西松浦郡
北松浦郡
杵島郡
東彼杵郡
藤津郡
伊萬里
大川内
夫婦石
三間坂
上有田
有田
武雄
蔵宿
佐世保
早岐
三河内
南風崎
川棚
彼杵
大村湾
嬉野
五町田

地圖を頼りに南へ〳〵と歩いた。歌にも歌ふ江戸の敵を長崎で討つと云ふ長崎は此所かと思ひ乍ら歩いた。歩き乍らも宿屋を物色した。すると小林回送店旅館部と云ふのがある。天草へ渡るにハ好都合と思って飛び込んだ。そして伊萬里出発以来の疲労を休めて翌日天草へ渡る考へであった。然るに、

疲労を慰養の暇もなし

天草島へは今夜の十一時に渡航の第二福山丸ありと云う。明日はと聞けバ海が荒れると出港せずと云ひ一日一回なりと云ふ。今朝からの雨風は海荒れて、今日出港すれども明日は不明なりと云ふ。長崎には視察すべき陶業ハ僅々一會社あるのみなれバ、今夜の舟にて渡らざれバ長らく長崎に滞在せざるべからざるが如き事あるやも此の天候にては計り難たけれバ、宿泊お取り消しは少しも苦しからざれバ、今夜の内に天草へ渡らる、方よろしかるべしと云ふ。然るに小生今朝来の疲労に加ふるに、今夜休まらざれバ明日身體が續きそうにも思へず、尚話に聞きし長崎を夜に入り夜に出るは忍びず、身体を休め長崎を見物せんとすれバ都合悪しければ天草を斷念せざるべからず。さりとて長崎の見物を斷念せんとすれば身體の疲労如何ともなし難し。去年十月の第一回、十一月の第二回の旅行ハ共に一週間にして身体の疲労する頃は歸京する事を得たれども、今回は出発以来既に十一日、毎日六里乃至十里の道を歩みて、日一日と重なる疲れは小生旅行開始以来の事なれバ、慾もなく德もなく小林回送店旅館部の渡航には餘り便利

過ぎたるを恨み、夕飯を認めたる後乗船券を購入して並等船室に案内せられぬ。然るに舟は出港の様子なく定刻の十一時は早く過ぎ去りたれど尚出港の會圖もなし。船員に聞けバ尚二時間の後との事なれバ俥を驅りて此の待つ間に長崎市中を見物す。旧暦十二月十一日の上弦の月は寒く照りて、影暗く景色は全く墨繪の如し。車夫ハ泥の内を走って行く。長崎の市中を時間のある丈走れと注文する。角を曲ると廣い道に出るかと思ふと倉庫のならんだ所を走るかと思ふと電車と走り競をする。一時間も走りまはすと又汽船の出港が氣懸りとなり棧橋に戻らん事を命ず。車夫は直ちに海岸に向ふ。さてなか〳〵棧橋へは時間がかかり、車上で氣をくさらして船に戻ると十二時を三十分も過ぎて居た。即ち旅行第十一日は長崎市中の俥上で過ぎた。

第十二日、正月十三日

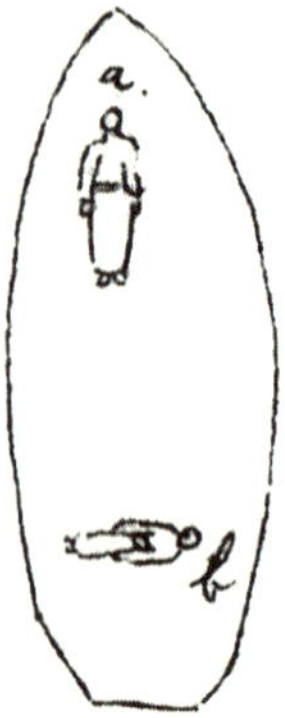

第四十六圖

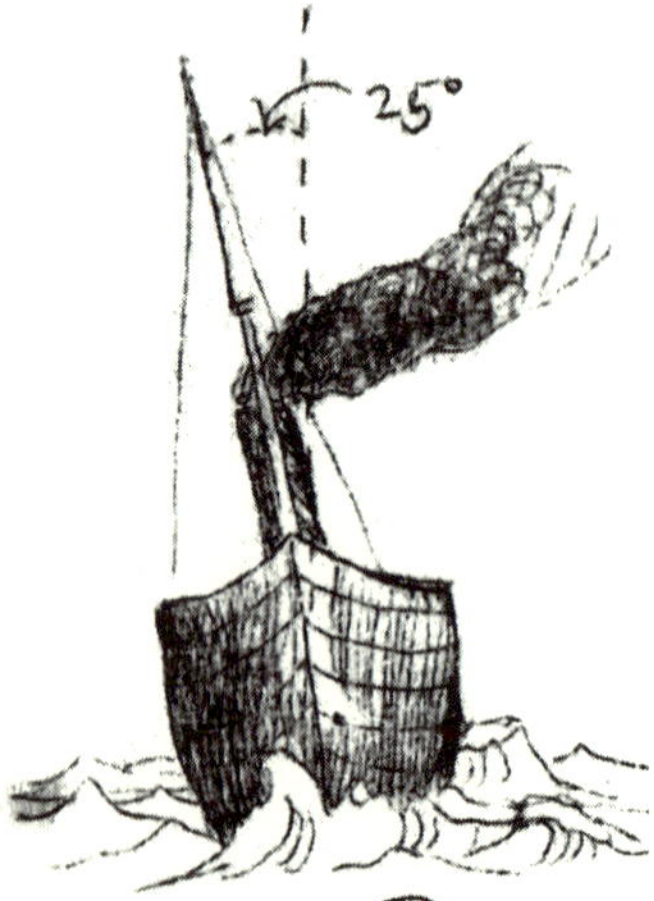

第四十七圖

船が出て居らなかったのを嬉しさうに俥から下りて、再び桟橋通行料金を支拂ふて船室に戻ると仲仕が今尚荷上げ中である。荷上げに數を歌に歌ふ聲又珍らしくも面白くも上手にも聞江た。やう〳〵午前一時過ぎに長崎を出港した。甲板に出ると墨繪の如き景色も電燈の光は黄色に、海の波は月の影さす所は銀波が打って居る。舟は外海の荒れつ、あるも知らず内海を滑るが如く進んで行く。黒いガンツリークレーン[157]は直ちに三菱造船所の位置を知らしめる。巨大なる外國通ひの汽船が淀〔碇〕泊して居る。燈台の光がパッパッと見江る。やがて船長室より第二福山丸と大聲を放つの

54.〈天草富岡風景〉富岡港内の朝（絵葉書、個人蔵）

が聞江る。長崎港ハ入口に小なる島あり。舟ハ此の島を半週〔周〕して港外に出た。ゆらり〳〵とゆれ出した。風の音物すごく波のしぶきか、りて、此の僅か二百餘噸の小汽船にして富岡町に達し得るやと案じた。外海となれバもう珍らしき見物も出来ず。舩長室は静にして眠れるが如く船は眞直にゆられて行く。船室に戻ると船客は皆寝て居る。船員ハ船名簿をつけに来る。客一人に一個づ、鉽力製の金盥《かなだらい》を渡す。何に用ふるものとも知らず。他人の受け取るがま、に受取っておく。船はいよ〳〵ゆれ出した。船窓は堅く閉された。甲板へ出ようと思っても出られない様になった。波は時々甲板上をも洗って行くらしい。船は左方に非常に傾斜した。其の傾斜が少しも戻らない。波の都合で戻ってもすぐ傾斜する。甚だしい時には顚覆しはせぬかと思った。かうゆれては寝て居ても寝られない。そろ〳〵と八百屋の店出

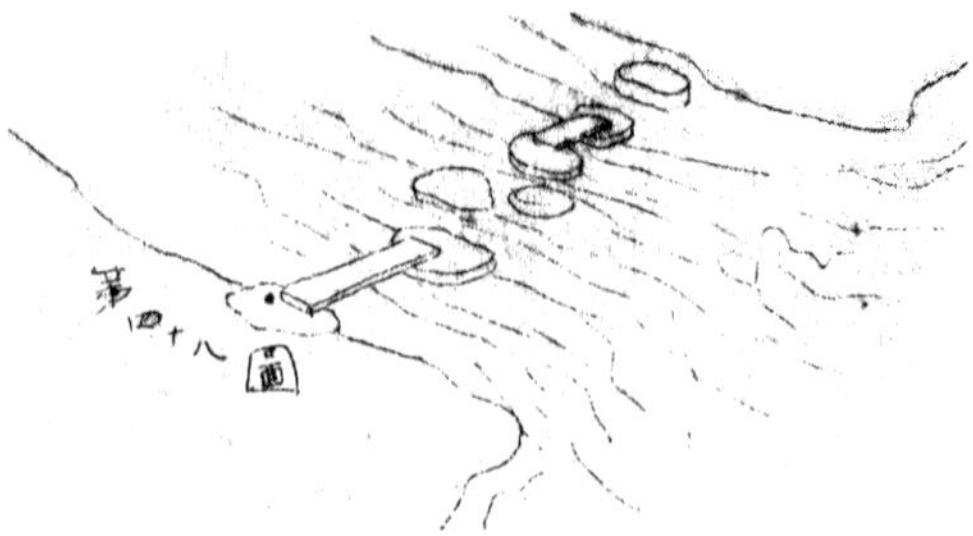

しが始まった。なる程と思ったのは鉽力製の盥が此の場合に間に合ふのであった。斯かる場合に於て船室内に於て身體の方向が大いに関係がある。即ち第四十六圖aの如き方向に位置をしむる時は、身体が左右に轉びて轉ばざらんとするも轉ばざるを得ざれども、bの如くせば頭と足が交互に上下するのみにして轉ばず上下にふわり／＼とする氣持ち悪しきのみなり。故に乗船の際はbの如く位置を占むるを要す。即ち第四十七圖の如くマストが直線より二十五度の傾斜をなすが如き場合には、如何にしても静止する事能ハされバなり。今回の最も甚だしく傾斜せし時には、二十五度の角度を示したりと云ふ。斯くしてゆられ〳〵て午前四時頃に一度碇泊した。次にゆられずなりて午前五時冨岡町に着いた。船員ハ上陸券をやかましく云ふ。渡して艀《はしけ》で冨岡町に上陸すると汽船会社にて朝飯を認むる際に同行の人々に冨岡町より都呂々への道や、天草石採堀〔掘〕場を尋ねると皆親切に教へてくれた。すると其の中に一人の紳士ありて小生の問ふ事をしきりに聞いて居た人が進み寄って来て、実は天草石は私の家で堀〔掘〕って居るのですと前置きをして、何地から来ましたかと尋ねる。之はよい人に出會したと思って名刺を出して、見學旅行の序に京都の陶磁器から天草石を取り上げたな

らば京都の磁器ハ全滅であるが如き状態なるを以て、非是〔是非〕とも天草石の採掘を見學したさに参りましたと云へば、それでは私の家まで一緒においでなさいとの事にて、同行する事になったのが都呂々村長木山直彦氏の支配人松本信治氏であった。松本氏は人夫を雇ひ松本氏の荷物と小生の荷物とを人夫にもたせてテク〳〵と歩いた。冨岡町より本渡へはよい道あれども都呂口〔ママ〕、下津深江、小田床、高濱へは道がない。始めの間はしばらく本渡の方へよい道であったが、一度分れ道に入るともう道ではない。巾一尺位の道となる。海岸に出づれバ波打ぎわを歩くので危険此の此〔上〕もない川を渡るには第四十八圖に示すが如き石をならべて其の上を渡るものにして、海波高き時ハ通行する事能ハざるなり。故に老人女子供などは甚だ通行に困難を感ずる所なり。

55. 木山直彦
(『九州實業家名鑑』1917年より)

此の日も大いに海荒れたる為めに北陸の親知らず子知らずを忍ばしむる所あり[158]。大なる石の上に波を避け、波の引きたる時走りて又次の石上に波を避くるものなり。斯くの如き道ならざる道を案内せられて木山直彦氏の宅には午前十一時頃に着す。

木山直彦氏は熊本縣會議員にして都

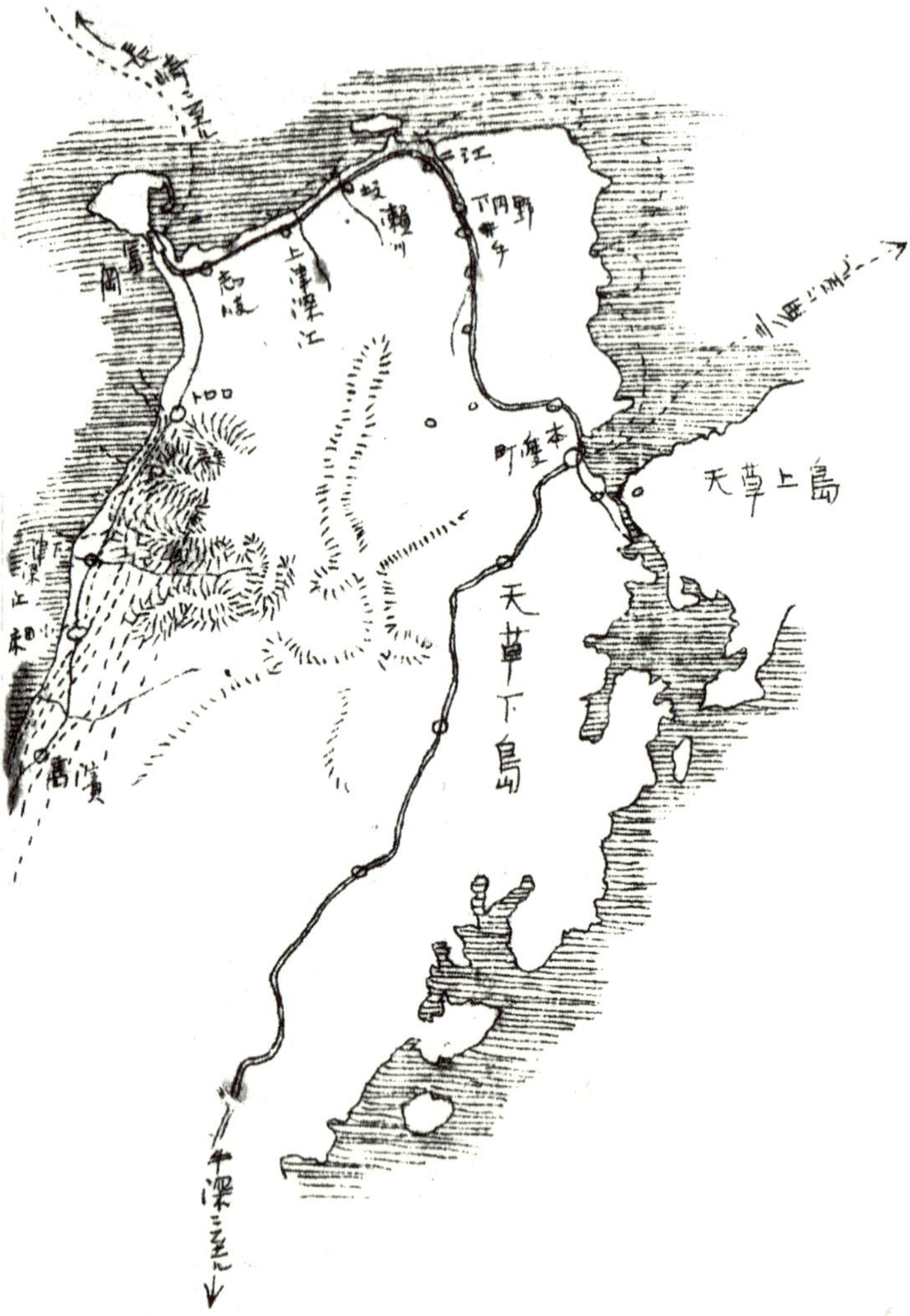
富岡
志岐
上津深江
天草上島
天草下島

呂々村長をなし、坑夫二百人を使用して天草石を採堀〔掘〕販賣しつゝあり。[159] 木山氏の御好意を以て晝飯を御馳走になり松本氏の案内によりて午后には木山氏の採堀〔掘〕場全部を見學せり。天草石は都呂々に木山氏ありて採堀〔掘〕し、高濱に上田松彦氏ありて京都方面の供給をなす。[160] 下津深江には帝國窯業株式會社の採堀〔掘〕場あり。其の鑛脈は次の地圖を以て示すが如し〔前頁〕。

冨岡町ハ天橋立の如く自然に出来たる半島にありて、其の半島の先端ハ年々歳々其の長さを増し千態萬様の松植江ずして生い立ち、第二の天橋立を成形しつゝあり。

都呂ロへは南へ二里餘ありて冨岡、都呂々間は石英粗面岩の未だ分解せざるもの諸所に見受けられたるも、分解して天草石となりたるものハなく、都呂々より高濱へ四里程の間には其の西海岸に沿ふて數條の鑛脈ありて、其の巾四間位を普通とし高サは山の頂まで低は採堀し得る限りあり。点線を以て示せる如く海中より起りて海中に走れるもの、或は偶然

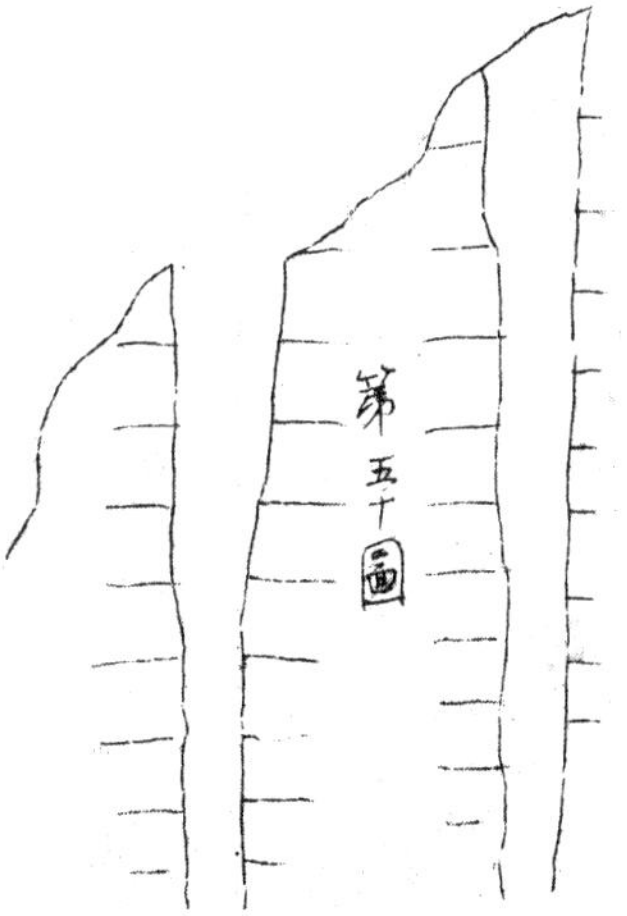

にも山の中腹より起りて其の方向常ならずして途中に切れたるもの、或ハ規則正しく一定の間隔を以て並行せるものあり。之等の多數の鑛脈は何れも山の頂まであるにより、上部より堀り始め下部に及ぼすものにして、木山直彦氏は段階堀〔掘〕を採用し上田松彦氏は索道を使用し採堀〔掘〕せり。第四十九圖は谷より谷へ堀り割りたる木山氏の採堀〔掘〕場の縦斷にして、一段約二十尺あり。此の段數七、八段より二十段に及ぶものありて其の横斷面ハ第五十圖の如し。即ち天草石は巾四間位を以テ石炭の脈とは異りて縦に層をなすが故に、第五十圖の如く切り出しつゝありて、切り取りたる後は殺風景なる珪石質の岩石露出して、其の儘放置したれバ山は崩れ落つる事しば〱あり。其の採堀場を見る時ハ赤土山を見るが如く一帶に褐色に見江て、天草石の白色なるは餘り見江ざるは、天草石が層となりてあるも其の表面に酸化鐵の皮をかむり居るが故に褐色に見江、此の皮をかむりたる塊の大なるもの程よろしく磨となれども、小なるものハ磨を掛くる事能ハず。其の坑より海岸の荷積場への搬出には第五十一圖の如き車に依りて、急勾配の坂を下り行きては車をかついで上るものなり。此の車は天草石搬出用と上土を取り捨てる為めに使用するものとの二種ありて、第五十二圖の如く車輪一個のものが土砂運搬用に使用せられ、深サ一尺餘り直徑二尺五寸位の籠を一ヶのせて之に土砂を入れ、籠の底部につなをつけて土砂捨場に顚覆して捨てるものなるが故に、車輪一個の方が使用し易きものなり。高濱に於ける搬出方法は索道を使用するが故に斯の如き車は使用せず。場所によりてはレールを敷きてトロック〔コ〕に依る所もあれと、都呂々に其の設備なく、第五十一及ビ第五十二圖の如き車を使用し居れり。下津深江に於ける帝國窯業株式會社の採堀〔掘〕場ハ馬車を以て搬出せり。其の採堀〔掘〕に従事する坑夫の賃金ハ其の仕事を標準とするものにして、土砂捨賃金ハ一立坪につき六十戔乃至十円位にして、非常に捨て易く仕事に楽なる所ハ一立坪僅に六十戔なれども、捨場遠く水の湧出多く土砂運搬に困難な所ハ十円と云ふ。高率賃金のヶ所もあれバ、其の工賃は其の場所に鑑み仕事を標準として定むるものなれバ少しも一定せず。然れども磨賃ハ一万斤に付十一円乃至十七円に定

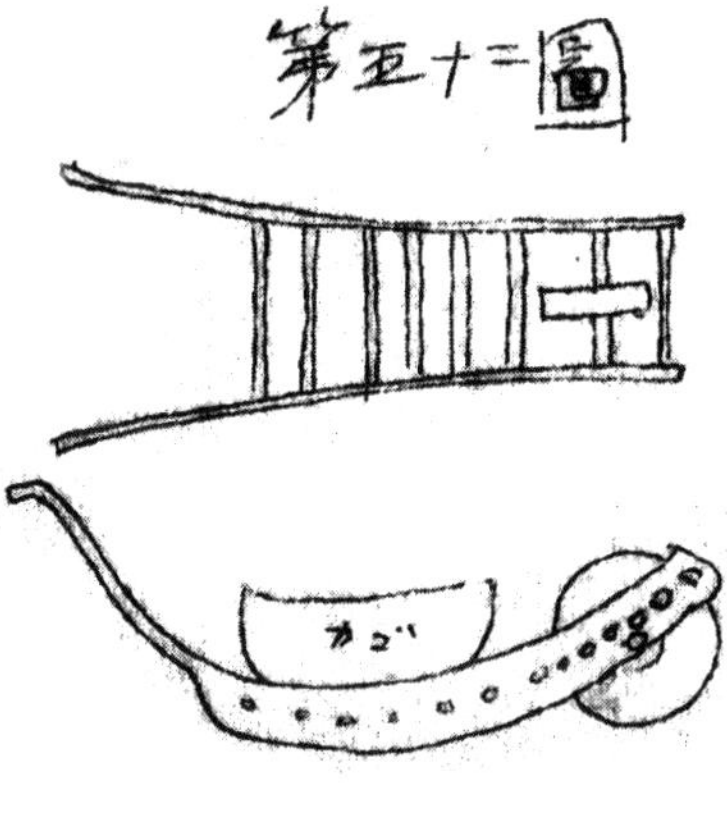

まれるものなり。天草石採堀〔掘〕賃ハ一万斤に對して四円乃至十三円、土砂採堀〔掘〕賃一坪に付六円乃至七円を普通とするものにして、天草石の搬出賃ハ一万斤ニ付六十戔乃至三円五十戔位なりと云ふ。天草石の採堀〔掘〕は上記の如くな

れども都呂々の最南部に五層と称する所あり。谷を一つ渡れバ下津深江にして帝國窯業の採堀する所、此の五層のみハ粘土、石炭の如く層は横になりて第五十圖の如く縦には非ず多少傾斜し居る位のものなり。即ち天草石の鑛脈は五層を除く他ハ都呂呂〔ママ〕より南端の高濱に至るまで縦にありて左右に又他の脈を有するものにして、粘土石炭の如く上下に層を有するものに非ず。但し五層のみハ獨り粘土石炭の如く上下に層を有す。

水の湧出多き所ハ鉄分多し

採堀〔掘〕中水の湧出多き所は鉄分多く上等品の産出少なく、稀に産出するとも酸化鐵の皮非常に厚きもの多く、磨によりて多量の滓を出すものなり。天草石採堀〔掘〕に多年の徑〔經〕験ある人ハ水の湧出と鐵分附着の量ハ常に正比例するものなりと力説せり。

學説と実際とが相反する天草石の耐火度

母岩より分解の程度進みたるものハ其の硬度軟く耐火度高しと言ひ、分解の程度進まざるものハ其の硬度硬くして耐火度弱しと云ふは、化學上より論及して実際に証明する事を得るものなれども、天草石ハ之に反する不思議の現像〔象〕あり。採堀〔掘〕の際上部ハ分解の程度進みて軟く、甚だしきは粘土になりばら〳〵と取る事を得れども、下部ハ分解の程度充分に進まずして硬く、然るに其の耐火度は下部の硬き所のものが強く上部の軟き所のものは弱く單味にして釉薬となり、素地に調合する事を得ざるものなり。之は學説に反するものなれども、何か他の原因の在するものなるべく上部の層中にはアルカリー分多きか、或いは耐火度を弱むる物質の溶け込むものなるかは知らざれとも、其の附近の岩石は灰黒色の珪石質なれバ溶け込むべき物質に乏しきを以て、上部と下部は其の組成分を異にするか否やは計り難けれバ、技術家の専門的研究の後ならでは分明せず。若し小生にして試験場の分析道具一切を貸與せらる、ならば、解決的研究を躊躇せざるべし。

天草全鑛脈より觀察すれバ南部ハ耐火性強し

都呂々より下津深江、小田床、高濱に南下するに従ひ其の耐火性を増し、都呂々は最も耐火性に乏しく、都呂々と高濱とは其の岩質肉眠〔眼〕にて見たるのみにても其の質大いに異り居れるが故に、大桜産[161]、五層産の二種の都呂々を携へ歸り傳習所に寄附したれバ、実物に就き見る事を得べし。中就〔就中〕大桜産都呂々が最も耐火性弱くして釉薬となすには柞灰を当分に混ずる時は優秀なる京都磁器の如き釉薬を得れども、高濱産のものハ高濱産天草石二十五、柞灰七十五ならでは大桜の如き熔融をなさず。而して小田床産[162]のものハ産地が都呂々と高濱の中間にある為めに耐火度も亦中間にあるは當然と云ふべきか。下津深江産のものハ帝國窯業株式會社の獨專的に採堀〔掘〕せられたれバ詳細に知る事を得ざれども、下津深江にても時雨の松附近に産するものハ組成分ハ次に示すが如くなれども、岩質ハ高濱産よりも都呂々の大桜に似たるものありて、谷一つ越ゆれバ多少異るもの或は全く同一なるもの等、常に一様ならず。之に就ては聊か参考の為め化學分析表を次に示すべし。

産地及ビ名称 ＼ 成分	珪酸	礬土	Fe_2O_3	石灰	苦土	加里	曹達	均熱減量	合計
熊本県天草郡呂々郷大桜	七七、八六	一六、一六	痕跡	〇、一〇	〇、〇三	三、三八	二、四五	試験ナシ	九九、九八
仝上　下等品	七九、〇七	一五、九一	痕跡	〇、一〇一	〇、〇三	三、一七	一、七一	〃	九九、九九
仝　都呂々村下萱木等	七九、三〇	一五、五三	〇、五八	〇、一五	〇、〇二	三、一三	一、三〇	〃	一〇〇、〇一
仝上　上等品	八三、一一	一五、〇〇	〇、一五	〇、一〇	〇、〇三	二、四三	〇、一六	〃	九九、九八
下津深江村内之通り上等	八一、七六	一五、二八	〇、三五	〇、二〇	〇、〇二	一、〇四	一、四〇	〃	一〇〇、〇五
仝上　下等品	八〇、六一	一六、二三	六、四八	〇、一〇	〇、〇二	二、五四	痕跡	〃	九九、九八
仝村時雨の松　下等品	八五、八三	一一、五四	〇、四七	〇、二〇	痕跡	一、九三	痕跡	〃	九九、九七
仝上　上等品	八二、六七	一四、四〇	痕跡	〇、一五	〇、〇七	二、五八	〇、一二	〃	九九、九九
仝村　板の迫　上等品	八一、一六	一六、二二	痕跡	〇、二六	痕跡	二、二八	〇、〇五	〃	九九、九八
仝上　下等品	八一、六五	一五、五一	〇、八六	一、一〇	痕跡	一、七〇	〇、一六	〃	九九、九八
仝村州嶽産下等	八一、〇二	一五、九三	〇、八五	〇、一五	〇、〇三	一、八八	〇、一二	〃	九九、九八
仝上　上等品	八二、〇七	一五、九七	痕跡	〇、一〇	〇、〇三	一、八一	痕跡	〃	九九、九八
熊本縣天草郡小田床村薪田下等	八一、八二	一五、一六	〇、九五	〇、一三	〇、〇三	一、八六	〇、〇三	〃	九九、九七
仝上　上等品	八一、三壱	一六、四三	痕跡	〇、〇三	〇、〇三	二、〇一	〇、一七	〃	九九、九八
仝村古屋敷産　下等品	八二、五六	一四、九二	〇、八五	〇、一〇	〇、〇六	一、四九	痕跡	〃	九九、九八
仝上　上等品	八一、三一	一五、八五	〇、一〇	〇、一〇	痕跡	二、六二	痕跡	〃	九九、九八
高濱村産　天草石	七七、五六	一五、六四	〇、六一	〇、二六	痕跡	五、六三		〃	一〇〇、〇〇
仝上　水簛物	七六、五七	一八、六八		〇、五二	〇、一八	四、〇二		〃	九九、九七
都呂々村産(字名不明)	八二、五七	一四、三三	〇、一五	〇、一〇	痕跡	二、六五	〇、一七	〃	九九、九七

上記の分析表ハ都呂々、下津深江、小田床、高濱と云ふ様に北部より規律正しく南部産のものを順序よく記載したれバ、天草石の鑛脈より大概なか《〔が〕》らも其の組成分の一定ならざる事を知り得べし。最後の都呂々産のものハ字地不明なれバ番外として記入せり。次に是等の組成分より化學式を計算し、更に示性分析に換算する時は次に示すが如くなるものなり。

但し計算には〇・〇五以下の不純物を省略し、礬土を以て一、となしたり、

産地及び名称 ＼ 成分	Formula	長石質物	粘土質物	珪石質物
都呂々村産大桜石（上等）	$0.225K_2O$ $0.25Na_2O$ $Al_2O_3 8.118SiO_2$	三八、四四	二二、三二	三九、三〇八
下津深江村時雨の松上等	$0.194 K_2O$ $0.0141 Na_2O$ $0.0106 CaO$ $0.0124MgO$ $Al_2O_3 9.76SiO_2$	一七、四六	二六、八九	五五、六四
小田床村古屋敷上等品	$0.16564 K_2O$ $0.0064 CaO$ $Al_2O_3 8.72SiO_2$	一六、七七	三七、一〇	六三、四八
高濱村産天草石	$0.9632 KNaO$ $0.01663 CaO$ $Al_2O_3 0.024 Fe_2O_3 8.2177 SiO_2$	三九、三二	二一、七六	三九、〇六
高濱産水簸物	$0.282424 KMaO$ $0.0285 CaO$ $0.0247 MgO$ $Al_2O_3 6.90704SiO_2$	二七、〇二	三二、八〇	四〇、一七

斯くの如く各村一種づゝ、の代表的のものにより示性分析に換算する時ハ、都呂々と高濱とに

相似て下津深江、小田床ハ相似タるものなり。故に肉眼にて見たるものが都呂呂《〔ママ〕》産と下津深江とは類似すれども、其の組成分に於て大いに異にして、分析表によりては都呂々と高濱とは識別し難けれども、其の岩質ハ肉眠《〔眼〕》にて容易に区別する事を得るは、只其の天草石の性質と言へば云ひ盡し得るもの、何故かと尋ねらるれバ、更に研究の後ならでは答ふる事能はざるものにして、下津深江産と小田床産とは岩質及ビ組成分共に類似せるもの、如し。斯かる場合に於て其の組成分の変化は耐火度に多大の影響を及ほすものなれバ、組成分上より論及する時ハ都呂々産のものと高濱産のものとは接近せる耐火度を有し、下津深江産のものと小田床産のものとハ之又相接近せる耐火度を有せざるべからざれども、実際は然らずして北部産のものハ耐火度弱く、南部産のものハ耐火度強く、都呂々は釉薬に適し高濱は素地に適するは之又學術上より論及せんとせバ甚だ面倒なり。此の場合に於て試験場に於てゼーゲルケーゲル三角錐の製造上の徑《〔經〕》驗に鑑みなば、ゼーゲルケーゲル三角錐の化學公式は定まり乍らも、其の実際は製造の際の都合にて四番位は上下に狂ふ事珍らしからず。此の場合に於て調合原料は常に一定なりと雖も、或る一定の粒子の大いさに粉砕する事困難なるが故に、粒子の大いさの変化ハ耐火度に化學公式の変化と等しく、或る程度まで耐火度を変ずる為めなりと説明して、學術的なるものと心得居るものなれども、天草石の場合に於ては何と説明するか、之も亦天草石局産の性質と説明を避くるを以て賢とするや、或ハ更に研究の後と云ふか、とにかく天草石の耐火度に就ては其の元《〔原〕》因に就ては説明する事を得ず。

天草石は必ずしも層脈をなすものに非す

全體より論ずれば天草石ハ縦層をなして都呂々より高濱に至る海岸線に並行して、目下知られたる鑛脈のみにても數條あれバ層をなして産出するものなりと云ふ事を得るも、絶對に層以下に産出なきものに非ずして、都呂々以南高濱の山中には『コロビ』と称して孤獨に重量百貫乃至一千貫位の岩石ありて上磨となり得る上等品を産す。斯くの如き『コロビ』の巨大なるものか孤立せる小脈ありて採堀《〔掘〕》幾何もあらずして、上土を取り捨てる為めに多大の費用を投じたる所なりと雖も堀《〔掘〕》り盡すが如き脈あり。其の大いさ区々にして『コロビ』とも脈の小なるものとも斷じ難しと。

天草石は無盡藏や否や

有田の泉山石採堀《〔掘〕》場を見る時は忽にして堀り盡さる、が如き感じあり。然れども有田の人は別なる所より藏春亭が採堀《〔掘〕》するを見て泉山石の脈なりとして楽觀し居れども、藏春亭の採堀《〔掘〕》場が泉山の脈に非ずして孤立せるものなりとせば、有田の泉山は數年或ハ十年の後には堀《〔掘〕》り盡すやも計り難し。斯かる場合には有田の陶業家は天草石を原料とする事必然の勢なれバ、斯かる

56. 日本陶器株式会社（『近代の陶磁器と窯業』1929年より）

57. 天草原石置場（日本陶器株式会社）（『近代の陶磁器と窯業』1929年より）

場合には目下餘りに採堀《〔掘〕》せられざる下津深江、小田床等も高濱及ビ都呂々の如く一時に各谷より採堀《〔ママ〕》に着手せられなば天草石と雖ども直ちに堀《〔掘〕》り盡さるべし。現今に於ても高濱及ビ都呂々の南北より一ヵ年間に一千五百萬斤を採堀《〔掘〕》せられ、日本陶器株式会社[163]のみにても都呂々産のものを一ヵ年に六百萬斤を、名古屋に会社の所有船日陶丸を以て輸送せられつ、あり。尚又日本陶器株式会社ハ都呂々に數萬円を投じて波止場を築造し運輸を一層便利ならしめんとしつ、ありて、日本陶器会社ハ更に多量を買ひ附けんとしつ、ありて、会社の一技師は曰く日陶は天草石を二十ヶ年にして堀《〔掘〕》し盡くさしむる事を得と言ひし事ありと。之日本陶器の製産力を自慢せし一言と聞けば無價値なる言語なりと雖も、聊か神經過敏ながら聞き捨てかたきものなる事ハ、現今採堀《〔掘〕》しつ、ある所ハ海岸の最も採堀《〔掘〕》容易なる所なれバ、段々と採堀《〔掘〕》困難なる處に及ぼさざるべからず。尚、海岸より順に山の手の方へ堀《〔掘〕》り行きて、次に豫期の如く脈を有するや否や想像し難く、採堀《〔掘〕》家木山直彦氏の如きは後の事を案すれバ早く老い易しなど云ひて、斯くの如き事を深く考へざるもの、如し[164]。故に小生等は豫め天草石代用品を研究し置くの必要あり。

天草島の交通

天草郡役所は本渡町に置かれ天草上下両島を天草郡として下島のみにても其の周圍七十二里ありと云へば、琵琶湖と等しき大いさにして、其の山中より切り出す材木は一ヵ年百萬円を下らずと云ふ。冨岡町へは長崎及び茂木より各一日一回、本渡町へは三角より一日一回の汽船の便あり。天草下島の南端に牛深ありて汽船便最もよろしけれども牛深冨岡間二十一里あり、冨岡本渡間七里あり、此の間道は頗るよろしく馬車の便あり。

各地の宿屋

冨岡には宿泊得る程度の旅館あれども木賃宿同様なり。都呂々には旅館なく下津深江には温泉あり。何分にも不便なる地方の事なれバ、遠方よりの浴客はなく土地の人のみなれども、天然温泉にして少しぬるき感じあれども長時間を入湯すれバ可なり。温泉ハ二ヶ所にて湧出して温泉宿も二軒にして宿料安けれども設備不完全にして、此の地方の言葉の仲居にして、客多き時は借り娘を以て仲居とするが如き状態なり。高濱には一軒あり。本渡には優秀なる旅館あり。冨岡と本渡の中間に二江あり。此所には飲食店多く旅館もあるらしけれど酒と女を進〔勧〕めるらしい。〔*〕然るに小生ハ生れ落ちて以来二十五年、未だ酒煙草女の味を知らざる處の情なき者は流石の彼等も酔はしむる事能はざりき。

斯くの如く天草石の採堀〔掘〕地及ビ其の附近の見物もなく、此の日ハ再び都呂々に戻り木山直彦氏宅にて、日陶丸船長、水平焼主人岡部源四郎氏(165)と共に宿泊す。

第十三日、一月十四日

木山氏の御好意によりて日陶丸船長や岡部氏と共に宿泊して、今朝は朝飯に都呂々の『トロロ』の御馳走にて、岡部氏と共に木山氏宅を出で本渡に向ふ。岡部氏は冨岡より自轉車にて、小生ハ荷物を馬車に頼み徒歩にて本渡へ向ふ。冨岡よりハ縣道ありて道頗るよろしく、都呂々、高濱間の第二の親不知、子不知なりしに反し、冨岡以来の道のよろしきには感心せり。冨岡より二江まで三里十一丁あり。支岐より上津深江の海岸は繪に見る如き眺めにして、冨岡の半島は長く天橋立に似たり。坂瀬川より二江は又一変したる眺望にして、二江は前に通詞島ありて鹿兒島の桜島の如し。二江よりは海岸を離れて山中に入る。二江より本渡まで約四里あり。下内野、井手、荒川内、下河内等を徑〔經〕て本戸水平なる岡部氏宅には午后四時半頃に着せり。

水平焼主人岡部氏は目下傳習所へ轆轤科二年生の山下君[166]を遊學せしめつヽ、あれバ[167]、傳習所生徒と云へは大いに歡迎して此の日も岡部氏の御好意によりて岡部氏宅に宿泊せり。

第十四日　正月十五日

本戸村本渡町附近の陶業

天草陶器組合ありて其の組合員十一名、他に一人ありて天草島には十二軒の製造家あり。半農半工の状態にして農繁期には製陶を中止し、一ヶ年間に二回以上の焼成を行ふものにして其の製品は主として土管、水瓶、擂鉢等を本業とし、天草石の原産地の陶業は天草石を使用する者岡部氏以外になしと云ふも可なる位にして、天草石を主原料として使用するものなく、擂鉢などの焼成のかたはら天草石を少しく使用するくらいに止まれり。斯くの如き石器の焼成に使用する粘土は割合豊富にして、帯褐黄色の黄土の如く粘力強きもの、又ハ帯灰白色の粘土等畑中より産し單味を以て整形する事を得。

次に天草陶器組合の會員を記すれバ、

組合長　本渡町　鶴岡〔田〕　亀左久(168)
　　　　楠浦村　小川　冨作
　　　　本戸村　小川　菊太郎

58.〈天草名勝〉明朗なる首都本渡町（昭和初期、絵葉書、個人蔵）

仝　岡部　源四郎
仝　園田　半平
仝　〃　幸四郎
仝　山下　太市
仝　籠田　孫平
仝　〃　長作
仝　吉田　榮市
志岐村　本山　保

以上の如き十一名にて組合に入會せざる本戸村の金沢〔澤〕久四郎氏等の製作家あり[169]。此の内最も技術優秀なるは本戸村の水平焼にして次の如し。

水平焼[170]

天草には相當以前より高濱村に高濱焼[171]（磁器）を産し、楠蒲村には楠蒲焼[172]を産し、本戸村には山仁

59. 岡部源四郎（岡部家提供）

田焼[173]（陶器）を産したりしが、岡部常兵衛なる者、明和二年[174]宇土郡綱〔網〕田の綱〔網〕田焼[175]に就き、其の道を修め歸りて、其の當時山川徳藏氏の徑〔經〕營せし山仁田焼の跡を譲り受け、水平焼と改称して業を起たるに始まり、二代目を伊三郎、三代目を弥四郎に至ります〳〵改良せられ、四代目冨次郎氏は彫刻に巧にして一種の水平象眼〔嵌〕を製出し、第三回内國勸業博覧会に出品して褒章受領の榮ありしが、惜しむべし四代目冨次郎早世せし為め、其の子源四郎[176]（当主人）尚幼少なりしかば、水平焼象眼〔嵌〕の技は其の跡を絶ちたれども、冨次郎の弟信吉氏は業を預り源四郎氏を養育し有田工業學校に學ばしめ、我國陶業地を視察し歸り、叔父の信吉氏と共に業を継ぎたる後、現今製作しつ、ある海鼠釉なる釉薬を案出して、現今に及びたるものなりと云ふ。[177]〔口絵7〕其の釉薬は耐火度弱き都呂々産天草石に酸化鉄と藁灰とを混じて一種の色釉となしたるものにして、酸化焰を以て焼成するが故に酸化鉄は第二酸化鉄の呈色をなし、加ふるに調合したる藁灰が獨特の熔融をなすが故に、雅味ある釉薬となるものにして、何分にても外部に此の釉を施し、内部には白釉を施たれバ施釉には相當面倒なるものなり。使用の職工は約二十人位にして、海鼠釉を施したるものを上等品にして、下等品は本戸焼と同様摺鉢、土管、水瓶等をも製し、八室を有する一基の登り窯にて焼成するものにして、其の寸法は次の如し。

構造／各室	室の大いさ 長	室の大いさ 巾	室の大いさ 高	火床 巾	火床 高	勾配ノ差	狭間孔 數	狭間孔 巾	狭間孔 高	狭間孔 深	狭間孔 穴高	出入口 巾	出入口 高	出入口 厚サ	焼成 時間	焼成 薪材	備考
							五	〇、五	〇、七	一、四							
第一室	一一、七	五、〇	六、〇	一、二	〇、七							二、一	四、〇	一、四			
						一、九	一六	〇、四	〇、七	一、四	一、二						
第二室	一二、五	七、〇	七、〇	一、二	六、八							二、一	四、五	一、四			
						一、八	一九	〇、四	〇、七	一、四	一、〇						
第三室	一三、〇	八、〇	七、七	一、三	一、二							二、三	四、六	一、五			
						二、〇	二〇	〇、三五	〇、七	一、四	〇、八						
第四室	一四、一	八、五	七、〇	一、四	一、〇							二、〇	四、二	二、〇			
						一、九	二一	〇、三五	〇、七	一、四	〇、八						
第五室	一五、〇	八、八	八、一五	一、三	一、一五							二、一	四、五	二、〇			
						二、二	二三	〇、四	〇、四 〇、八	一、五	一、〇						
第六室	一六、四	一〇、〇	七、八	一、四	一、四							二、〇	四、五	一、八			
						二、二	二〇	〇、四	〇、七	一、六	〇、八						
第七室	一七、八	一〇、〇	八、〇	一、三五	一、四							二、四	四、六	二、			
						二、六	二、〇	〇、四	〇、七	一、六	一、二						
第八室	一七、七	四、〇	五、七	〇、八	〇、六							二、二	四、四	二、四			
								〇、四	〇、七	一、四	〇、八						

上記の寸法の如く比割的狭間穴大なるものにして、窯のカーブも古窯に似たるものにして、

第五十三圖

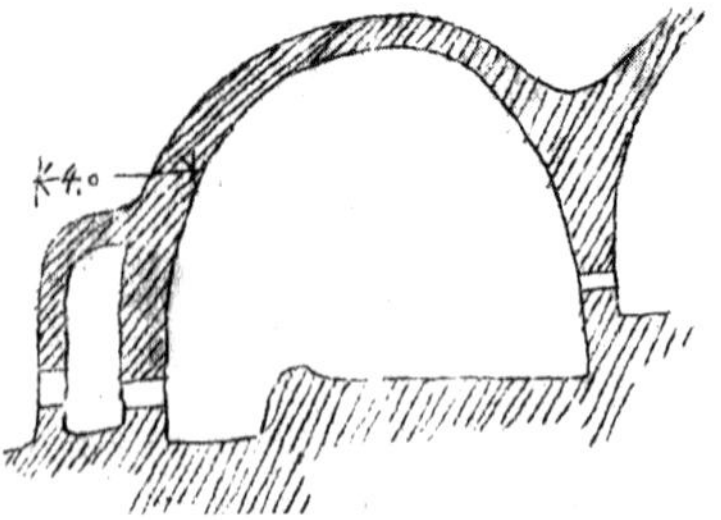

第五十四圖

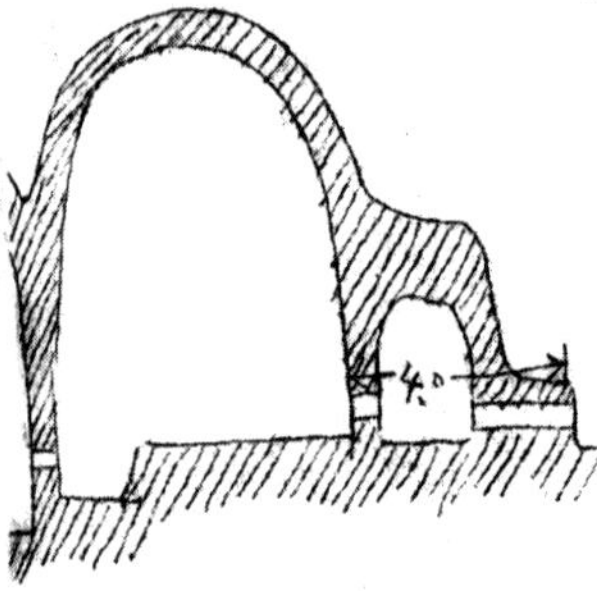

狭間穴大なるが故に酸化焔となり銅を調合するとも青緑色の呈色を得るものにして、其の焼成火度ハ九番前後にして、火の強き處ハ十番半位に登るものなりと云ふ。

　薪材ハ非常に廉にして百斤に就き六十戔なりと云ふ。有田の二分ノ一位なり。水平焼が其の自慢とする所の海鼠釉は盃のサンプルを携へ歸り傳習所に置きたれバ、実物に就き見る事を得べし。其の素地ハ本戸産の畑土の白色上等なるものに高濱産の天草石を等分に混じたるものにして、炻器と磁器の中間にあれバ陶磁器分類上頗る困難なるものにして、『コンパクトウェーヤ』[178]として分類すれバ、之などは適切なるものなり。第五十三圖は最下部の斷面にして、第五十四圖は最後の間と吹出口にして巾狭くして、京窯の如きは吹出しのすぐ後に岩石ありて窯を廣くする餘地に乏しく、止むを得ずして狭くなりたるものなり。されど之等の縦斷面のカーブは丸窯なれども、横斷面のカーブは此の窯に限らず天草の窯は總て京窯本窯と等しきカーブを有するものなり。

上記の如く天草石の採堀の視察も本戸附近の陶業の実際をも視察し、尚傳習所轆轤科二年生山下君の御父様にも面會して、午后一時発の艀〔舩カ〕にて本渡を去り、荒れたる海を三角に渡る事となりたり。本渡三角間の航跡には島多くして、水鳥多く獵〔猟〕をするならば定めし莫大の獲物を獲る事なるべし。九十九島と云ふ勝景[179]にさしか、れバ松島もかくあらんかと偲ばしむる程數百の小島の間を通る景色いとよろしく、之が若し京坂神に近か、りせば定めし日本三景以上の名所とはなりしものなれども、何分にも京都よりハ五百哩を離る、が故に人に知られざるものなるべし。電燈の奌ずる頃に三角に上陸すると熊本行列車が汽船の着くのを今や遅しと待って居るので、急いで切符を買はんとして列を組めば、駅の順査〔巡〕が駅長さんもう十人程ですからと非常に盡力してくれたので、汽車に直ちに乗る事が出来た。斯くして汽車は十數分間も延発したのであった。然し宇土の乗替にて二時間餘りも待った。八代へ着くと午后九時三十分にして日奈久へは三里あるので俥で行く事にした。晝ならば俥と馬車と自動車の競争の為めに五十戔で行くものなれども、九時を過ぎては割増さすれバ行かざれとも明る日の行程上止むを得ず。日奈久まで行き宿泊する事にした。九州と雖も夜の風は寒けれバ『ホロ』を深くかむりたれバ、行く先きもせるろいどはあれど夜中なれバ見江ず暗の中を走らせて行く。何やらゆれると思ふと板橋であった。橋を渡ると俥屋が俥を止めて、お客さん、と云ふ。此の様な所で俥債をねだるも

60. 日奈久温泉町全景（大正～昭和初期、絵葉書、個人蔵）

のかと思へば、橋賃を一戔五厘出せろと云ふのであった。ポケットをさぐると手に摑れたのをつまみ出すと丁度一戔五厘であった。俥屋は又走り出した。所々水の留った所があるらしく、ピチャ〳〵と音をたてる。斯くして三里の道を一時間半にして日奈久温泉大正旅館に投宿するともう十一時であった。夕飯の後入浴に行くと浴室は脱衣場より見下す事の出来る十餘尺も下に堀〔掘〕り下けられて居る。男女の別ハへだて一重あれども無きにも等しく、男女混浴と云ふも可なり。浴客は皆自炊をなすものなれば、小生の如き自炊する事能はざるものハ非常に高價につき、高價につくもよろしけれども扱い悪しけれバ馬鹿らしき事言はん方なし。故に純粋の温泉宿は普通の旅館とは少しく異り長く滞在するものなれバ、自炊道具を携ふるものなれバ、一夜を泊する者の行くべき所にあらざる事を知りたり。故に今後八代に下車し日奈久の高田焼を見んとするものにして一泊の必要あらば、当地第一流の錦〔金〕波楼[180]に行くべし。錦〔金〕波楼は旅館なれバ一泊に適し待遇もよろしければバ、たとひ高價につくも満足なるべし。斯くして入床せし時は既に十二時なりき。

第十五日　一月拾六日

高田焼(181)

高田焼にして營業せるものハ目下二軒あり。尚外に一軒廃業同様の状態にあるもの一軒なり。其の内最も生産高多き上野庭三氏(182)に就き調査せし所を記すべし。高田焼は以前八代郡高田村にありし為めに高田焼と称せられしものなれバ、目下葦北郡日奈久町にあるが故に元高田焼と称し居りて、職工は使用せず全くの家族工業にして、一ヵ年間の産額僅に二千円以内にあり。其の製品は高麗焼と寸分異ならぬものにして、其の象眠〔眼〕の方法技術に於ても高麗焼と撰ぶ所なし。其の沿革を尋ぬれバ次の如し。上野《アガノ》庭三氏の

61. 上野庭三（上野家提供）

62. 上野庭三「波に日出文硯屏」
（明治末～昭和初期、八代市立博物館蔵）

祖先は文禄二年豊大閤の征韓以後に起りしものにして、其の初代をば上野喜藏と称し朝鮮人にして、朝鮮國釜山の城主尊益の子尊階と称し、征韓の際加藤清正公(183)の恩徳を慕ひ、遂に公の御歸國の砌り随從して肥前の唐津に寄留し後、本國に歸航し高麗焼の陶法の薀奥を授かり再び唐津に来り住する事數年、偶々細川三齋候〔侯〕(184)の見出す處となり、尊階〔楷〕を豊前國小倉に伴ひ禄を供して家人となし、同國白川郡上野《アガノ》村に於て陶器を製せしむ。而して後尊階ヲ革メ住する村名を取りて上野喜藏と称す。喜藏に三子あり。寛永九年細川忠利候〔侯〕肥後の國轉封の際、次男(孫左エ門)は豊前に留め二子(長男忠兵衛(185)、三男藤四郎(186))を従へ肥後に来り、八代郡奈良本村に於て陶業を營む。後萬治元年〔一六五八〕ニ至り同郡高田村字平山に移住し二家となる。此の時に於て髙田焼の語元〔源〕を為したるものにして、正徳六年〔一七一六〕ニ三家となり(187)皆奉禄を世襲して士籍に入り倶に御用焼として非賣品たり(188)。

初代上野喜藏〔宗清〕—二代忠兵衛寶蓋—三代忠兵衛一風—忠兵衛清忠—五代忠藏忠正—六代忠兵衛重忠—七代才兵衛忠成、後、洲三と革〔改〕め退隠して豊蓋と號す—八代庭三忠宗(號扇庭)ハ現戸主なり(189)。

然るに明治二十貮年〔一八八九〕に至り高等〔田カ〕の陶窯は、萬治元年〔一六五八〕に高田村字平山に移住して築窯せし其の儘の古窯なれバ焼成意の如くならず。殊に職人にまかせ置きたる為めに窯の手入も怠り勝ち〔ママ〕となりたれバ、天井より窯片の落下、或は窯は損ずる儘なりしかば遂に使用に堪江ず。遂ひに改築の必要を感じたれバ、熊本縣廳に手續をなしたるに縣廳に於ては之を佐賀縣に依賴したれバ、佐賀縣廳より有田の香蘭社の職工にして築窯に經験深き者を派遣せしかば、有田の丸窯式の少しく昔乍らの昔の構造を加味したるものを築造し、此の窯にて焼成を試みたるに成績非常によろしかりしが、(190) 如何なる理由なるか此の窯も成績悪しくなりたれバ、明治二十五年〔一八九二〕に再び窯の改築を企てたれども、高田村字平山は八代と日奈久の中間にありて、製品の賣捌きは日奈久或ハ八代ならざるべからざれとも、其の中間にありては不便少からず。故に原料の産地たる日奈久に移住し(191)、主人庭三氏は日本全國の陶業地を視察して歸り、明治三十一年〔一八九八〕に至り庭三氏が考案の五室を有する窯を築き、此の窯によりて今に及びたるものなり。此の窯は何れの方向より切斷するとも方形なる窯にして、実に珍らしけれども窯詰の儘なりしかば寸法を得る能はざりしかば、鹿兒島よりの歸途再び此の地を訪問して測尺せん事を約して吉原八起氏を訪問す。

吉原八起氏(192)

吉原氏も以前は高田村に住せし人なりしが、上野氏の移住と共に其の近傍に移住せし人にして、上野家とは主従の間柄なりと云ひ、職工を使用せずして全く家族工業にして、日奈久の附近に鳩山と称する海岸にして景色よろしき所より産する褐黄色の坏土を単味にて使用し(193)、之に其の附近より産する白石に天草石を混じたるものを白の象眼〔眼(嵌)〕に使用し、黒の象眼〔眼(嵌)〕には帯赤褐色

63. 吉原八起「象嵌七宝文振出」
（大正〜昭和初期、八代市立博物館蔵）

の粘土を填充する時は焼成すれバ黒色に呈色するものなり。釉薬は樫灰を使用し、クラックの細密なるものを上等とすれども、白象眠〔眼(嵌)〕の天草石を多量に調合する時は、クラック荒くなりて歡迎せられず。焼成には上野庭造〔三〕氏の考案にか丶る窯と同一の窯を築き、天秤積を以て焼成するが故に、一回の窯にも品物の焼成し得る分量の少量なるにも驚きたり。細工場に入りて八起氏の細工を拝見の上、高田村字平山に向へり。

高田村字平山の茶碗窯

高田村字平山の茶碗窯と尋ねて行く。行き違ふ馬車は浴客を満載して温泉へと運んで行く。寒い風はチラ〳〵と雪をふりかけて、三十七度の温血も冷却せん許りの時、やう〳〵平山の上野十吉〔次(治)郎吉〕(194)氏の宅に着く。古窯の案内を乞ふと不幸にも主人は留守なれバ、お嫁様によりて案内せらるれバ、山中に一登の丸窯式の登り窯あり。室數は九室と外に胴木の如きものを附属す。第五十五圖の如し。第五十六圖は其の煙の吹き出しにして煙突に以て曲れるもの三本あり。室の大いさは第一室に於て長サ六尺位、第九室に於て長さ十尺内外の少〔小〕なるものなり。されども此

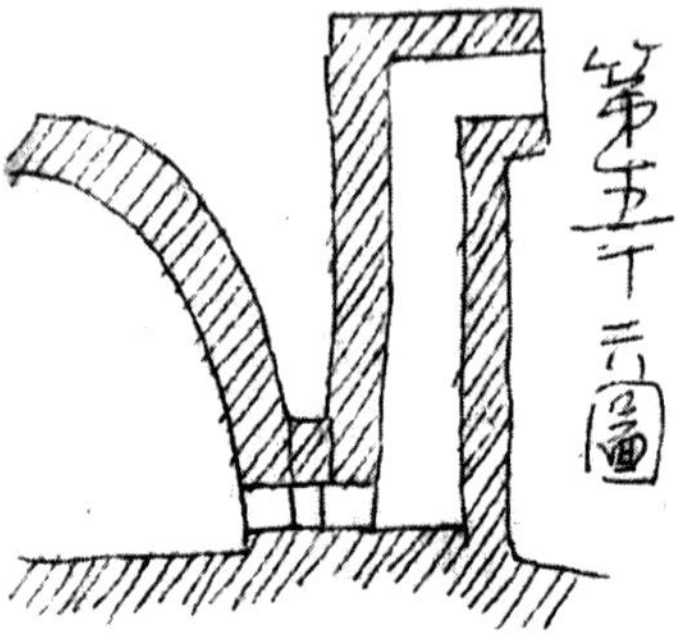

の室は萬治〔一六五八〕元年来のものに非さる〔ざ〕を以て、古き窯を尋ぬれバ山中に叢中に埋れて窯内を見んとするとも先ず雑草を分け入らざるべからず。苦心して見ればバ製陶法の講義にて教はりたる純粋の朝鮮式割竹窯なれバ、測尺したけれども雑草茂りて如何ともする事能はず。詳細なる説明を聞かんとするも主人留守なれバ、致し方なく鹿児島より帰途再び此所を訪問する事としたり。此の割竹窯は約三十年前までは使用せられしものなれども、其の後ハ第五十五圖及ビ第五十六圖に示すが如き窯を使用するに至りて廃窯となり、打ち捨てられて以来風雨に暴露せられて、胴木之間より第一室及ビ第二室の半分程は毀損してなく、其の天井部より竹生い茂る有様なれども、尚其の装置構造等は明らかに知る事を得るものなれバ、後日の参考の為めに保在〔存〕せられん事を大いに力説して去りたり。

八代町ハ熊本縣第二位の都會なりと云ふ。戸數二千戸あり。八代停車場よりハ十數丁を距りたる所にあり、八代停車場より分岐を球摩川駅に至る支線あり。此の鉄道は将来鹿兒嶋〔島〕より川内町に至る川内町線が北行して之に連絡せんとするものにして、鉄道運輸上重要の地にあり。門司へは百四十五哩、熊本市へは二十二哩、鹿兒島市へは九十三哩ハあり。有名なる球摩川の吐口にありて、名所としてハ官幣中社八代宮は松江城内にあり、祭礼には京都の八坂神社の祗〔祇〕園祭の如く鉾を出す事十三にして、非常に賑ふものなりと云ふ。[195] 此の附近の地質ハ石灰岩に豊冨にして、鹿兒島本線の鉄道ハ八代の北に有佐ありて、其の哩數ハ有佐↑五哩五↓八代↑六哩八↓坂本↑五哩四↓瀬戸石↑六哩三↓白石にして、有佐、白石間二十四哩には諸所に白石の岩石を見受けらる。之皆石灰岩にして、八代の道路など純白の大理石を敷ける所數多あり。然も此の地方の石灰岩が大なる層をなす以外に、単獨に重量百貫内外のもの諸所に産するに依り、之によりて石桓〔垣〕など積まれたれバ美くしき事、雲景色の如し。然れども斯くの如き石桓〔垣〕には火、或は酸を以て破清〔損カ〕し易きを以て、斯かる慮ひある所には積む事能はざるものなれども、石桓〔垣〕には贅沢の感あれども産多きが故に廉なるが如し。故に日本セメント株式会社[196]ハ八代に工場を建て、此の石灰を産する山を買収して盛んにセメントの製造をなしつゝあり。球摩川は雨期には一時に多量の増水をなすが故に、橋を架する能はされバ浮橋となし、川に舟を浮べて舟から舟へ桁を渡して架したるものであるが故に、洪水の際は増水と共に橋は浮き上る仕掛にして、銭

第五十七圖

取橋なるが故に無銭にして渡橋を許さざる不便あり。高田より八代までの間に此の種の橋三ヶ所あり。八代町の中心に郵便局あり。留置き郵便を受け取りて八代駅に出づ。

　八代駅を午后一時三十分に出発して坂本、瀬戸石を徑〔經〕て次が白石である。山の岩石皆白色にして石灰岩なるが故に白石の名あるものならんか。白石より南六哩四分の所に一勝地あり。此の間は球磨川沿岸中最も風光の勝れた所で山渓殊に色を生じ、急瀬奔湍、眞に人をして天下此の奇景ありやと嘆称せしむるのである。序に記して置くが、此所から四里の佐敷港は八代港中の一港にして、長崎より或ハ有明湾の各港へ汽船の便あり。町には菊池相良氏の頼りし城址存して、學生などの下車して價値あるは球摩川の渡舟に一戔の渡賃を拂って神瀬岩戸《カウノセノイワト》と称する鍾乳洞にして、洞の大いさは高さ八間二尺、幅二十間、奥行四十間の間、無数に垂下する鍾乳石の美觀なる事である。[197] 若し此の地に宿泊するならは、吉尾に温泉あれバ北へ約一里を歩むべし。斯くて汽車は球摩川の沿岸を或る時ハトンネルを、或る時ハ川を渡りて人吉までの間は球磨川の景頗るよろしく車窓の人をして退屈せしめない。人吉に着すると矢嶽の山脈に上るべく機関車は牽引力の強いものと取り替へられて、球磨川からは離れて山へ引き上げられるのである。汽車は右へ〳〵と曲って行く。眞直には勾配が急なる為めに引き上ぐる事を得ずして、大畑《オコバ》を中心として汽車は一周するのである。大畑駅は丁度北陸線の刀根駅の如くに、汽車は一度逆戻りする事ハ第五十七圖の如くである。即ち矢の方向に行かなくては上りきれないのである。而して下の線路は点線にて示す如くトンネルにして、上の線路との高さの差ハ百七十七呎ありと云ふ。即ち大畑駅にて汽車は一周していよ〳〵高い所に引き上げたが、尚急な坂を上っほて〔上ってカ〕行く。次が矢嶽の駅にして矢嶽駅を発車すれバ間もなく次の如く我國第四位の大トンネルに入るのである。

第一	中央線	笹子　初鹿野間	笹子のトンネル	一五二七五呎
第二	篠ノ井線	冠著　麻績姥捨間	冠著のトンネル	八七一四〃
第三	中央線	淺川　與瀬間	小佛のトンネル	八三五〇〃
第四	鹿兒島線	矢嶽　眞幸間	矢嶽のトンネル	六八七七〃
第五	篠の井線	明科　西條間	第二白坂のトンネル	六八三七〃
第六	岩越線	日出谷　鹿瀬間	平瀬のトンネル	六六〇〇〃

此のトンネルは鹿児島行下り列車はトンネルも下りにして四分間にして通過する事を得れども、上りの場合ハ八分間を要するのである。此のトンネルある為めに第五十七圖の如き汽車ハ難工事となったのである。故に門司、鹿児島間の一、二等の特別急行列車と雖も、下り列車は先づ大畑の如き山中の小駅なれども、此所に停車して逆戻りの後矢嶽のトンネルを通過し、眞幸駅に着すれバ再び逆戻りして急なる坂路を下り、吉松に着すれバ再び長距離牽引用の炭水機関車と取替へられて鹿児島に向ふのである。栗野、横川、牧園、嘉例川、國分等を徑〔經〕れバ加治木に着す。加治木に下車して一里を歩まば薩摩焼の窯元に達する事を得、加治木より重富に差しか、れバ早くも鹿児島湾は見江、龍ヶ水駅に来れバ桜島はいよ〳〵眠〔眼〕前に見江、海岸をしは〔ば〕らく走ると鹿児島に着す。時に午后六時四十五分、駅より出づれバ日は暮れて暗けれど、電燈の先に見れバ武行電車が待って居る。然し見物かたがた歩いて鹿児島第一の旅館、朝日通の山城屋に投宿した(198)。小生の如き一生徒の見學旅行に山城屋に投宿するなど、一泊併当附金四円は餘り贅沢なりと云へども、山城國に生れた自分が朝日焼に居るのであるから、朝日通りの山城屋は聊か因縁がありそーである。而して日奈久温泉の如く自炊しない者は悪い待遇で馬鹿に取られるとは異り、山城屋の待遇は宿料など忘れて何日でも居りたくなってしまふ。今回の旅行で掻い所に手のとどく様な待遇は山城屋を以て第一とする。

第十六日　一月十七日

無茶苦茶に朝を早うに注文して置いて、馬鹿に早うに起床して見たが、洗面所に湯が私を待つが如く沸いて居た。何所でも私は朝丈ハ一番客であった。此所も朝一番に朝飯を終へて先づ公園に行く。其の途中で郵便局で留置き郵便物を受取った。照國神社(199)に詣り其の背後の公園に上った。此の公園ハ海抜五百尺位の所にあり、鹿児島市は眠〔眼〕下に見下して、前に桜島は手に取る如く見江た。桜島は大正三年〔一九一四〕に大噴火をやって山形を少しく悪くしたそーである。常ならば頂上の噴火口よりハ何も出さぬものであるとの事なれども、桜島の火山も小生の如き遠来の珍客を歓迎するか、今朝より白煙を上げ出した。此の附近の人は御嶽《ミタケ》と称し海抜三千三百尺ありと云ふ。頂上の一隅に噴火孔が少し見ゆる所あり。此の見ゆる所より壁に沿ふて白煙が上って来るのである。大正三年に大噴火をやった所ハ海上五六十尺の所で、海中より新しく島を吹き出して、今にも眠〔眼〕前に横はって〔横たはって〕居る。其の上部ハ一面の熔岩にして、御嶽より流れ落つる水は此の暖き熔岩上に流れ来って、悉く水蒸氣となりて上るが故に、白雲棚引きて山は上下に二分せられ、三分せられする。熔岩上より立ち昇る水蒸氣の數は無數にして、極めて廣き面積にあり、其の上りつ、ある個所ハとても數へ切れず、上頂〔頂上〕に樹木なく、中腹には大正三年の大噴火の際

64. 〈鹿児島名所〉別格官幣社照国神社（昭和4年以前、絵葉書、個人蔵）

65. 松林靍之助「桜島」（『九州調査時のノート』1919年、朝日焼松林家蔵）

降り積れる火山灰の為めに、樹木は中程までも埋まりて其の上部のみを出せる所もあり。下部即ち麓には緑樹茂りて村落さへあり。此の地方の人に大噴火の模様を聞くに、噴火の二、三日前、新聞紙上に桜島又は肥前の温泉嶽が爆発すると云ふ豫報があって、住民は之を別に氣にしなかった。すると爆発の前日の夕方、白煙に包まれて居たのも氣にしなかった。然るに其の当日の午前十一時頃、地雷（ヂガミナリ）が鳴り、百砲萬発の大爆音と共に黒煙天を覆ひ吹き散らす火山灰の為めに、天日曇りて吹き上げられたる岩石の海中に落下する様、実に荒涼凄惨にして、愴慄の感に打たれたれども、見たし恐ろしにて見物し居れバ海中よりムク〳〵と島が浮き上り来ればバ、段々に浮き上り来りて、鹿児島に及ぼすものと思ひ一つならず二つならず浮き上りたる島を見ては、居るに居られず我を忘れて先きを争ひ逃げたるものなりと云ひ、若し此の島が浮き上って来なけれバ、決して逃げたのではないと云ふて居た。[200] 公園内に茶店あり。一人の女、留守番をするらしい。此の女に桜島の御嶽に上る事が出来るかと聞くと、説明を詳細にしてくれるのであるが、純粋の薩摩辨にして皆目解らず。何を説明してもろーたのか一語をも聞き取れなかった。然し先方ではこちらの京都辨でもよく通じるらしく、命ずる處の用はすく様辨ずる。然し話す事は解らない。不得要領の儘公園を下りて照國神社前に差しかゝると、紳士めかした人に追ひつかれた。此の時すぐに尋ね掛けた。すると紳士は親切に回答してくれた。御影で御嶽に上る事ハ爆発以来出来なくなった事をも知り、更に慶田製陶所を尋ねると、此の紳士は名

66. 田の浦窯（旧慶田製陶所）登り窯（編者撮影、一般には非公開）

刺を出すので私も名刺を出すと、名刺に紹介を書き込んでくれた。此の一紳士は鹿児島朝日新聞社編輯長鯵坂貞盛と云ふ人で、自宅は平之町一九六電話八番八四三番と書いてあった[201]。此の紳士について鹿児島縣廳を通りぬけにして、再び朝日通りに出て、解り易き道を教へてもらって田の浦の慶田製陶所へ行った。田の浦は海岸にして前に桜島を望み、背後に山ありて景のよい所である。有田の青木兄弟商会の御主人より戴きたる紹介状と、今書いてもらった許りの鯵坂氏の紹介状を出したものであるから、縦覧謝絶と張り出してあった所も苦もなく縦覧を許された。

慶田製陶所[202]

使用する職工は約十七、八人にして、六室を有

67. 慶田製陶所「色絵秋草文花瓶」（昭和30年頃、個人蔵）

する登り窯一基あり。[203] 一ヶ月に三回位の焼成をなすものにして、第三室までは寸法を測る事を得たり。次に記載するが如し。

　右〔左〕の如く第四室以後は出入口に閉されたれバ、測尺する事を能はさりしかば、後日調査して書込得る様欄を設けたり。胴木は第

鹿児島市田ノ浦　薩摩焼窯元　慶田製陶所の窯

構造／各室	室ノ大イサ			火床		勾配ノ差	狭間孔					出入口			焼成		備考
	長サ	巾	高サ	巾	深サ		數	巾	高	障壁ノ厚サ	穴ノ高サ	巾	高サ	側壁ノ高サ	時間	薪材	
						一、七	一四	〇、四	〇、二五	〇、九五							
第一室	一〇、二	三、八	四、七	〇、八	〇、三五						―	一、八	二、五	〇、七五	十二 (十)三	一〇〇〇斤 一〇〇貫	
						一、〇	一四	〇、四	〇、六五	〇、九五							
第二室	二〇、二	四、一五	五、〇	〇、八	〇、四〇						―	二、一	二、六	〇、八	三〜四	二二〇斤	
						一、〇	一四	〇、四	〇、八	〇、九五							
第三室	一〇、一	四、二	五、二五	〇、八	〇、四〇						―	一、八	二、五	0.7 0.12	四	〃	
						一、〇五	一五	〇、二五	〇、七	〇、九							
第四室		五、八										二、〇	三、〇		四〜五	四〇〇斤	
第五室		五、八五										二、一	三、一		〃	〃	
第六室		五、七										二、二	三、二		―		

68. 慶田製陶所、二階建ての建物が陳列場、奥の建物が工場
（大正～昭和初期、個人蔵）

五十八圖に示すが如くにして、京都の窯の胴木とは大いに異り、窯室は其の床斜傾せるが故に、狭間穴の高さは前表に記せざる如く、狭間穴まで傾斜しあり、第五十九圖によりて此の窯のカーブを知る事を得べし。

即ち第五十八圖に於ては有田の丸窯のカーブと少しも異る所なしと雖も、第五十九圖に於ては丸窯と古窯との中間にある事を説明せんが為め画きたり。尚此の圖によりて出入口の小にして出入の困難なる事をも知り得べし。窯詰は第六十圖の如く天秤積を行ふものにして、火前一列ハ丸き『ハマ』を使用し、二列三列には最も下の一段ハ一尺角の棚板の如きものを使用す。而して二段目又は三段目のものハ第一列と同様に丸き『ハマ』を使用し、最下段の棚板の如きものは板と板と相接して少しも間をあけず。前後ハ六十圖の如く段を生じて多少間ありて左右に十本を建てありき。

此の窯の他にも一基倒焔式角窯あり。[204] 北村弥一郎氏[205]の設計なりと云へども頗る成績悪く、目下は莫大なる築窯費を費したれども廃窯同様に使用せられず放捨せられたり。何の為めに成績悪しきかは直ちに断じ難きも、其の煙突の切断口徑の面積と、吸込穴の總面積とにつき研究すれば、吹込穴の總面積が煙突の口徑の面積の三分ノ一にも達せず。尚此の窯は別に餘熱利用の素焼窯を附属するが故に、一層通風悪くなり、加ふるに床下煙道は地下の水分の為めに急冷せられて風通しはます〳〵悪しくなりたれバ、窯の周囲に溝を堀〔掘〕りたれども、其の効を湊〔奏〕せず非常に小なる吸込穴は通風を完全ならしむる事能はざるもの、如し。斯くして工場の全部を参観し、製品陳列場をも参観して、慶田製陶所内小田吉次郎氏より伊集院村の沈寿〔壽〕官氏にまで紹介状を給は

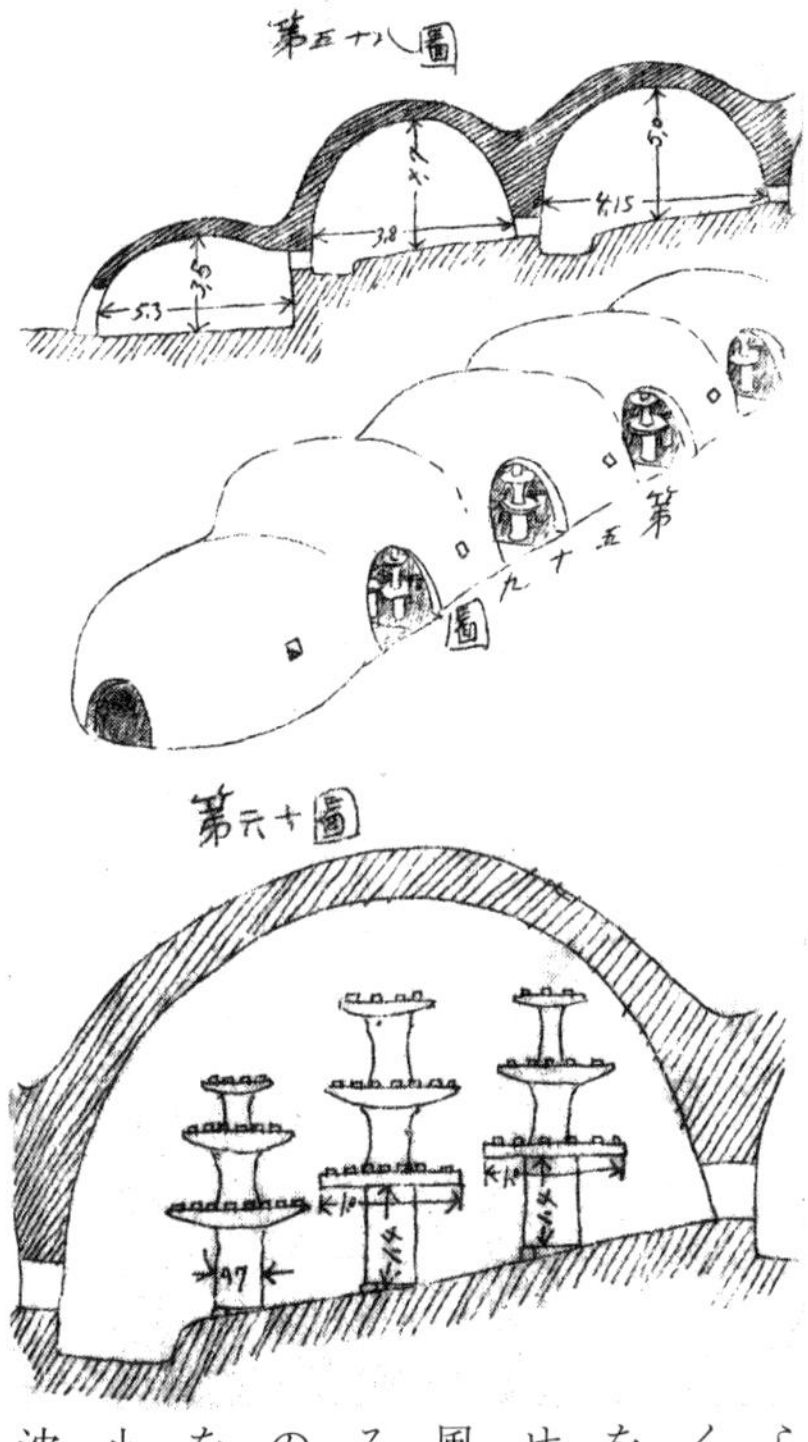

69. 薩摩焼絵付工場（『日本地理風俗体系 第12巻 九州地方 上』1932年より）

り退出せり。

隈元製陶所[206]

隈元製陶所ハ慶田製陶所へ行くまでにあり。

職工は全部にて三十人位を使用し鹿児島市第一の製造家である。[207] 美くしく陳列せられた店に入って刺を通じて工場参観を申し出づれバ、艶麗なる若い女は即時に快諾を與へ脂《〔指〕》差して其の門から入場せよと云ふ。云ふが儘に通用門から入ると、彼女は既に廻って来て居った。案せられると工場は廣ク無い。別に機械も使用せられず、矢張り整形上の事は別に之と云ふ刺激もなかった。然し窯は吁嚀《〔丁寧〕》に測尺し始めると、案内の彼女は大いに退屈がって居た。次に示すのが其の寸法であった。

各室＼構造	火床 巾	火床 深サ	室の大イサ 長サ	室の大イサ 巾サ	室の大イサ 高サ	勾配ノ差	狭間孔 數	狭間孔 巾	狭間孔 高サ	狭間孔 障壁の厚サ	出入口 巾	出入口 高サ	出入口 側壁ノ厚サ	焼成 時間	焼成 薪材	備考
						一、三	二二	〇、三五	〇、六七	一、〇						
第一室	〇、八五	〇、四五	八、九	五、〇	五、一						二、六	二、〇	〇、七五	二二	一〇〇〇本	
						一、一	二二	〇、三五	〇、七	一、〇						
第二室	〇、七	〇、四	九、〇	四、八	五、四						二、八	二、二	〇、八	三〜四	二二五本	
						一、〇	二二	〇、三五	〇、七	一、〇五						
第三室	〇、七	〇、四	九、〇	四、六五	五、五						二、九五	二、〇五	一、〇	〃	二三〇本	
						〇、九	二二	〇、四	〇、六五	一、〇						
第四室	〇、七	〇、四	九、一	五、〇	五、五						三、〇	二、〇	〇、七五	〃	〃	
						一、一	二二	〇、四	〇、八	一、〇						
第五室	〇、七	〇、四	九、一	四、九	四、三						二、六	二、五	〇、七五	〇、五 一	三〇本	素焼室
						〇、七	二二	〇、三五	〇、九	一、〇						

上記の寸法を得るには一時間餘を費した。然し彼女は自分を怪しんだのか、将たまた何うしたのかは知らぬが、自分の傍を少しも離れなかった。記入の寸法をもの珍しそうに筆記帳をのぞき込まれた時には、字の下手なるには冷汗を感じた。然し落着いて次の様に詳細に調べた。すると彼の女はます〳〵退屈の様子であった。

即ち第六十一圖ハ胴木と第一室との切断面にして、胴木が馬鹿に長いのが慶田製陶所の窯のみでない事が解る。第六十二圖ハ其の後部であって、素焼の窯詰をなす高サを奌線で表してあ

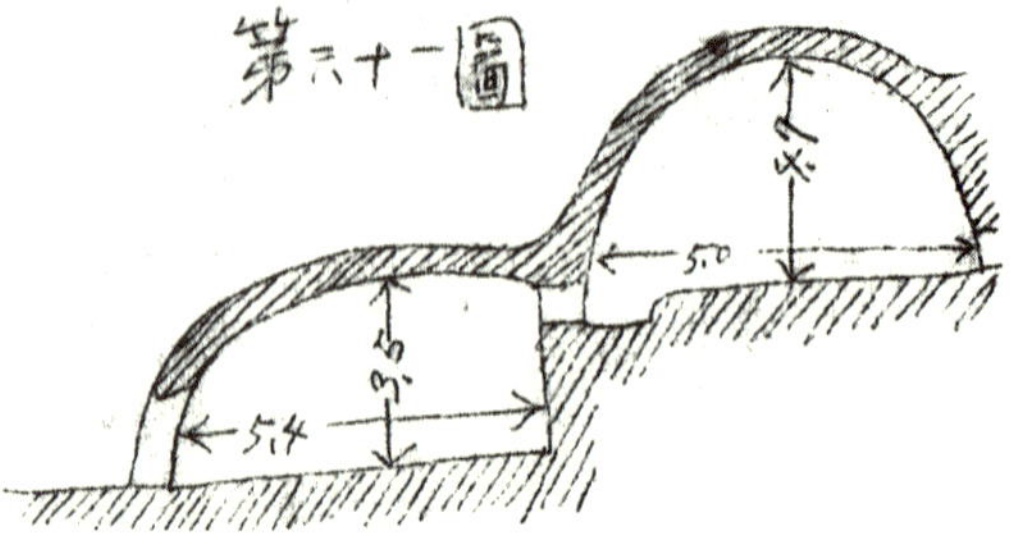

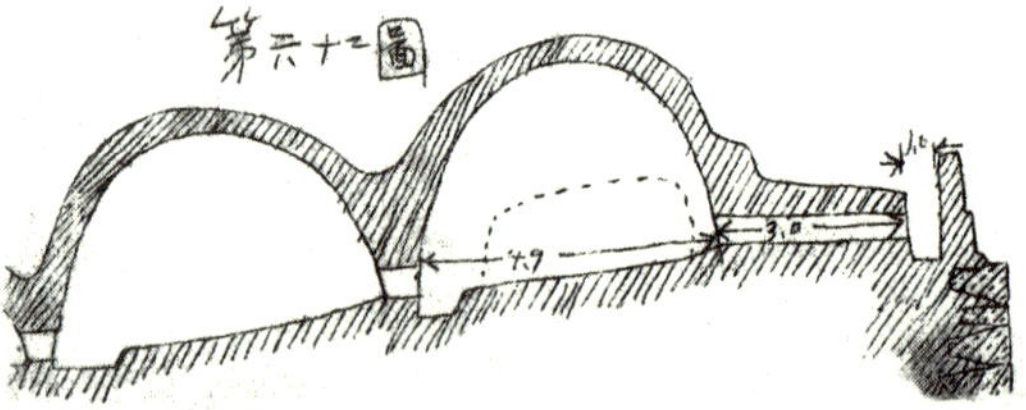

る。素焼も極あっさりとより詰めない。其の煙の吹き出しが石框〔垣〕の眞上で、道路へ黒煙を出さない様に上方に上る様に楯の如きものが立て、ある。次に水簸場に案内せられると、薩摩焼の原料が乾してあるのを見て、標本として少しづ、を頂戴いたしたいと云ふと、彼女は再び快諾して之が指宿バラ土、之が指宿粘土《ネバッチ》、之が加世田土、之が加世田砂土、之が栖灰と一つ一つ其の名称を教へ乍らもらって来たのが、傳習所に天草石の京都には来て居らぬものと共に拾種の標本として置いてある物である。それから此の原料の調合を尋ねると、彼女は始めて尋ねに行って聞いて来てくれたのが次の如くである。

指宿バラ土[208]　五杯　原料中最も粘力なきもの。

仝　ネバ土[209]　三杯　原料中最も粘力強きもの。

加世田砂[210]　十杯　長石を用ひたる如く焼さらしむるもの。
霧島粘土[211]　五杯　製品を白色ならしむる為めに使用する。

右の調合物を水簸元桶に投入して水簸を行ひ、泥漿は『ヤブクマ』を使用し『デンボ』によりて製坏するものなり。

加世田片蒲〔浦〕石の泥漿十杯に對し奈良灰（栖灰）の水簸せる泥漿五杯を混じて釉薬となす。片蒲〔浦〕石と云ふのハ花崗岩に似たるものにして非常に硬い石である。之を粉砕するには大金鎚にて打ちこはし、之を臼にて引き細末するものにして機械による事なし。上記の如き原料によりて整形せられつ、ある所を見れバ、京都磁器の如く白色にして、素焼せられたるものハ弱くして破損し易く、楢灰を調合せる釉薬を施釉するが故に、施薬せられたるものハ帯黒褐色なれども焼成すれバ粟田焼[212]と少しも異らずして、粟田焼と薩摩焼とを併べて之を識別せよと言はれたれバ大いに閉口するものにして、出雲焼[213]と淡路焼[214]とよりも更に識別困難なるべし[215]。されど小生が今回の旅行によりて得たる處は、両者とも同様の呈色なりと雖も、素地の方が白色にして釉薬が淡黄色なる為めに淡黄色と呈するものが薩摩焼にして、素地が淡黄色にして釉薬が素地よりも白色なるものが粟田焼なりと云ふ事を得。更に詳細に云へバ罅〔裂〕列が少しく異るものにして、之は実物に就き教へられざれば解し難きものなり。採画は両者同様なるものあり。又多少異るもあれど共に殆んど同様なれバ、採画によりて識別する事は一層困難なるべし。斯くの如く隅《〔展〕》なく工場内を参観し製品陳列場をも見て退出せり。

鹿児島市の氣温

鹿児島の暖かい事は聞いて居ったが、来て見て驚いた事には既に梅花が散り始めて居る。餘程早い桜はふくらんで居る。道を歩むにもオーバーなどを着て居ては暑くて歩めない。確に鹿児島の正月は京都の四月位の暖かさである。多少熱帯植物も成長し、蘇鐵の大木に赤い実が美くしくなって居る。京坂《〔阪〕》地方では一尺以上には決してならぬ覇王樹[216]が高サ一丈位になり、赤色白色等濃厚なる色採《〔彩〕》の花を開いて居るのがある。甘蔗の茎徑一寸位のものを子供が嚙んで居る。一本七、八貫匁もある大桜島大根を土産にしょーと思ったが重いので断

70. 城山公園から望む鹿児島市内と桜島（昭和前期、絵葉書、個人蔵）

念した。一本一円内外である。然し一本一円のは餘程珍らしく三、四十銭のが多いが珍らしい程大きくない。斯くの如く梅櫻ハ花期早きも氣温の暖き依るものにして、羨ましきは夏凉冬暖にして冬が斯くの如く暖きにもか丶はらず、夏ハ九十五度を越る事は極めて稀なりと云ふ。

鹿兒島見物の所感

九州は何所も活氣ある所なれど、殊に其の氣分に充ちたるは福岡及ビ鹿兒島市を最も著しき所なるべし。人口に於ては福岡、長崎、鹿兒島の順序なれども、長崎は鹿兒島程活氣なきが如く感せ〔ぜ〕られたり。長崎の港灣には水上警察の多数を認めたれども、鹿兒島には弁天波止場の最も汽船の発着多き所にも之を見ざりき。此の地方の人は非常に活発にして、比較的親切である。名所は京都の如く多からず、西郷隆盛が終焉の地にして、城山公園ハ多賀山公園よりはるかによろしく、市中を見下し、前に併天波止場に船の着クのが見江、桜島の白煙を上ぐるを見ては何となく異様の感を起さしむ。

午後三時四十五分鹿兒島発の川内町行き列車にて伊集院へ行く事として、一度旅館山城屋に歸り、晝飯の後、海岸を見物かた〴〵、歩いて舟着き場を見物し鹿兒島駅に出た。川内町行列車は鹿兒島川内町《センダイマチ》間三十一哩を一日六往復するのであって、伊集院へ行くには東市来まで行くとよい。伊集院駅で下車すると非常に遠いからである。故に東市来《ヒカシイチキ》(218)まで切符を買ふて、東市来へは五時頃に着いた。此の鹿児島東市来間十六哩の間にトンネルは六つか七つかあった。それから約二十町を歩いて伊集院へ着するともう日は暮れた。泊ろうとすれども宿屋がない。たとひあっても小生等の宿泊に堪江ざる木賃宿である。致し方なく約五哩を離れた湯之本まで歩いて行って、湯之元の朝日館と云ふ温泉宿に宿泊した。

第十七日、一月十八日

四時頃に目を醒ましたのですぐ風呂へ入った。温泉は之がよいので、湯之元に旅館は十數軒ありと雖も内湯の花屋と朝日館の二軒の内、朝日焼と朝日を同じうする朝日館に投宿したのである。朝飯を終へると八時半、空は灰でもまき散らした様に曇って重苦しい。然し傘を用意して伊集院へと出かけた。荷物は朝日館へ預けて置いて歩き易くした。先づ第一に参観したのが有名なる沈寿〔壽〕官氏工場である。[218]

71. 十三代沈壽官（写真提供：沈壽官窯）

入口には白の字で薩摩焼窯元と書いてある。玄関に入り名刺を出して工場の参観を頼むと一寸お待ち下さいとあって、待さる、事実に一時間餘、之には閉口した。ご主人は留守との事なれバ職工の一人に案内せられた。使用の職工は五十人と雖も、沈寿〔壽〕官氏の工場では五十人は働く事が出来ない。実際の處先づ三十人と見れバ

第六十三圖

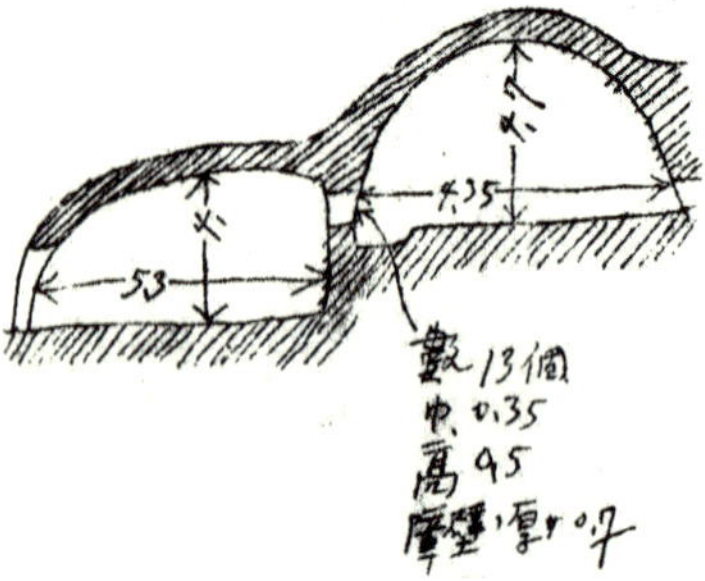

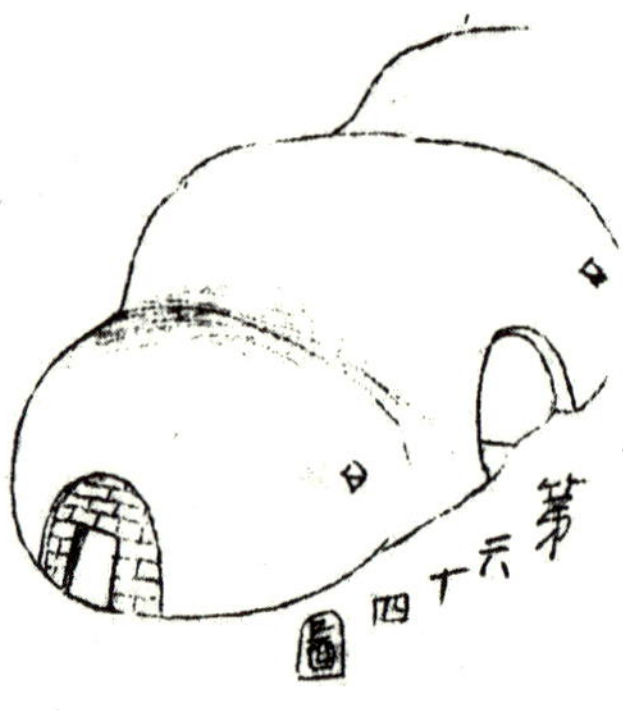

誤りない。工場としては少し許り工場らしい所もあれど、工場としての設備は薩摩焼第一の工場であり乍ら不完全なものである。案内の人は尋ねても要領を得ぬ人で、加ふるに言葉の聞き取りにくい人で、先方同志の会話は殆んど解らぬ。製品は鹿兒島の慶田製陶所へ送るが故に、自家には陳列場も何もない。[219] 登り窯が一基あった。寸法を取らせて戴きたいと云ふとよろしいと云ふので取り始めると、胴木と第一室とを測尺し得た時に何と思ってか止めろと云ふ。致し方なく中止した。第六拾三圖に示すが如きものにして、第一室の長さは八尺八寸あり。第六拾四圖は其の胴木にして、二百年の昔より數十年前までは胴木の内へ生木を積み込み、唐津の中里氏の窯と同一の焼成法方〔方法〕によりて焼成せし形跡を残し居れるものにして、念の為め尋ぬれバ然りと答へたり。斯くの如く主人留守の為めに調査不充分にして去らざるを得ざりしは遺憾乍ら、如何とも致し難く、尋ぬとも要領を得ざるは案内人

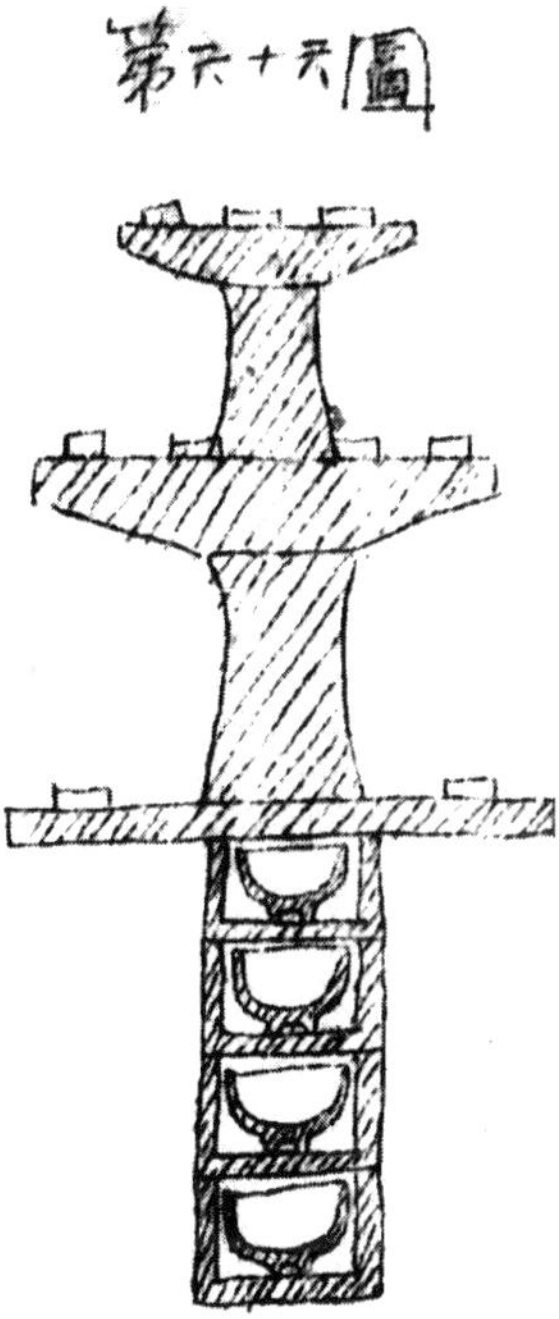

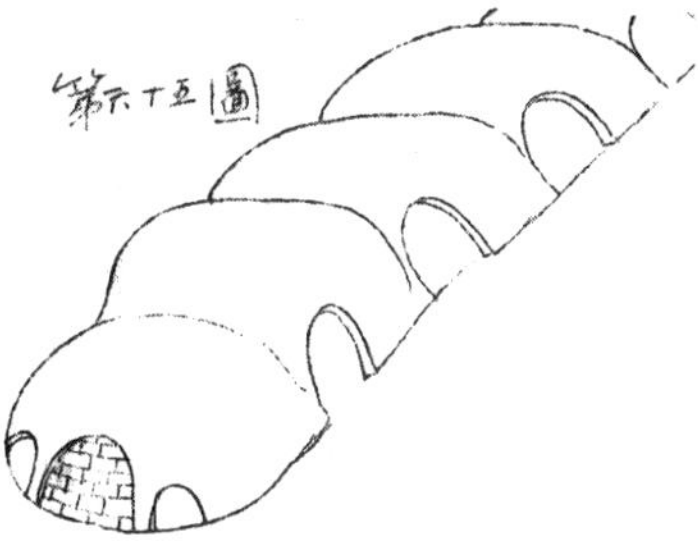

の田舎者なりしに依る。

鮫島訓石氏工場

丁度此の日は窯詰中であった。多少は匣鉢も使用する。其の状態は第六十六圖の如きもので、六十五圖は胴木の形式を解り易く書いたものである。即ち昔は胴木の間に割木を一杯詰めたものである事は、胴木の中央の出入口のある事に依り證據立つる事を得るものにして、左右の焚き口は薩摩焼の窯が京窯の如く、胴木がグレートの仕掛となり火焔を左右に登らしむるの装置なく、第五十八圖、第六十一圖、第六拾三圖に示すが如き装置なるに依り、火焔は中央を走り去りて左右の両側が A.B. Searle 氏の著せる *Kilns and kiln building*[220] に於て Dead space となりて焼成不十分となるが故に、焚き口を二個となし此の dead space

を生ぜざる様にせるものなり。而して其の効果は頗るよろしと云へども、考ふるに京窯の胴木を薩摩焼の窯に折衷せば更に優秀なるものとなるべし。然れども薩摩焼製造家は何れも窯の改良には一向考へざるもの、如く、隅々慶田製陶所が卒〔率〕先して角窯を採用せんとせば、設計劣にして使用に堪江ざるが為めに、他の製造家も従来の登窯には改良の余地なきもの、如く考ふる者にして、彼の低き小なる窯を以て金華玉條の如く心得る者あるが如し。而して窯詰に匣鉢を使用する場合には、第六十六圖の如き場所に使用する事もあり。普通は火前に一列若しくは二列に高サ一尺四、五寸を限度として使用するものなり(221)。而して匣鉢には直徑五分以内の穴を穿てるものにして、何の為ニ斯くの如き穴を匣鉢に穿つものかと聞けば、匣鉢内に火焔の通過する為なりと云ふ。然らば何の為めに匣鉢内に火焔を通過せしむる必要ありやと聞けば要領を得ず(222)。又素地が窯中にて熔着を防ぐには、籾殻を黒焼にしたるものを乳鉢にて摺り、泥漿としたるもの内に粘土を以て豆大の球形物を作り、之を其の泥漿に浸して黒く施釉せる如くなりたるものを、胴と蓋との間に挟みて熔着を防ぐものなり。要するに鮫島氏の工場に於ては窯詰に全部の職工が働き在りたる為め窯積みを見學せり。職工の數ハ十人程なり。

河崎齋示氏工場(223)

河崎齋示氏は淡路の陶器學校(224)に遊學中學校が廃止となりたれバ、充分の研究をなす事を得すじて帰郷して其の儘今日に及べるが故に、小生等の来訪は大いに歓迎し、更に勉励して卒業せられん事を望むと幾度ともなく云はれたり。使用の職工は約十五人にして原料等に就ても比較的學術的に説明を得たり。

名称及産地 ＼ 成分	SiO_2	Al_2O_3	Fe_2O_3	CaO	MgO	K_2O	Na_2O	Igloss	合計	長石質分	珪石質分	粘土質物	合計
指宿郡東方村指宿ネバ土	四一、六八	四〇、三六	〇、二八	〇、八五	〇、一一	〇、五一	〇、九五	一六、〇二					
仝	四九、一八	四七、六二	〇、三三	一、〇〇	〇、一三	〇、六〇	一、一二	試験ナシ					
仝東方ノ内湯川産	五六、三三	四一、七五	痕跡	〇、五〇	〇、一七	〇、五〇	〇、七三	〃		一八、五六	—	八一、四五	一〇〇、〇一
指宿郡今泉村大字池田ノ内砥石産	七六、二五	一六、四〇	一、八八	〇、三八	〇、五一	一、八五	二、七一	〃		三三、一四五七	四〇、六七〇九	二六、一八二	九九、九九八六
仝郡指宿村大字東方内立石産	八〇、五九	一八、〇四	〇、六三	〇、一六	〇、一二	〇、〇七	〇、三六	〃		痕跡	五六、七〇五五	四三、二九四四	九九、九九九九
指宿郡指宿郷指宿バラ土	六七、八九	三一、一八	〇、二九	〇、三五	〇、一七	—	—	〃		—	二九、〇四五	七〇、四三	九九、四七五
川辺郡加世田村小港産加世田砂	六一、九二	三〇、八三	〇、二四	〇、六六	〇、〇八	五、〇二	一、〇九	〃		三五、二四一 石灰分 〇、五九三	五、五八八	五八、五五九	九九、九八一

即チ薩摩焼原料の化學成分は上表の如くなれバ、之を分子式に計算すれば次の如きものとなる。

名称＼成分	分子式
指宿郡東方村指宿ネバ土	$0.014\ K_2O$, $0.385\ Na_2O$, $0.007\ AgO$ } $Al_2O_3\ 1.748\ SiO_2$ $0.00213\ ClaO$
仝上	$0.0198\ K_2O$, $0.0387\ Na_2O$, $0.0214\ CaO$ } $Al_2O_3\ 0.0044\ Fe_2O_3$ {$1.756\ SiO_2$ $0.07\ MgO$
仝村東方ノ内湯川産	$0.012956\ K_2O$, $0.08718\ Na_2O$, $0.0121951\ CaO$ } $Al_2O_3\ 2.26024\ SiO_2$
指宿郡今泉村大字池田ノ内 砥石産	$0.122405\ K_2O$, $0.27186\ Na_2O$, $0.0793\ MgO$ } $Al_2O_3\ 0.07339\ Fe_2O_3$ {$7.902\ SiO_2$
仝郡指宿村大字東方ノ内 立石産	Al_2O_3 7,6319 SiO_2
指宿郡指宿郷指宿バラ土	$0.1655\ K_2O$, $0.0545\ Na_2O$, $0.0204\ CaO$ } $Al_2O_3\ 3.2\ SiO_2$（加世田砂）
川部郡加世田村小薩摩 加世田砂	$Al_2O_3\ 3.76\ SiO_2$（指宿バラ土）

即ち指宿粘土は其の色白色に近きものにして、化學成分上より見る時は比較的礬土多くして珪酸は普通の蛙目(225)などより少きものなり。然れどもあるかり《アルカリ》分多きは不純物として含有するものなるが故に、示性分析に換筭して長石質物《物質》及び珪石、粘土質物《物質》の三種を以て此の化學式を充す事能はざるものにして、薩摩焼原料中の粘製原料の冠たるものなり。而して生の粘土は相當に砂を含有す。而して河崎齋示氏の調合は他少異りて、

素地の調合量

指宿ハ《〔バ〕》ラ土　四杯
指宿ネバ土　二杯
加世田砂　七杯
霧島粘土　四杯

釉薬原料の調合量

加世郡片蒲《〔浦〕》石　一〇杯
楢灰　五―六杯

即ち上記の如き調合を以て製作せられつ、ありて、素焼の調合は天然の儘のものを容積を以て水簸桶に計り込むるものにして、釉薬は何所も同じ泥漿調合にして、此の以外なる調合はなさざるもの、如し。故に之等の原料の比重を測定し、水簸の為めに何パーセントの減量なるやと調査すれバ、薩摩焼の素地の化學成分及ビ分子式を知る事を得べし。加世田砂を多量に使用すれバ製品はよく焼占《〔締〕》りて堅牢となれども、薩摩焼が固有の罅列《〔裂〕》を失ふが故に、或る程度を越過する事を得ず。霧島粘土は白色ならしめんが為めに調合するものなるが故に、鉄分少く單味にて焼成すれバ純白色となるものなれども、其の釉薬は比較的鉄分を素地よりも多量に含有するが故に、焼成の結果は酸化焔によりて焼成せらる、が故に、淡黄色を帯ぶるに至るものにして、釉薬此の呈色は素地よりも釉薬の呈する方大にして、此の釉薬より呈色するものなるが故に、釉薬原料を他の原料に依るときは一層純白色の陶器を得る事難からず。其の焼成火度ハゼーゲル三角錐にて七番乃至九番なるが故に、肥前磁器の如く堅牢ならず。故に薩摩焼は尚改良の餘地多きものと云ふべきなり。次に窯の寸法を記すれバ

構造／各室	室の大イサ 長サ	巾サ	高サ	火床 巾	深	狭間穴 數	巾	高	深	出入口 巾	高	厚サ	勾配ノ差	
						二			〇、七五				一、五	
第一室	一〇、三	四、二	四、二	〇、七	〇、三五					二、〇	二、五	〇、七		
						一四	〇、四	〇、六五	〇、七五				一、〇五	
第二室	一〇、七	五、二	五、〇	〇、七	〇、三五					二、〇	二、六	〇、七		
						一四	〇、四	〇、七	〇、八				一、〇	
第三室	一〇、七	五、二	五、二	〇、七	〇、三					二、〇	二、六	〇、七		
						一四	〇、四	〇、七	〇、八				〇、九	
第四室	一〇、八	五、二五	五、二	〇、七	〇、三					二、〇	二、六	〇、七五		
						一四	〇、四三	〇、七	〇、八				〇、八	
第五室	一一、〇	五、三	五、一	〇、七	〇、三					一、九五	二、六	〇、八		
						一四	〇、三五	〇、七五	〇、七五				一、〇	
第六室	一〇、六	四、〇	四、三	—	—					二、一	二、六	〇、八		素焼室なり
						一三	〇、三五	〇、七	〇、七五				〇、七	

此の窯の胴木は第六十七圖の如くなれば、第六圖に示せる唐津の窯と大いに似たる所あり、後に記すが如く、九州の窯は其の起元〔源〕を一にせるものと相像する事を得るものなり。

第六十八圖ハ第六十七圖下部の断面を現し、第六十九圖ハ其の後部の断面を現したるものにして、火床ハ臬線を以て示セル丈の深サに四寸巾の段となりたるものにして、火床の断面圖を画かば第七十圖の如し。即チ第七十圖は第六十九圖に於て、切断的側面圖より其の下に示せる平面圖へ―・―・―の臬線を引ける所に於て切斷せるものにして、火床の凹凸〔凸凹〕を示すものにして、其の凹凸〔凸凹〕の差は三寸五分なり。而して第六十九圖の最後部は煙の吹出し孔の装置にして、逆風にも耐江得る為めに狹間穴

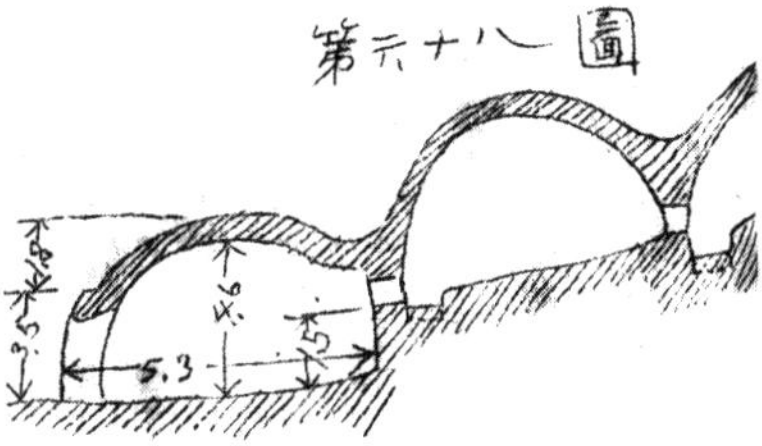

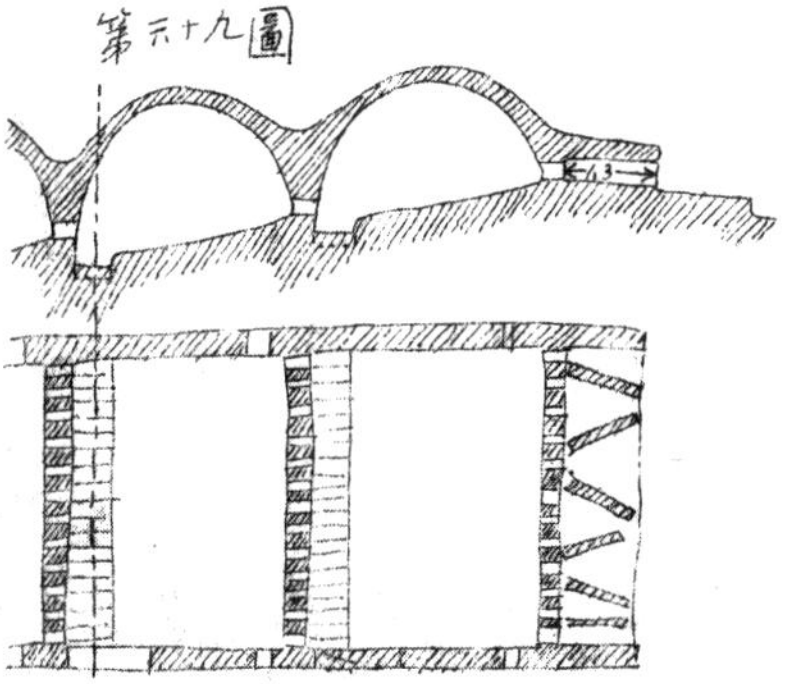

と吹出し口との間に石を以て圖の如くに置きたるものなりとす。

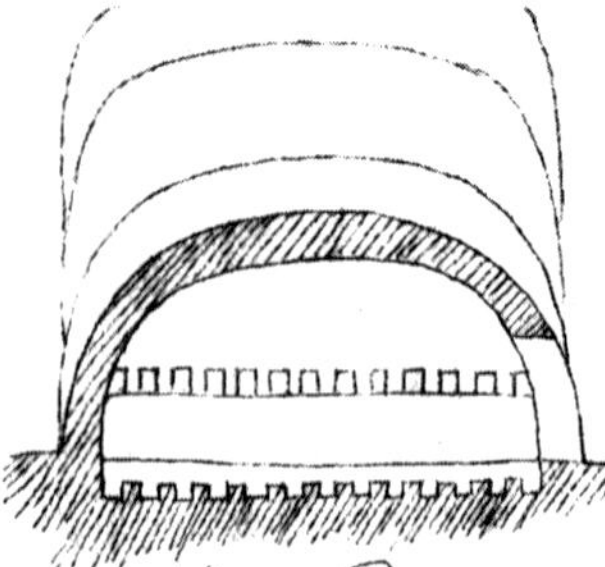

第七十圖

第七十一圖は此の窯の第四室の天秤詰の高さを示すものにして、其の他の室も此の圖によりて想像し得る、位同様の方式なり。而して匣鉢を使用する時には其の最前列の一段を取り拂ひ、此の所に高サ一尺六、七寸を程度として積みて、其の上にも必ず上乗せを行ふものにして、匣鉢には直徳〔径〕五分位の穴を一面に明けたれバ、焔は此の穴より匣鉢内を通過する事を得るものにして、此の穴を設げ〔け〕ざる匣鉢を使用する時は、製品の焼上頗る不出来にして釉薬の熔融不充分なるものさへあるにより、薩摩焼の匣鉢は必ず穴明の匣鉢なりとす。川崎氏は此の穴を穿ちたるものに對し次の如き説明をなせり。薩摩焼の釉薬の主原料たる加世田の片蒲〔浦〕石は酸化焔と還元焔とに其の熔融点を異にし、酸化の場合には其の熔解点は低きが故に、充分なる酸化をなさしむる為めに、匣鉢に穴を穿つものなりと言へども、之の説明を以て説明し盡したるものと云ふ事能はず。されど氏の説明する如く、焔に當らしむる場合は、充分なる酸化をなさしむると共に、薪材の灰が蒸氣となりて器物の表面に觸れ、灰の有するアルカリーが作用して、片蒲〔浦〕石の熔融点を低めるものとも見る事を得れども、斯くの如き事ハ哲理的理論にして、

実際にかゝる大結果を及ぼすべきものならざる事を信ずるものなれバ、片蒲〔浦〕石の分析表を得ざりしを遺憾とせしも、此の化學成分上より研究する方、最も適切なる理論を下し得べしと信じて止まず。故に川崎氏の説明通りに匣鉢にて密閉して焼成せし結果は目撃せしに非らざれバ、半信半凝〔疑〕を以て再に考ふれバ、薩摩焼の製作家は昔の製法を其の儘、家秘口傳的に傳へて之を學術的に研究せんとせず、其の焼成法に於ても旧式の天秤積を固守するものにして、薩摩焼の職工中には窯室内の容積には少しも考へなくして、此の積み方ならでは陶器は焼成する事能はざるが如く考ふるの餘り、匣鉢を使用する事を進〔勧〕めらるゝとも、天秤積同様に焼品に焔が當らざれバ焼成する事能はざるが如く考へて、無意識に穴を穿ち居るものなるやも計り難し。其の證據として此の穴が何の為めに穿たれたるものなるやを知らざる者多きに鑑みるとも、左様に考ふる事を得。要するに何の為めに穴を穿ちたるかは、自分が実験の上ならでは解決を下す事能はざるものなり。

第七十一圖

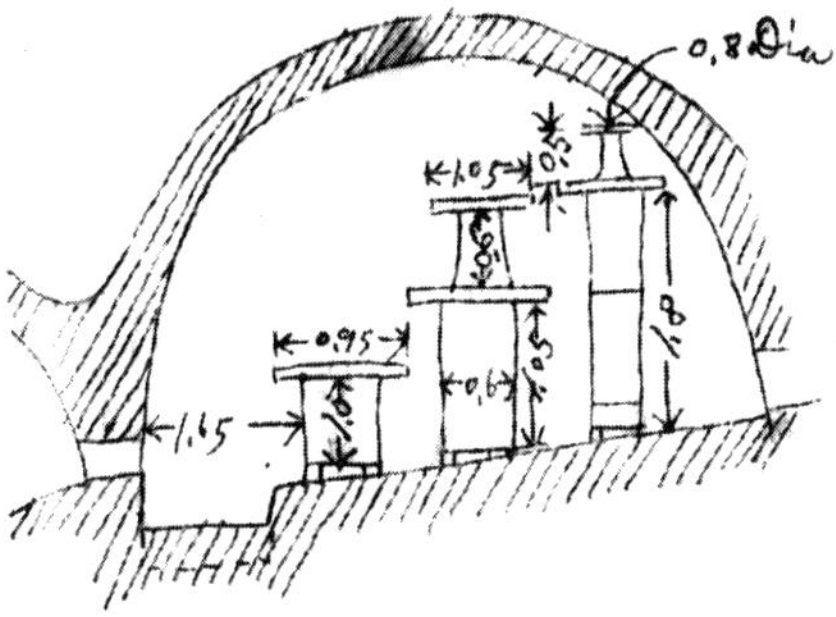

　斯くの如く工場内全部の視察を終へ、伊集院村の現状を聞きて退出す。

72. 東郷家の登り窯跡、元外相東郷茂徳記念館敷地内（編者撮影）

東郷茂徳氏(226)

東郷氏は二十年前までは沈寿〔壽〕官、鮫島順〔訓〕石氏等と共に製陶業を代々古くより營み来りしも、一時會社組織を以て營業せし事ありしも、數年ならずして中止し、現今は窯を大迫寿智氏に譲り廃業して目下は農を業となす(227)。

大迫壽智氏工場(228)

工場として別に建築せられたるものなれども、工場として其の設計頗る拙劣にして不便極まる所に約十人の職工働き居たり。窯は前記東郷氏宅内にあり。薩摩焼の窯としてハ沈壽官氏の窯と共に最大なるものにして八室を有し、其の築窯も亦百餘年前の築窯にか丶るものなれバ、其の形式を熟視すれバ煉瓦の如きものを使用せず、粘土をねり上げたるものなり(229)。而して胴木は其の天井が低下して危険になりたれバ、次に示す圖の如く支標を設けたるものなり。其の寸法は次の如し。

構造／容室	勾配ノ差	室ノ大イサ 長サ	室ノ大イサ 巾	室ノ大イサ 高サ	火床 巾	火床 深サ	狭間孔 數	狭間孔 巾	狭間孔 高	狭間孔 深サ	出入口 巾	出入口 高	出入口 厚サ	焼成 時間	焼成 薪材	備考
	一、五						一〇	〇、四	〇、三	一、〇				二四		
第一室		八、六	三、六	四、〇	〇、六	〇、三					二、〇	二、七	〇、七	一、五	六八ナワ	
	〇、七						一三	〇、三五	〇、六	〇、七五						
第二室		八、二	四、三	四、三	〇、六	〇、五					二、〇	二、七	〇、七	三	一二	
	〇、七						一三	〇、三五	〇、七	〇、七						
第三室		八、五	四、九	四、八	〇、八	〇、五					二、〇	二、五	〇、七	二~四	二五	
	〇、八						一三	〇、三五	〇、三五	〇、七						
第四室		八、三	四、七	五、七	〇、六	〇、六五					二、一	二、七	〇、七五	二~四	二五~三〇	
	〇、八						一三	〇、三五	〇、六五	〇、七						
第五室		八、四	四、八	四、八	〇、六	〇、五					二、〇	二、八	〇、八	三~四	二五~三〇	
	〇、七						一三	〇、四	〇、五	〇、七五						
第六室		八、六	四、八五	四、五	〇、7	〇、六					二、一五	二、七五	〇、八	三~四	二三~三〇	
	〇、七						一三	〇、四	〇、五五	〇、七五						
第七室		八、五	四、五	四、三	〇、七	〇、五五					一、九	二、八	〇、八	三~四	二五~三〇	
	〇、八						一三	〇、四	〇、七	〇、七						
第八室		八、五	四、五	四、五	｜	｜					二、〇五	二、七	〇、八	｜	｜	素焼室
	〇、七						一三	〇、四	〇、七	〇、七						

右之如き寸法にして之が薩摩焼の最大なるものなれバ、極めて小なるものにして高サの低きは作業し難き程にして、出入口の小なるは一層不便なれども、薩摩焼の出入口にして高サ二尺

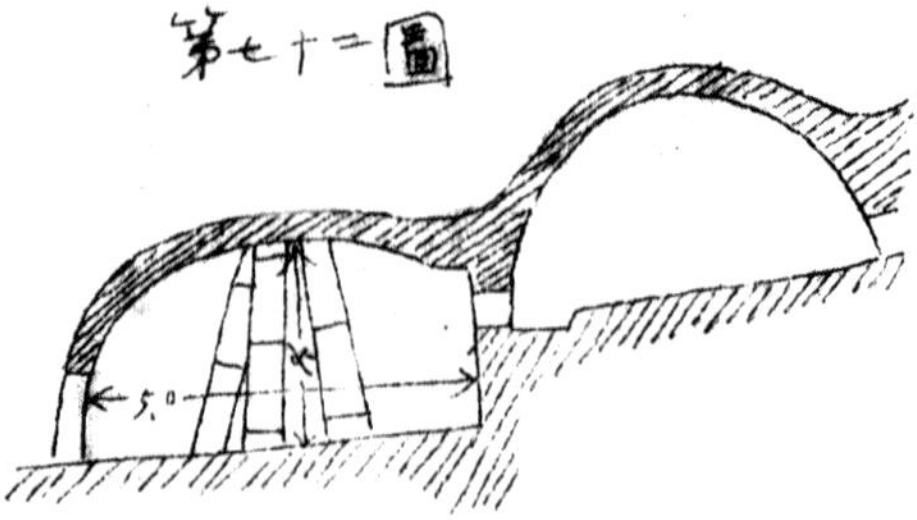

八寸以上のものなし。而して伊集院村に於て四登の登り窯あるもの全部を見、其の内二基を完全に測尺し得たり。鹿兒島に於て窯のある丈はみたれども、製陶法の窯床が段になれるものハ慶田製陶所のものが下部一、二室が其の一部分のみ天秤積に便なる様に、後より段の如くに削り取りたる個所ありしのみにて、[230] 之とても全部を段とせるに非ずして、其の窯の一部分に過ぎず、而して他の窯は悉く第五十八圖、第六十圖、第六十一圖、第六十二圖、第六十三圖、第六十八圖、第六十九圖、第七十一圖、第七十二圖等に圖示するが如き勾配ある窯床に火床の狹きものを設けたるものにして、段になりたる所は薩摩焼登窯の全體より論及すれバ九牛の一毛にも足らざるものなれバ、薩摩焼の登窯が段階床なりと講義するなど全然誤れるものにして、今頃の講義には右の如く訂正せざるべからず。[231] 前表中焼成の欄中に薪材は『一ナワ』と称する單位を以て取引するものにして、『一ナワ』とは長さ八尺三寸の『ナリ』を底部二尺四寸として拋〔放〕物線状に割木を積み上げ、其の周辺の全長を八尺三寸とするものにして、此の一ナワに付五十戔内外なりと云ふ。此の『一ナリ』にて重量は十貫足らずあれバ、薪材ハ相當廉なれども天草よりハ多少高價なり。

原料は非常に高價なるものを使用し居り、楢灰の如きは三斗入一箱四円内外にして片蒲〔浦〕石ハ七十斤に付き一円内外にして、坏土原料も片蒲〔浦〕石と大差なき價格なりと云ふ。故に轆轤に据付けらる、に至るまでには一貫匁に付二十二三銭を要するものなりと云ふ。故に京都方面の磁器素地と殆ンド同一の價格なり[232]。

苗代川下伊集院村の所感

東市来より一節〔筋〕道にして其の道の両側に約戸數百戸位の小村落にして、焼物屋などは何所にあるとも解らず、若し普通學校の生徒が此の道を通りたるものと假定せば、焼物の焼ける所など夢にも知らず通過し終るべき所にして、去年の十月の旅行の如く信楽に入らは役所に此所に登窯の傾斜せる屋根見江て行き違ふ荷車は悉く焼物なるにも、すく様陶業地なる事を思はしめしものなれども、伊集院村ばかりは窯など小なるが故に屋内にありて道を歩き乍ら目撃し得るは一基もなし。故に陶業地たるの氣分ハ少しもなく、一小農村にして郵便局と云ふも事務員一人にて、此の一人の事務員が他の事務をも郵便局内にて兼務すると云ふ有様にして、宿屋もなき不便なる土地なれバ、伊集院村の見物など見るべき場所もなけれバ、視察を終へると直ちに緑の湯の出る湯之元温泉に歸った。

原料の産地加世田は鉄道院川内町線伊集院駅より南薩鉄道に乗り替へて南下すれバ南薩鉄道

の終奌の一つ前なれども、只原料の産するのみにして陶業家はなき所なれバ、行くとも徒勞なる事なれバ行かざりき。

湯之元温泉

湯之元は川内町線東市来と西市来との中間にあり。鹿児嶋〔島〕よりハ十八哩の所にあり物價も安く、鹿児島にて宿泊する時には此所まで来る時ハ翌日の行程をして楽にする事を得。湯ハ村内數ヶ所に湧出し、旅館に湧出するは朝日館と花屋の二軒にして旅館は十數軒あり宿泊には何所なりとも自由なり。此の地の湯は淡緑色にしてリスリン液の如くぬる〳〵として摂氏四十度の温さなれば、入浴には湧出せしもの其の儘にて可なり。外湯ハ大人一人一回三戔を要すれども花屋、朝日の両旅館に宿泊すれバ一日幾回入浴するも無料なり。而して風儀も餘り乱れ居らざるが如く極めて質朴なる田舎の氣分を味い得られ、海岸へも近く新鮮なる海臭又美味にして、雑貨店の大なるもの等ありて大なる不便を感ぜす。手拭さげて外湯めぐりもよろしく、學生の修學旅行の疲勞を慰するにも適し、伊集院を見んとすれバ湯之元に宿泊する方行程も亦よろしかるべし。

第十八日　正月十九日

帰途第一聲

京都を去る六百四十三哩半の湯元駅を午前九時五十六分は定刻なれど約八分延着して汽笛一聲と共に鹿兒島に向ふ。十一時二十分には鹿兒島に着。即ちに門司行列車に乗って午前十一時三十五分桜島の見ゆる鹿兒島を出発した。斯くして往路を再び戻って薩摩の暖かさも一度矢嶽のトンネルを越スト氣温は余程低下する。鹿兒島より人吉に至ル間は砂質粘土の廣大なる層を有するに依り、人吉の附近には煉瓦屋があり、第七十三圖の如き登り窯を以て焼成するのが見江た。窯室は八室位あるらしく出入口が室の中央に天井の厚サが見ゆる所まで開いて居るのが変って居る。人吉で炭水機関車に取替へられて、汽車は再び速力を増し球摩川の東岸を北行する。汽車が一勝地の附近にて球摩川を横断して西岸を走る様になると間もなく八代に着く。午后五時三十五分には八代に着した。直ちに俥を飛ばして八代第一の帯屋旅

館に投宿した。[233]八代駅から八代町までは二十町も離れて居る。故に八代で留置郵便など受取るのハ頗る不便で、斯くの如きは此地は撰ぶべからざる所である事を記して置く。

73. 上野庭三の登り窯（上野家提供）

第十九日　一月二十日

帯屋に荷物を預けて日奈久の高田焼へ再び行く。此の日雪降り風寒く、昨日は鹿兒島の暖き所に居りしものが今日は八代灣より吹き来る風の寒さに慄然たるは宛爾として。人生も斯くやあらんと思はしむ。氣候の急変に一人寒さを感じ、両手をオーバーのポケットに深く差し入れたれど、尚寒さの為めに麻痺して上野氏の宅に着いた時には萬年筆を出すは出したが字が書けなかった。前に来た時に窯詰の儘であった處の横斷縦斷共に角なる日本にも餘計はない珍らしい窯の寸法は次の如くである(234)〔次頁〕。

右表中勾配ハ床の勾配であって第七十四圖第一室の窯床に点線を以て示す所の水平線と窯床との

各室＼構造	室の大いさ 長サ	室の大いさ 巾	室の大いさ 高サ	火床 巾サ	火床 高サ	勾配差	狭間孔 数	狭間孔 巾	狭間孔 高	狭間孔 障壁の厚サ	狭間穴ノ高サ	出入口 巾	出入口 高	側壁の厚サ	焼成 時間	焼成 薪材	備考
大口	六、〇	二、八	二、六	一、六	〇、九	〇、一五						一、六	三、四	0.7 1.115	一二	三□メ 百足	胴木と同じ
							一〇	〇、三	〇、六	〇、八	〇、三五 一、三						
第一室	五、八	五、六	三、九	一、九	一、三	〇、五						一、六	三、四	0.80 1.30	二、〇	五〇〃	
							一〇	〇、三五	〇、六	〇、八	〇、三五 一、三						
第二室	六、一	五、五	三、一	一、九	一、三	〇、四						一、七	三、七五	0.8 1.7	二、五	三五〃	
							一〇	〇、三五	〇、六	〇、八	〇、三 一、三五						
第三室	六、一	五、六	三、一	一、八	一、三五	〇、四						壱、七	三、七五	0.9 1.5	三、〇	〃	
							一〇	〇、四	〇、六	〇、八	〇、三五 一、四五						
第四室	六、二	六、〇	三、五	一、七	一、四五	〇、五						一、七五	三、六	0.9 1.5	三、五	〃	
							一〇	〇、四	〇、六	〇、八	〇、三 一、五						
第五室	六、三	五、九	三、一	一、六	一、五	〇、六						一、七五	三、七五	0.9 1.5	三、〇	二五	素焼
							一〇	〇、三五	〇、四五		〇、一						

差を現したものであるから、狭間穴の高さより勾配を計算する事が出来る。別紙青色写眞の如きものである。（別紙青色写眞とは特別科二年生第三學期の製圖時間中に製圖してプリントに取った

ものである）[235]。第七十五圖は其の後部にして、煙の吹き出しが石桓〔垣〕の上から外へ出て居るので下から支柱を立ててある。斯くしてまでも煙の吹出しを長くするの必要はないものであるが之は割竹窯から来たものである。

斯くの如き形状をなすが故に、外観上より此の窯を丸窯に属せしめて分類する事は出来ない。即ち有田の丸窯のグループには如何に窯室の巾か廣いからとても入れられない。即ち丸い極嵩〔端〕が丸窯ならば此の高田焼の上野庭三氏の窯は角の極嵩〔端〕である。故に登窯の分類には一項目を増す必要がある。

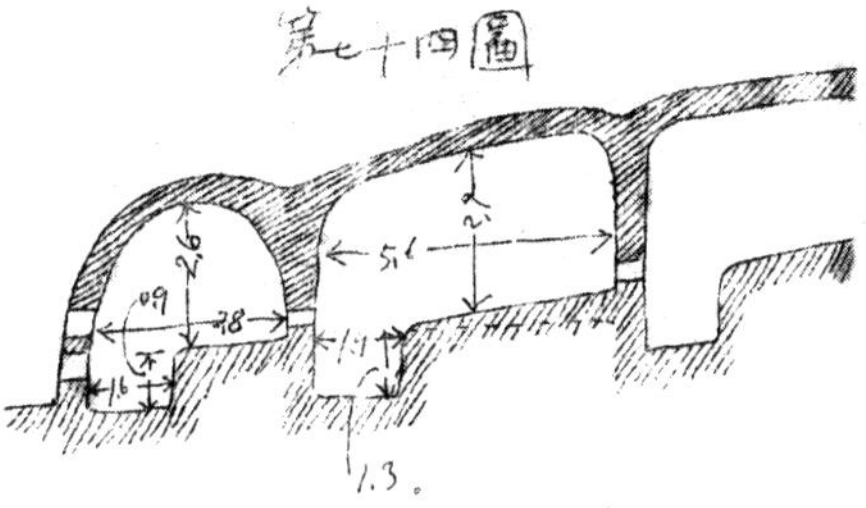

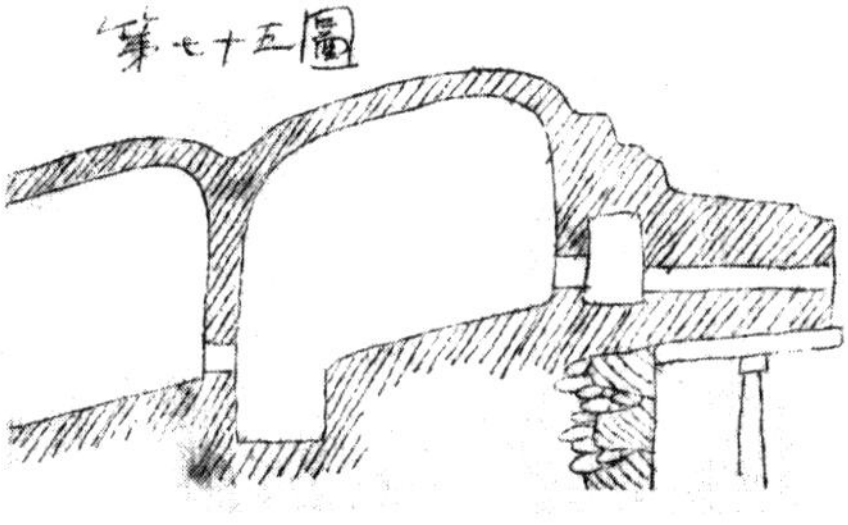

上野十吉〔次（治）郎吉〕[236]氏の割竹窯

朝鮮には割竹窯が今尚盛んに使用せられつ、ありとの事なれども、我國は此の種の窯はなしと云ふ。然るに前に二百余年前の窯と云ふので雑叢中を分け入りて見れバ決して凝〔疑〕を起す事なき純朝鮮式の割竹窯であったので、主人の留守の為めに充分に説

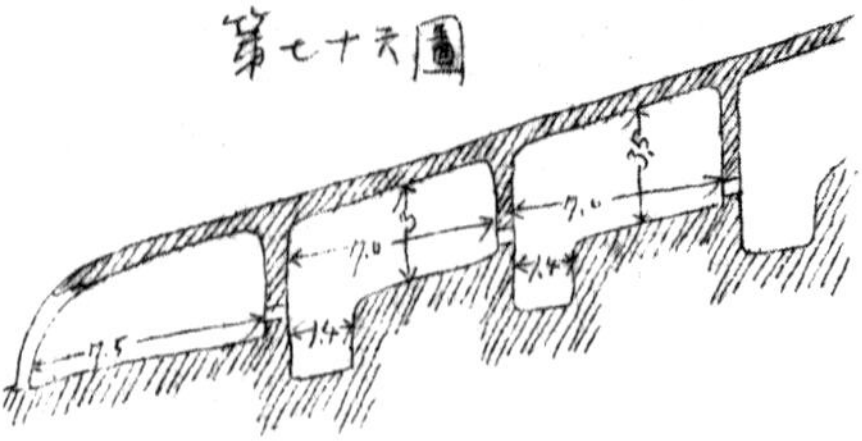

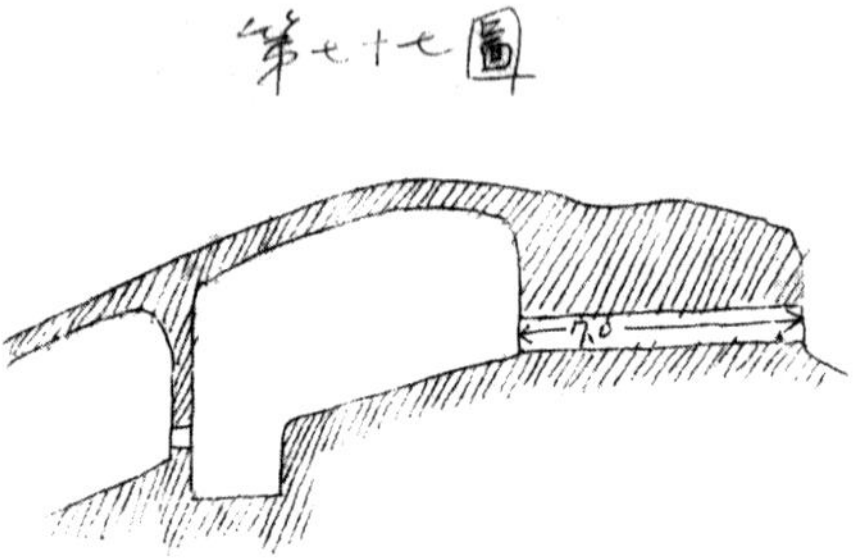

明を得られざりしにより、再び八代に下車して今日調査の為めに寒さを冒して来たのである。即ち第七十六圖に示す通りに非常に長い胴木ありて、胴木より終りの室まで勾配のあるトンネルを所々に障壁を設けて室を作り、其の室の下部に火床を設けたものである。其の窯全体の巾は五尺位、窯床より天井の中央部までの高さは約三尺乃至三尺五寸位、火床の巾は一尺三寸乃至一尺五寸位にして其の高さも同じ位なり。室数は以前ハ八室ありたりと雖も、現今は廃窯なるが故に雑草の叢中にありて雨露に暴露せるが為め、下部の胴木及ビ第一室の半分程は破れてなく、其の形跡より圖の如くありし事を想像し得られ、尚又略圖を画きて上野十吉〔次(治)郎吉〕氏に示して説明を聞き、第七十六圖の如くなりし事を確めたり。而して此の窯の後部は第七十七圖に示すが如く、煙の吹出し部ハ水平に七尺程も長く横に吹かせたるものなれバ、上野庭三氏の窯が之を見倣いて、石桓〔垣〕の外にまでも支柱を設けて長くしたるものにして、他に必要を認むべき奌なし。[237]

上野十吉〔次(治)郎吉〕氏は六十歳に近き人なれども、其の子は病氣にして仕事をなす事能はざれバ、殆んど廃業の状態にあれども、注文ある時は老人の内職の如く製作しつゝあり(238)。製品は上野庭三氏の窯を借りて焼成するものにして、一ヶ年の製産額は僅に百円内外にして、營業家と云ふ能ハざるものにして、農によりて収入を得ざれバ、現在の有様にては一日も暮す事能ハざるべし。実に六十の老人にして、自分の身体さへ自由に動かす能ハざる人が、子が病氣の為めとは雖も、尚粘土を離さざるはお氣の毒にもあり又感心であった。其の製品は若き者にも劣らぬ密なる細工のものがあった。要するに日本にも純朝鮮式の割竹窯のある事を発見し、其の焼成法等は少しく前に高田焼の項中に書いた如くである。九州に於ける登り窯は此の窯と唐津の唐津焼中里祐太郎氏の窯とが祖鼻である事を幾重も認むるのであるが、強〔あなが〕ち此の窯が祖鼻とも云へぬものがある。然しそれハ高麗人旧跡として残るのみにして窯が如何なる形状なりしや知らんとすれど知るに由なきものなりとす。

旅館の帯屋に歸り夕飯を食べると主人が風呂を案内する。入浴の後、今夜の一時二十分に八代を発する門司行きに乗る事として帯屋で十時過までは遊んだ。八代駅までは館の番頭が送って来た。

第二十日　一月二十一日。

午前一時二十分と云ふ眞夜中に八代を出発した。鳥栖へは午前四時三十三分着であるから汽車の内で寝ようと思ったが、何やら寝られぬ儘に停車する駅々の名を聞く内に鳥栖へは着いた。急いで改札口に走り途中下車として有田までの切符を購ひ長崎行き列車に乗り替へた。汽車は午前四時五十分鳥栖を出て西に走った。夜は段々と明けて来たので洗面室に入って洗面しよーとすると、洗面所のヴァルプ《バルブ》を廻すと熱湯は出るが水が出ない。熱いので洗面も出来ないので次の駅に汽車が着くとヒラリと線路上に飛び降りて、外一面は銀世界と包んで居る雪を塊めて取って来て湯中に入れて、よい加減の温湯とする事を得た。すると残りの雪をありがたそうにもろー人が出来た。かうして有田へ六時五十分に着くまでには、幾人も駅に着すると、雪を取って来ては洗面すると云ふ小生のお弟子が沢山出来た。武雄駅に着したのハ午前六時二十分頃にして數多の女學生は皆此所に下車した。彼等は牛津、肥前山口、北方方面より武雄の女學校に定期乗車券を以て通學するのであるが、列車の時間が次の如くであるから

牛津発　午前二時五十八分　五時四十八分　九時二分

肥前山口発　午前三時〇七分　五時五十八分　九時十一分
北方発　午前三時十七分　六時十一分　九時三十一分
武雄発　午前三時二十八分　六時二十二分　九時三十四分

朝二番の汽車に乗らなければ學校が遅れるので、右中段の時間には毎日通學するのである。小生などは宇治発午前七時十分、又ハ之に遅れた時には七時三十分の電車に乗って傳習所に着すると、八時十分又は八時二十五分頃に着(七時三十分発の電車は中書島にて急行に連絡するが故に、二十分後より出づるとも傳習所へは五分間を約する事を得て八時二十五分には着する事を得)くのであるが、傳習所の生徒は八時半にさへ登校すればよいのでさへ遅刻する者が多い。其の人達には此所の女學校に通ふ女學生の話を聞かせたいのである。即ち女なれバ髪を結はねばならぬが故に、男子より三十分は早く起床するを要する事を思はゞ、今凍るプラットフォームを差し下駄の音高く寒むそうに出て行くのを見ると同情に堪へない。小生などは京都に近く電車の便ありて、一電車位遅れても二十分毎の運轉なれバ氣は楽であるが、彼等は左様には行かぬのである。して見ると我等は學ぶに學び易き事、彼等は定めし羨やましき事なるべし。三間坂を徑て有田に下車すると、前に四日間も居た處であるから非常になつかしく感じた。道は尋ねる必要もなく先づ三冨屋にて朝飯を食し、直ちに香欗〔蘭〕社に行った。

74. 第九代深川栄左衛門（香蘭社提供）

75. 香蘭社「銅版染付竹林開門図皿」
（大正期、個人蔵）

香蘭社工場(239)

有田第一の大工場にして、第一、第二、第三工場に分れ、使用職工は約三百人。第一工場は普通磁器、〔挿図75〕第三工場は電氣用品を製作し、普通磁器は別に記する事もない位の平々凡々なるもの。電氣用品は松風を見た事があるので之に比較するとても比ぶべくも非らざるものにして、碍子は登り窯を以て焼成するのであるが、窯は一切測尺を許されなかった。(240) 第二工場は美術品を製作するので職工は全部で百人位である。(241)

原料は泉山石を單味にして使用し、釉薬は有田の普通釉薬の他に糠灰をも使用し、京都の製品と異る奌少しもないものがあった。繪付場ハ下繪と上繪とを別にして、下繪には二組に別け

76. 香蘭社合名会社（『佐賀縣寫眞帖』1911年より）

77. 第一工場全景（碍子工場）（大正期、香蘭社提供）

78. 石炭窯（香蘭社円筒型石炭窯の下部）（『佐賀縣寫眞帖』1911年より）

一組は男子十三人に對して女子十五人、看督二人、合計三十人にして、男子は骨書を専門として女子ハダミを専門とする。工賃は何れも數を以て支拂ふ事となりたれば、其の仕事場には通帳を一人一通づ、掛けてあった。イローグラフ[242]も使用し一台の空氣圧搾機によりて四又は五個所位にパイプをひいてあった。上繪付場にはコトン〳〵と云ふ音が高さ三尺巾四尺長サ一間半位の箱の内でする。何かと聞くと金粉粉碎機と言ふて居た。金は全部本金を使用するのである。窯は角窯を使用し薪材、石炭何れにても焼成する事を得。松村式の窯床面一面に吸込穴のある窯であった。別に北村弥一郎氏の設計になりし佛國セーブルの窯を倣たのがあったが、成績が悪いので目下は使用せられず。〔挿図78〕倒焔式の円筒窯も廃窯同様である。(243) 角窯は全工場を通じて六、七基ある。是等の角窯は有田の登り窯を一室づゝに切り取った様な形状にして相当成績を擧げて居る。(244)

製品陳列場ハ深川製磁会社のものと同じ位の大いさにして、大なる花瓶、額皿の如き美術品を陳列してなか〳〵立派である。然し製品一個づゝ、京都のものと比較すれバ香蘭社の製品と雖も京都には及ばない。

斯くの如く香蘭社の工場は詳細に調査する暇もない位に見てしもうーた。有田にも工場は數多あれど参観容易なるは藏春亭と深川製磁会社にして縦覧随意と書き出してある位であるが、有田製陶所と香蘭社はなか〳〵見せない。今回の旅行も斷られ〳〵て前四日間の滞在中には遂に見る事が出来なかったが、有田を去る時に鹿兒島から歸途再び鳥栖より来って参観を乞ふべしと言ひて去り、今日再び有田に来て言い置きし如く来りしかば、流石の無情なる香蘭社の事務員も感動したらしく、何やら相談の後、斯くはしぶ〳〵乍らも見せてくれたのである。故に今後有田地方の見學をせんとする人ハ、有力なる人の紹介状又ハ學校より行くに非ざれば参観する事能はざるべし。

有田製陶所(245)

上有田駅前にありテラコッタタイル等を専門に製作する處にして、職工は全部にて三十人内

79. 有田製陶所（明治末〜大正期、有田町歴史民俗資料館蔵）

外にして、プレスを以て整形するものにして、プレスは五台程あり。焼成は角窯を使用し、角窯に棚詰を以て窯詰するものにして、火道を作る為めに棚を所々巾約一尺許りを切り離し置くものなり。有田製陶所に於ては、角窯の倒焔式に棚詰を以て焼成する事を得る事実を見學したる他得る所なし。有田製陶所も香蘭社と等しく工場は容易に参観せしめず、参観せんとせバ多少苦心を要す。要するに有田製陶所ハ、棚詰にて倒焔式角窯に窯詰して成績を擧げ居るを見るの他、常滑の伊奈工場[247]を見れバ見る必要のない工場である。技師の副知氏は瀧田先生とは懇意なりと云へば、瀧田先生の紹介状をもって行かば参観する事を得る事なるべし[248]。然らざれバ小生の如く幾回ともなく断られ四日間の滞在中参観する事を得ず、再び今日参観を乞ひ大いに熱心を以て先方を感動せしむるに非ざれバ許されざるべし。

斯くの如く有田に見残したる香蘭社、有田製陶所等をあらまし乍らも参観する事を得て、城島氏の登窯の寸法をも得(249)、青木兄弟商会の再び前に行きし際に給はりたる紹介状の礼かたぐ〳〵行き、登り窯の寸法を得、既に記載したるが如し。

斯くの如く有田には見るべき總てのものを見終りたれバ、午後四時三十六分上有田発の門司行列車にて武雄に向へり。上有田のステーションで汽車を待って居ると汽車で通學して居る有田の工業學校の生徒が三、四人も自分のもって居る髙田焼の花瓶を見に来るので、『諸君等も陶器學校の生徒でしょー、此の焼物は何焼か当て、御覧なさい』と云ふと一人も言い当てる者がなかった。さて汽車に乗ると座席が明いて居りそーにもないので、明いては居らぬかとキョロ〳〵すると一人の紳士が私に御辞儀をするので、誰かと思ふと青木兄弟商会の御主人であった。青木氏も武雄へ行かれるので、一緒に武雄で下車して三、四町ハ一緒に歩いた。自分が泊まらふと思ふ東洋館は武雄一流の旅館であった(250)。先づ玄關に入ると直ちに千鳥の間に通された。やがて仲居に案内せられて温泉に行くのである。

武雄の温泉(251)

武雄の温泉は外湯にして一回毎に入湯料を支拂はなくてはならない。支那式の所もあり西洋

80. **東洋館**（大正〜昭和初期、東洋館提供）

81. **武雄温泉竜宮門**（大正期、東洋館提供）

式の所もある赤い色に塗りつぶした寺院の門の如き處[252]で切符を買ふのであるが、案内の仲居が何もかもして来れるので、お殿様にでもなったかの如き感じになってしもーた。總湯は十戔、五戔、三戔の三種にして、仲居は氣を利かして五銭のを買ってくれた。脱衣場には長い腰掛けがあり、脱衣棚は一度着物を入れて閉すと開ける事が出来ない様にしてあるから案〔安〕心である。風呂は大理石造りのもので、寶塚の温泉と同様である。すると風呂の内には流し屋が居って一回五戔の賃金で流してくれるのであるが、仲居の氣が利き過ぎて小生の銭入を取り上げて居るものであるから、ちゃんと流し屋に命じてくれたものであるから流してくれた。こうなるといよ〳〵お殿様の如き氣分になる。風呂から上って来るとお早うございましたねと仲居は九州辨ではない。再び仲居に連れられて東洋館に歸る處は、加賀の山中の温泉の湯女と同じである。東洋館と焼印の押した下駄を玄関にぬぎ捨てゝ、千鳥の間に戻ってから高欄の内側から下を見下すと風呂に行く人がぞろ〳〵と恰〔あたか〕も、京極の如くは少し大き過ぎるが、とにかく之が皆入浴するのかと思はれる程沢山の人が風呂に行く。多くは三戔客であるから仲居などに案内せらる、が如き上等客は多くない。之が武雄温泉の所感である。

　外湯から戻ると夕飯の用意が出来て、浴後の夕食は殊に美味であった。三、四通の手紙を出してから寢た。

第二十一日　一月二十二日

早朝より洗面所に行くと廊下で素敵な美人に出遭ふ。余りの程に見返すと、先方でも『チラリ』と見返したので隠れる様に洗面所へ飛び込んだ。すると餘り早過ぎて湯は尚沸いては居らなかった。洗面を終て千鳥の間に歸ろーとすると、再び彼の美人に出遇ふと『カン〱』と半鐘の様な音がする。思切って此の音の何ですかと聞いた。すると外湯に来てもよいと云ふ會圖ですと答へた。

朝飯を終ると荷物を預けて祐徳軌道で奈良崎〔楢崎〕まで行き大野原〔小野原〕の日本一の登り窯を見た。[253] 一室の長サ四十三尺、巾十九尺、高十六尺ありと云ふ大なるものが九室もあるが故に、窯全體の長サハ三十五、六間あり。窯全體の巾は九間程あるが故に、登り窯一基が占むる平面積ハ実に三百坪に近しと云ふ。此の大なる窯は去年の十二月より焼成し始め、やう〱焚き終りて放冷中なれバ窯の寸法を得ざりしは遺憾なりき。而して志田原《シダハル》、志田、方面を通り流しの様に見物して塩田に行き、塩田も大概は通り流しの様に見た。[254] 然し肥前商会へは平濱氏より給はりたる紹介状を携へて、松尾文太郎氏の案内で少しく叮嚀〔丁寧〕にみた。

肥前商会工場[255]

肥前商会は株式粗織〔組〕にして、藤江前場長[256]の設計にかゝる工場にして、其の機械設備は九州第一と称するも過言には非らざるべし。一日七千五百斤を粉砕し得るエッヂラナー四台の中三台は濕式に依れり。フレットを濕式にて使用するは名古屋の佐治製陶所[257]と此所の他、小生は見た事がない。ヒルタープレスは二基ありて大なる水簸槽のとなりに大な攪拌器ありて泥漿が攪拌せられつゝ、メンブラムポンプ[258]によりてヒルタープレスに搾らる、所は氣持のよい工場である。

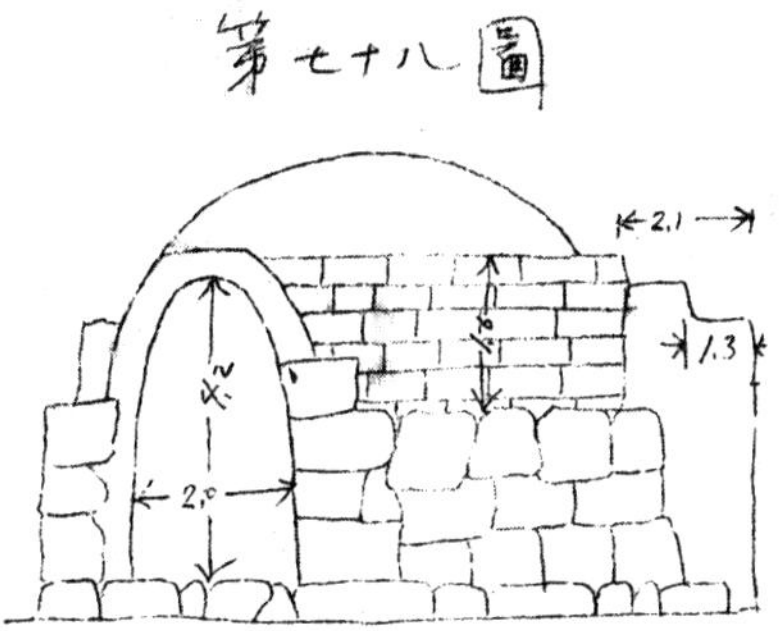

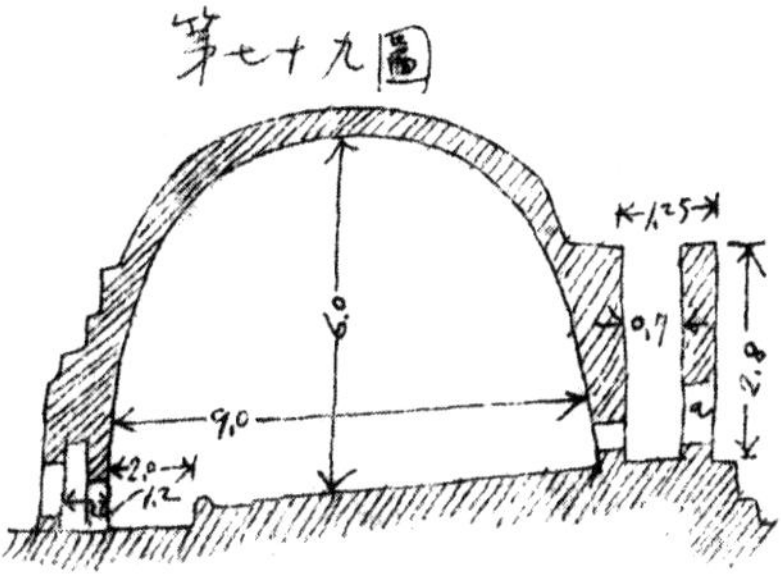

機械全部に五十馬力の動力を使用し、スタンパーは焼紛、對州石、泉山石を砏〔粉〕砕し、スタンパーの數五十杵あり。使用の職工は約五十人にして、主として朝鮮向き下等品を製作しつゝあり。天草石はスタンパーによらずして、フレットを濕式にして使用し居り、原料は並の天草石に此の地方より出づる吉田石と称するものを混じて使用するものなり。窯は四基の角窯ありて二基毎

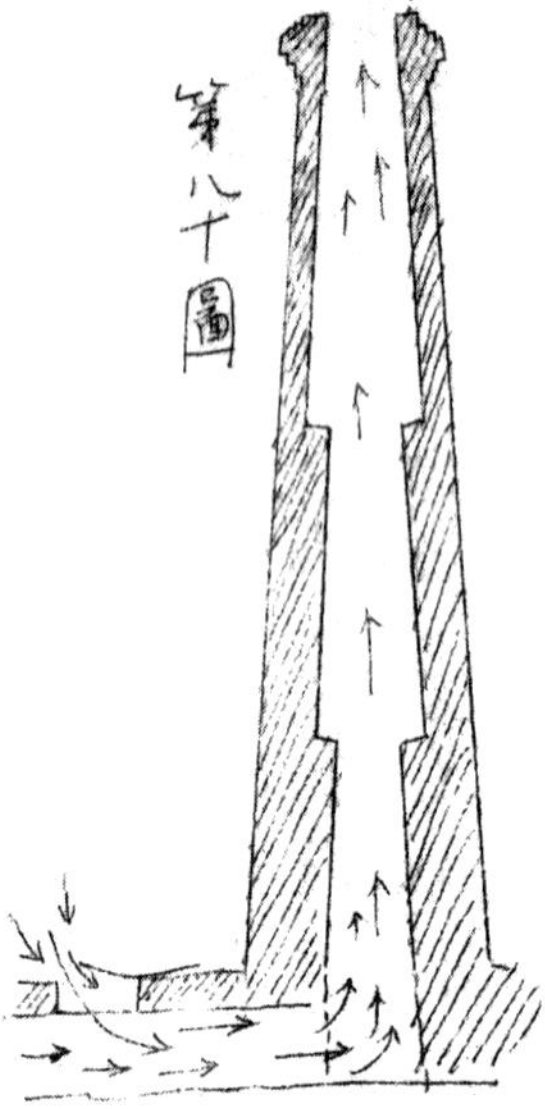
第八十圖

に一本の煙突を建てたり。素焼窯は別に二基ありて其の寸法を得たれバ、次に圖によりて示セバ第七十八圖の如く其の周囲を石桓〔垣〕にて積み長さは十一尺、高サ六尺、巾九尺、火床の狭間穴の數十七個、其の外側ハ四個、其の巾三寸にして高サ八寸、内側のものハ巾三寸、高サ六寸にして障壁の厚サ八寸、煙出の狭間穴の數十七個、巾三寸、高サ五寸、深サ八寸にして吹き出し口までの高さ二尺八寸なり。

此の吹き出しの引き過ぐる時ハ、吹出の下部にあるa穴を開く様になり居る事は第七十九圖にて説明する事を得べし。其の焼成には十時間を要し、二千七、八百斤の薪材を要すと云ふ。圖の如く床に勾配ありて、約五寸の差あり。他の一基は床の勾配に一尺の差ありと云ふ。而して一尺の勾配の差あるもの、方が成績よろしと云ふ。此の地方は窯道具の耐火材量に乏しくして、美濃地方より木節[259]を取り寄せつ、ありと云ふ。第八十圖ハ高さ七十尺の煙突にて、二基の角窯を一本の煙突に引かしむる様にしありて、其の通風は圖の如く煙道の一部分を開き、空氣を適宜に入れて通風の加減をなすものなり。而して一時に二基を焼成せし經驗はなしと云ふ。

82. 和多屋旅館（大正～昭和初期、絵葉書、個人蔵）

肥前商会は藤津郡の集散地塩田の最大なるものにして、藤津郡下に出来る焼物の取引ハ過半数を肥前商会の手によりて行はるものにして、又一方に於て京都の陶料會社とも見るべきものにして、原料をも販賣し、京都地方へも輸送しつ、あり。五條坂の寺沢氏は對州石を此所より取奇〔寄〕せるものなり。斯くの如く肥前商会の工場は全部を参観して、午前十一時頃退出し嬉野に向へり。

　塩田より嬉野まで電車がある。確か二十戔程である。嬉野には温泉があり多數の宿屋、旅館がある。[260] 温泉場の特長として木賃宿の立派なのが沢山ある。和多屋と大村屋が一流の中でもよい方で、私が晝飯を食べて湯に入ったのは和多屋である。[261] 此の嬉野で泊りたいが、東洋館に荷物が預けてあるのと翌日の行程上武雄に帰る事にした。斯くて和多屋より約二十町を離れた源六焼の窯元冨久〔富永〕製磁合名會社へ行った。

83. 富永源六（富永家提供）

冨久〔富永〕製磁合名會社（源六焼(262)とも称ス）

藤津郡では最優良品を焼成する處である。〔口絵8〕使用の職工ハ全部にて七十人にして工場ハ少し不規律な建築である為めに不便が多い。主人の兄弟多きが故に、兄弟各々其の任務を分ちて合名會社としたのである。(263) 製形は別に記す程の事もない。

窯は餘熱利用の素焼窯の附属した角窯一基と試験窯一基、登り窯一基あり。此の登り窯は実に特筆に價値あるものなれども、窯詰中にして寸法を得ざりき。されども其の最も改良したる所は、第八十一圖に示すが如く第一室の火床及び狭間穴なりとす。狭間穴ハ第八十二圖に示すが如き大小交互に配置したるものにして、理論上よりするも有効なるものなりとす。即ち第八十一圖に於ては普通の窯にありては炭火が多く留りて焼成困難となるものなるが故に、普通は第三十二圖、及ビ第三十四圖、第三十七圖、第四十二圖、第四十四圖等の如くして、此の炭火をして速に酸化せしめて炭酸瓦斯と灰とにせんとするものなれども、第八十一圖に示すす〔ママ〕ものハ其の炭火が火床の床面よりころがり落ち易き様に狭間穴を傾斜して設けて、其のころがり落ちたる炭火によりて熱せられたる空氣が第一室

84. 富永家家族写真（後列右から、長男 真一、次男 源平、三男 平六、四男 清平、五男 悦次郎）（富永家提供）

に於て焼成の際、豫め熱せられたる温度丈多量に発熱する事ハ燃焼論上より考ふるも、次の第一

$$T=\frac{P}{G_S+G_1S_1+G_2S_2+G_3S_3+\cdots\cdots}$$

公式は普通の場合に於ける発熱量の計算なりと雖も、第八十一圖の如く無理に酸化せしむる炭火を利用して第一室に入る空氣を豫め熱して燃焼せしむる場合は、レ・ゼネレーヂヴシステムキルン[264]と同様次の如き公式を以て計算するを至当とす。（数式）

$$T=\frac{P+G_nS_n+G_n+S_n+\cdots\cdots}{G_S+G_1S_1+G_2S_2+G_3S_3+\cdots\cdots}$$

即ち第二公式によりて計算したる結果より、第一公式により計算したる結果を差引きたる丈の有益なる構造なりとす。即ち之等の改良は無意味なる改良に非ずして、燃焼論上より研究す

るとも右の如く有意味なるものにして、第八十二圖は第二室以下に應用し得べきものにして、狭間穴を大小交互に配置するものにして、大なるものハ巾一寸三分に高サ四寸五分、小なるものハ一寸三分角にして狭間穴を斯くの如く配列する。理由は第八十三圖に於て矢の方向に火焔か進まんとする時Hとhの高さ同一なれバ、通風を起す事能はざれども、Hとhとの関係は常にh+x=Hなるが故に、此のxの高さの差を以て次の室より吹き込みたる空氣は、火床に於て薪を燃焼せしめ、密度輕き氣体となりて天井部に浮遊せんとする際、既に天井部に上昇したる燃焼せし瓦斯を、後部の室に狭間穴より押し出すが故に、hの方面に於てはHの方面よりも窯

第八十一圖

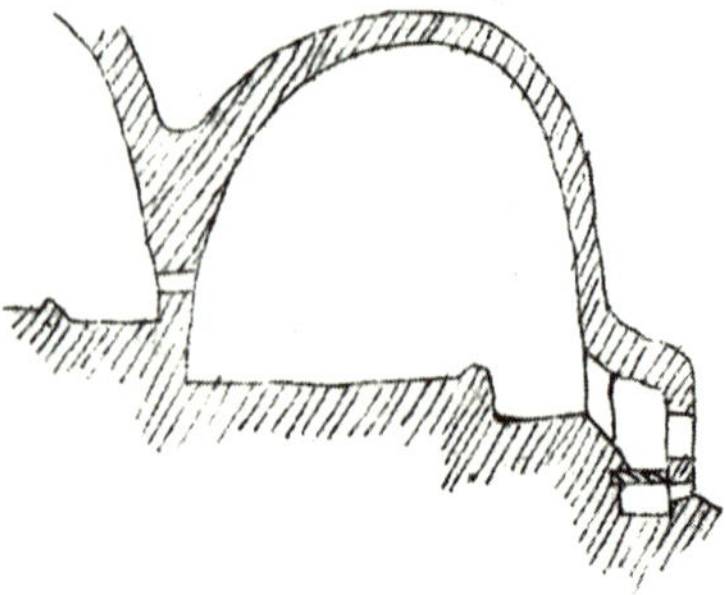

第八十二圖

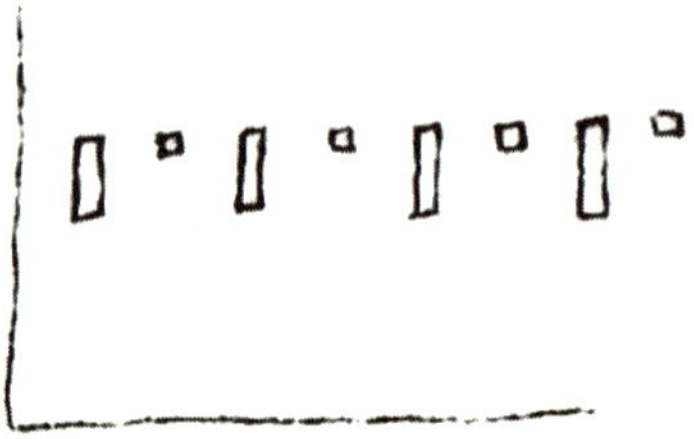

第八十三圖

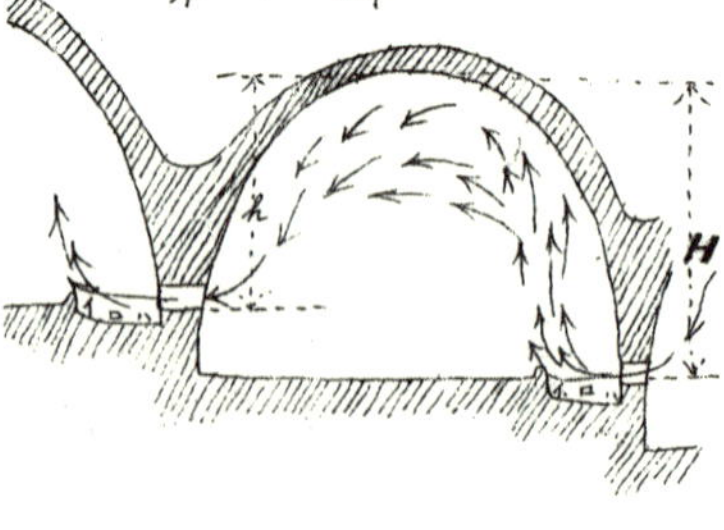

室内の圧力は高きものにして、此の圧力は$x=H-h$のxの高さによりて生ずるものにして、狭間穴を大にする時は圧力小となり、圖の如く火床を横断する程勢よく吹き出す事能はず、小なる狭間穴を數多く配置せば、たとひ圧力大となるも吹き出す焔は容易に灣曲して上方に向ふが故に、「ハ」及び「ロ」の部分には空氣は供給する事を得れども、「イ」の部分にまで空氣を供給する事能はざれバ焼成面白からず。故に有田の丸窯に於ては、横に空氣又ハ火焔を吹き出す勢の強き程焼成し易きものなれども、左様に注文通りには容易に行かざりしものなり。即ち大なる狭間穴より勢よく吹き出す時ハ、吹き出す熱強きに失し匣鉢の前部に楯を要する程なれども、狭間穴を大にする時ハ、Hの高さによりて押し来る力が一定なれバ吹き出す力は自然に小となるものにして、h部の圧力を高めんとして狭間穴を小にすれバ、たとひ圧力大にして吹き出す力大なりと雖も細き焔は上昇し易くして「イ」の部分に達せず。されバとてhの高を減じxの高を増す。即ち勾配を急にする時ハ、狭間穴より下の部分が充分に焼成せられず、故に改良の餘地なきもの、如く考へられたれども、第八十二圖の如くする時は、狭間穴ハ大小交互に配置し、其の大なる狭間の形状は巾せまく高サ高きが故に熱〔勢〕ひよく吹き出したる焔、或ハ空氣はよく「イ」の部分に達し、「イ」の部分に存する薪材をも有効に燃焼せしむる事を得。其の間に小なる狭間穴は極小量の空氣が熱〔勢〕ひ弱く吹き出して、其の附近に存する薪材に僅の空氣を供給して、両側より来る熱によりて薪材が瓦斯化して、一酸化炭素に瓦斯体炭素が交りて氣体となりて上昇し、上部の空氣中より酸素を得て途中にて然〔燃〕焼するが故に、火焔はいよ〳〵長くなり、窯室内の温度は大いに平均を保ち得るものにして、其の途中に於て燃焼の際も既に氣体となりたる燃料の燃焼なれバ、其の途中に於て氣化の潜熱を吸収する事なくして大いに発熱し、更に氣體の一酸化炭素及ビ、氣体の状態の炭素が酸化せんとして働く還元力強くして、よくブリューイングを行ひたると同一の効果を納め得るものなり。

斯くの如き貴き經験を一回の旅行にて得るは実に見學旅行の効果を味はしむるものにして、今回の旅行が如何に有意義なりしかと知るべし。而して此の改良を施すに至るまでには、冨〔富〕永氏兄弟の苦心は又甚大なるものなりしと云ふ。更に冨〔富〕永氏の研究は窯道具にも及ぼされたれバ、匣鉢の優秀なる事九州地方には稀なるものにして、材量ハ本山木節(265)を主原料として、是に燃〔焼カ〕粉を混じて製形するものなれバ、其の厚サの如き直徑一尺高サ内法五寸の匣鉢にて僅に四分以内にあり。斯くの如く薄くして火に耐江得るやと聞けバ、厚サを厚くするは粘土の耐火性弱き場合にこそ行ふべきものなりと。何とならば粘土の耐火性弱き場合に厚サを増大する時ハ、其の厚みの中央は熱が充分に透徹せざる部分に於いて、上部の對圧重を負はしむるものにして、粘土の耐火性強きものならば厚くする必要なしと云ふ。此の限度は何程なりや言明する能はざれども、匣鉢の周緑〔縁〕の厚サを平方寸に換筭し、匣鉢及ビ其の内に積み込む器物の重量を計筭すれバ、本山木節の焼粉に本山木節を以て製せしものならば、一平方寸二百斤までの耐圧力ある事は徑〔經〕

験上ゼーゲル十二番に於て安全なるものなれバ、目下斯くして窯詰してあるも皆一平方寸の耐圧重を二百斤位として、其の範囲内に於て出来得る限り匣鉢の重量の輕減を計り居るものなりと。その事にて冨永氏の言に依れバ、有田地方に行はる、匣鉢の厚サ一寸以上もあるものハ自分の重量の為めに自分が倒る、事少なからずと云ふ。故に匣鉢用粘土を揩沢《〔撰択〕》せざる時は次の如き不利益あるものなりと。

一、匣鉢の周緑《〔縁〕》の為めに要する窯室内容積の不徑剤《〔經済〕》
二、匣鉢の周壁を熱するに要するカロリーの不徑剤《〔經済〕》
三、匣鉢自身の重量の為めに窯内に高く積む事能はざる不利益
四、匣鉢の寿命が十回を出でざる事

右の四項は一般の陶業者が輕視するの傾あり。為めに右四項の莫大なる損失をなしつ、あるものにして、之等の損失は職工賃金、原料代價等の比に非ずして、本山木節を本焼して砕き焼粕となし、之に本山木節を混じて製したる匣鉢により右四項の損失を全く補ふ場合は、本山木節の如き九州地方に於て非常に高價なりと雖も、其の價格を差引き窯毎に莫大の利益ありと言へり。而して冨永氏の使用する棚板の支柱なども極めて細くして一平寸に付二百斤の重量を負ふものなりと云ふ。而して其の棚に依る窯詰は、有田製陶所の窯詰法と等しく火道を明け置きて天井まで高く棚詰をなすものにして、其の焼成には常候変る所なく丸窯としての焼成法に等

しと言へり。故に有田地方の窯詰は六合詰と称し、高さ十尺の窯ならば六尺まで積めて上四尺は積まずして明け置くものと。窯内一杯に積める変りに火道を設くるの二種あり。其の両者の窯詰し得る分量は、前者は後者の三分の二に過ぎず、燃料は前者は後者と同様なるが故に、後者の窯詰は最も利益多しと云ふ。

斯くして工場内全部を参観の後退出せり。之より五町田、小田志方面を視察して武雄街道を歩いて歸った。五町田は志田位の製作家あり。小田志は三、四軒である。大須賀先生は『オダシ』と讀まれるが此の地方に来ると『オダシ』ではなくして『コタジ』である。斯くして藤津郡をも見學を終へて武雄街道を走りて武雄に歸ると午後八時になった。一度も行った事のない所で日の暮れるのにも馴れて、別に苦痛も感じない様になった。東洋館に戻ると又お殿様の様な氣になる。外湯から歸りに東洋館を見ると、大なる建築にして二階の椽側の高欄の内には立派な臂掛椅子が置いてあるのが見江る。自分の千鳥の間から一度椽〔縁〕側に出ると此の臂掛椅子に腰掛ける事が出来、下を見下すと浴客がゾロ〳〵と虫の様に行くのが見江る。とにかく武雄の温泉は浴客の多いので驚く。旅館としては東京屋、春慶屋、角屋、三國屋などがある。之等は東洋館の様には立派でないが、武雄では一流である。活氣のある事は加賀の温泉などの比ではない。按摩が幾回となく廻るって来る。昨日の朝廊下で出遇ふた美人には度々出遇ふた。隣室に泊って居るらしかった。

第二十二日　一月二十三日

早朝より起床する事連日の如し。洗面を終るとカンカン〳〵の鐘の音が聞江る。早速朝から風呂に行く。すると驚いた事にはまだ鐘がならぬか〳〵と待ち構へる人があるので行って見ると、朝の早いのにもなか〳〵の人が来て居る。朝一番は十戔、五戔の浴客多く三戔の浴客は多くない。風呂から上って歸とまだ朝飯の用意が出来て居らぬ。午前八時十六分の汽車とは昨日から云ふて置いたのであるから早くしろと急いで置く。千鳥の間に歸りて出発の順〔準〕備は全く出来て朝飯を待つ。すると昨日の様にお菓子と薄茶を運び出して来る。茶道の心得なき者は聊か辟易するそうであるが、自分ハ四ヶ年間も表千家流を稽古したのであるから鮮にやってのけてしまふ。しばらくするとお隣様も八時の汽車でございますので…と断って置いて、朝飯を出した儘で置いて行った。自分一人で氣楽に食べられる丈、沢山食べると櫃も空になった。斯くして朝飯も終へて出発した。ステーションへは四町程の道を石油発動機の機關車が三十人乗りの客車を引張って行く。祐徳軌道に沿ふて行くと石油発動機の古くなったエフィシエンシィー[266]の低いものになると、此の妙な機關車の先を馬が引張って行くと云ふ珍らしいものを見た。そして之は馬車とも云へず、石油発動機がエキゾース[267]をカン〳〵いはせ乍ら運轉して居る其の先を馬が引くのであるから妙である。此の軌道馬車鉄道を見乍ら歩いて居ると、二台の俥が東洋館でしば〳〵出遇ふた素敵な美人と其の母親らしいのを乗せて行く。駅に着くと件の女は二等の青切符を携へて居た。自分は鳥栖まで赤切符を買ふた。門司行列車に乗っていよ〳〵九州地方の見學旅行も終って歸途に着く。彼女は二等室に入った儘姿は見江ずなった。汽車は九時頃に佐賀市を九時五十分頃には鳥栖を通過して北行する。二日市へは十時半、博多ハ十時五十二分に通過した。折尾駅には十二時四十分頃に着く。此所から門司までは汽車と並行した電車がある。八険〔劔〕神社(268)は約一里ありとの事なれど、日本武尊の御手植の公孫樹ありと云ひ、其の巨大なる事ハ九州第一の大木にして、其の樹齢は少くとも一千八百年なりと云ふ(269)。午后一時頃八幡製鐵所前に停車すると、窓から見物すると往路の際は正月三日なりしかば休業し居たれども、今日は黒煙もく〳〵として為めに天日暗く、製鐵所のある場所にては屋外にても白晝電燈を点じて居るのが見江る。熔鑛爐の上部から鑛石を投入するのが見江る。製鉄所は八幡から枝光まで一面に續いて居る(270)。枝光は石炭と鑛石を積み来る舟のマストが林の如く眞黒に向ふが見江ぬ程沢山の舟が淀泊して居る。小倉へは一時二十八分に、門司へは一時五十分に着した。直ちに連絡船へと急ぐ。すると下關から乗客を満載して門司に着くと、本州から来た旅客は自分等の乗り捨てた汽車へと急いで行く。又彼等が乗り捨た汽船と我等は急いだ。関門には非常沢山の小蒸氣船が居た。水上警察も動いて居る。素敵なスピードを出して走るモーターボートがやって来る。なか〳〵賑はしい海狭〔峡〕であった。此の間を連絡船が桟橋を離れて、桟橋に着する間は拾六分二十秒である。然し郵便荷物等の積込の為四十五分乃至一時間はかゝるらしい。下關には關釜連絡船が碇泊して居た。下関を午後二時四十五分発二、三等急行列車が仕立られて居る。便利のよい食堂車の次へと乗込む。定刻になると発車する。斯くして刻一刻と京都に近づいた。厚狭駅へは三時半頃に着いた。故伊藤君の故郷へは近い所で伊藤君は此所から来るのであった[271]。往路は午前四時頃であった。窓から外を見ると一寸許りも積った雪を寒むそーに電燈が照して、駅員が『アサ〳〵』と呼んで行く。客の一人は朝々と云ふて行くと言ふて笑はせた處である。伊藤君で思ひ出多かった。三田尻[272]へは五時過ぎに、冨海は五時半頃に通過した。三田尻と冨海との間には耐酸石〔炻〕器[273]を焼成する登窯が捨數基見江た。車窓から眺めるのでは充分に見様と思っても汽車が走って行ってしまふので充分には見られなかったが、何れも千変一律の型にはまったもので、勾配は三寸五分位あるらしく、後部に煙突を三本乃至五本位立て居る。窯と窯と相接するかと思はれる程近くに五、六基を一所にあるのがあった。然し汽車は遠慮なく走り去って見江なくなった。廣島へは九時半頃に、八本松へは十時五十分頃に通過した。八本松にも同様の登り窯が拾數基あるとの事にして、冨海は海岸に八本松には山腹に急勾配の登り窯が見江、耐酸石〔炻〕器を焼成するとの事。耐酸石〔炻〕器と言へば立派に聞るが、其の実は土管や摺鉢、壺、小瓶が多く硫酸壺をも製するのである。然し窯が拾數基もあると云へば中國地方の旅行の際には是非立寄らん考へなり。斯くして夜も更けたれバ、再び乗客の下車したる時に要領よく寝台を作るのである。其の方法は往路の報告に書いた通りに、第一圖の如きものを第二圖の如くして寝のである。之が三等の輕便寝台では一番妙案である。寝てしもーと客がまた乗って来ても決して起して座らせろなどとは云はない。故に寝られぬ間は汽車が駅に着いて客が沢山乗って来れバ、乗って来たなと思っても寝た様に澄まし込んで居る内に寝てしもー。斯くして寝てしもーたものであるから目が醒めると四時頃であった。

第二十三日　一月二十四日

午前五時頃に姫路へ着く。食堂からは案内のカードをもって来る。先づ座席を取られぬ様に座席の上に毛布を敷いた儘、食堂車の洗面室で洗面してから、食堂へ入って飯だけ二人分を注文する。すると既に食べて居た若い女が笑い出した。そーして笑いが止まらない。すると『実際の處、僕のキャパシチー(274)が大きいのですから』と云ふとやう〱笑を止めた。そして旅は空腹では居られませんわね、と言ふて尚笑ひたそーな様子であった。やがて軽い朝飯の一揃に飯丈は二人分をもって来たのをまた、く暇にやってのける。そしてまだキャパシチーに餘剰があるので丼を注文すると、鶏肉がないので出来ないと云ふて居た。それで勘定をして居ると神戸に着く。するとコックが、神戸に着いたから仕入れて来るからと云ふので勘定の序に前金を拂った。すると早く仕入れたもので神戸を発車せぬ内に出来た。之も平げて茶菓を食べて元の席に歸ると、神戸で乗った人が立って居る。然し此の毛布へは誰が来るのかと思って誰も座る者がない。窓の方へ腰掛けて、どーぞお掛け下さいと云ふと、それでは、と云ふて腰を掛けたのが女教員らしかった。大阪へは七時半頃に着いた。すると客の過半數は下車してしもー。隣の女教員らしいのも廣い方へと行ってしもー。大阪から京都までの間は一ヶ所も停車しなかった。京都へは定刻の八時三十分を少し遅れて八時三十五分に着いた。去る正月二日に京都出発以来、二十三日目に再びなつかしい京都江帰った。京阪電車で宇治へ着くと九時半であった。晝飯を終へてから傳習所へ出頭すると、特別科の生徒は皆第二教室でストーヴを囲んで濱田先生の来るのを待って居た。然し先生は来なかったものであるから、窓の外から皆の居るのを知ってドーア〔ママ〕を開けて入ろーとすると、や松林君、と云ふ長い間聞かなかった聲がする。何時歸りましたと云ふ、今朝歸ったと答へる。旅行中の話をしきりと聞きたがった。先生にも挨拶をして、次の月曜日から常の如く出席する事として歸った。而して今回の旅行に徑〔經〕由した哩數は次の如くである。

京都、久保田間	四七三、○
久保田より唐津往復	五四、○
有田、伊萬里往復	一六、二
久保田、長崎間	八十哩
三角、鹿児島間	一二五、○
鹿児島、湯元往復	三六、○
鹿児島、京都間	六二九、○
鳥栖、有田間往復	八四、四

合計　　一三九三、六

此の他長崎より天草島を徑〔經〕て三角に至る海上約百海浬、冨岡、牛深間二十二里、武雄より祐徳軌道、及ビ嬉野電車等を合筭すれバ一千五百哩以上となる。此の旅行によりて得たる築窯上が智識最も大にして、九州に於ける登窯に就き既に報告せる處を總括して少しく研究すれバ次の如し。

九州に於ける登窯に就て

九州には福岡、佐賀、長崎、熊本、鹿児島の五縣下より陶磁器を産し、其の焼成に用ゆる窯は約六種類に分つ事を得。即ち次の如し。

九州に於ける登窯

一、丸窯　西松浦郡、藤津郡、杵島郡、東彼杵郡

二、亜丸窯　筑前の高取　天草郡（十一基）

三、折衷窯　福岡、有田

四、砂窯　薩摩

五、角窯　日奈久

六、割竹窯　八代

上記の如くにして丸窯とは次の各項に該当するものとす。

一、丸窯

（イ）高／巾の比は〇、六―一、にして平均〇、八にある事

(ロ)第一室より漸次後室は大となるもの
(ハ)横斷面は円の二分せられたるが如きカーブを有する事
(ニ)窯室の縦斷面は楕円の縦斷に近き曲線を画くもの
(ホ)横狹間なる事
(ヘ)各室に火床を有し、胴木なき事
(ト)出入口は必ず片口なる事
上記の如き特長を有するものを丸窯と称するは、(ハ)及び(ニ)の項の如く、其の外形は丸きにより丸窯と称せらる、ものにして、其の装置より見る時は是に近きものを亜丸窯とす。

二、亜丸窯の特長は次の如し。
(1)高/巾の比は一なりとす
(2)第一室以降各室ハ漸次大きくなるもの
(3)窯室の横斷面は円の二分せるものと抛〔放〕物線との和との曲線を画くもの
(4)窯室の縦斷面は古窯京窯と同一なるもの
(5)狹間は区々にして一様ならざれど、丸窯の二倍以上の面積を有する事
右の如きものにして丸窯に非常に似たるもの。

三、折衷窯

此の種に属するものハ條件を上ぐる事能ハざるものにして、古窯と丸窯と京窯の折衷せられたるの〔ママ〕。或は西洋式倒焔式を加味したるもの等区にして、何れとも属せしむる事能はざるものとす。即ち福岡市西新町字皿山の早川氏の窯、有田大樽の岩尾氏の窯、南川良の西村文治氏の窯の如きものを此の中に總括して折衷窯とす。詳細は第八圖、第二十九圖等に説明するが如く目下尚研究時代にあるものにして、一名、改良窯と称するも亦適当なりとす。

四、砂窯

主として薩摩焼に使用せらる、ものにして、次の如き特長を有す。

ａ　出入口は高三尺以内の小なるものとす
ｂ　窯室の最高部と雖も五尺以下のものとす
ｃ　窯室の横斷面は円の二等分曲線に等し
ｄ　窯室の縦斷は方形と楕円の縦斷との和の曲線を画く
ｅ　窯床ハ傾斜す
ｆ　胴木を有す

以上の如きものにして、概して小形の窯にして丸窯の最大なるものにて、一回焼成する丈の製品を薩摩焼の窯を以て焼成せんとせば百數十回の焼成を要す。焚き口は(胴木)二口のものと一口のものとあり。各室の投薪口ハ両側に設け、素焼をも此の窯によりて行ふものとす。而して其の總數僅に十數基に過ぎず、鹿児島市に四基、伊集院村に五基、加治木方面に四、五基あるに過ぎざるものとす。

五、角窯

此の窯は第七十四圖、第七十五圖に説明する如きものにして、日奈久に二基あるのみにして平面も縱斷も横斷面も亦方形なるにより丸窯に對して角窯と命名す。

六、割竹窯

此の窯は八代郡髙田村字平山にあり。第七十六圖、第七十七圖に示せるもの、如し。

以上は九州の窯の分類なれども、此の他に九州獨特の角窯あり。円筒式窯あり倒焔式の西洋窯も次の如く分類する事と得べし。

西洋式窯

一、松村式倒焔式角窯　青木兄弟商会、藏春亭、深川製磁会社等

二、縣廳式倒焔式角窯　帝國窯業会社、辻製磁工場

三、倒焔式二階円筒窯　香蘭社、有田工業學校
四、倒焔式平円筒窯　帝國窯業会社
五、餘熱利用素焼室付　冨永合名会社、慶田製陶所

右の他資本金百万円を以て唐津に唐津窯業株式会社を建設し、今も横焔式の角窯を数基建築中なれバ六種類となるべし。

九州に於ける登窯発達の歴史

九州には前記の如き多數の登り窯ありて、大いに盛んなるものあれども、其の起元《〔源〕》は一にして何れも一つの起元《〔源〕》より進化、発達せし跡を残したれバ之を説明せんとす。

即ち九州の陶業史ハ案ずるに豊臣秀吉の頃、盛んに朝鮮より渡来して朝鮮人の創業せしものにして、既に我國に渡来したる時二派に分れ、一は九州北部に、一は九州の南部に発達したるものにして、八代を限堺《〔界〕》とす。北部に発達せしものハ比較的進歩的地位にあれども、南部のものハ古守的にして現在も極めて旧式の焼成法に依れり。而して自分が此の二派の起元《〔源〕》が其の何れか一にある事を力説する處は、次の説明と其の解圖に依りて何人も凝《〔疑〕》いを入るものなかるまじと信ず。今順序として丸窯の発達史を述べ次に薩摩焼の窯に及んで其の起元《〔源〕》の一つなる

事を論及せんとす。

九州北部の発達史

唐津は有田よりも以前に既に製陶業の創業あり。唐津物として世に歓迎せられたる事ハ一般の定評にして、唐津が港に近く舟運の便あるにより、朝鮮より渡来して此の地に上陸せしものと想像する事を得。而して築きたる窯は既に現在の丸窯に極めて近きものにして、此の地に渡来せし朝鮮人ハ比較的進歩せる者にして、朝鮮に行はる、丸窯を其の儘築きたれバ、肥前地方に盛んに行はる、丸窯の粗鼻《〔鼻祖〕》となりたるものにして、其の後改築して二百餘年を徑《〔經〕》過したる元始的丸窯は、唐津村字丁田茶碗窯と称する中里祐太郎氏の目下も尚此の窯を用ひて焼成しつ、あるものにして、其の窯の寸法は既に記し圖をも擧げたれども、更に第八十四圖として次に示すが如し。

即ち第六圖に切斷面を示し第八十四圖に其の外観を示すが如きものが、そも〲丸窯の九州に於ける起元《〔源〕》を出したるものに

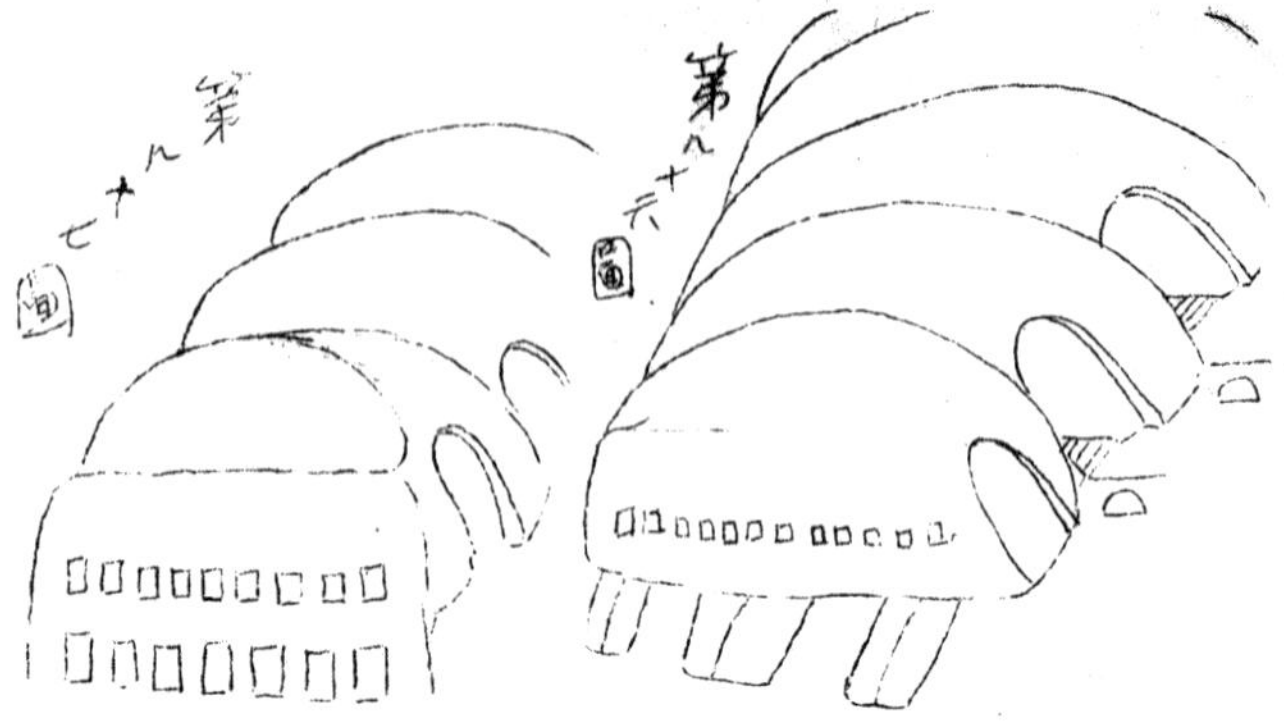

して、其の焼成法に就ては第七圖に説明するが如きものなりしも、多少改良の必要あるを認め少しく時代は徑〔經〕過したる時、や、進歩せるものが第四十圖に示せるものにして、其の外觀は第八十四圖に極めてよく似たる事ハ第八十五圖の如し。胴木の間の如きものありて、其の内部に一本の溝を有する事ハ第四十圖の切断面によりて明かなるべし。此の一本の孔は、第一室の火床の下に吹き上ぐる様に出来て居り、過還元の為めに、一酸化炭素の状態にて第一室に入りたる焔は、此の孔より吹き出す空氣によりて燃焼するが故に、氣化の潜熱を要せずしてよく発熱し得るものとす。然るに第一室の下に設くる大口は、胴木と称する太き薪材を多量に燃焼するものなれども、第一室に於ては尚多量の薪材を燃焼せしめざるべからず。故に此の大口を使用せずして直ちに第一室より焼成する技術を覺江、第四十四圖に示すが如く第四十圖の大口を取り除きたるに等しき窯を築造するに及び、丸窯は非常に大なるものとなりたるものなり。

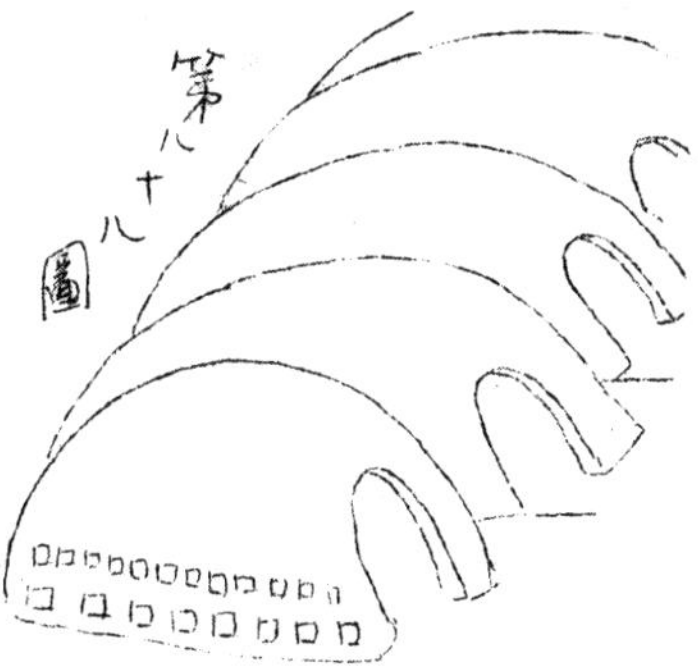

而して第八十六圖は第四十四圖の外観にして全部に三ヶ所堀込あり。中央のもの最も廣く、両端は小なるものにして、此の堀込より入る空氣ハ第一室の火床に適するものにして、此の方法に依れバ第一室は火度の均一を保ち難きが故に、第一室は匣鉢等の窯道具を焼成し製品を焼成するに適せざるにより、第八十七圖に示すが如く改良せられ、其の斷面は第三十二圖に示せるが如く、第四十四圖とは極めて僅か許りの改良なれども、其の外観ハ大いに面目を新にし、先づ焼成には上部の穴より薪材を焼成せしむれバ、第三十二圖に於て1.8と書いてある小なる室に一度焔が入り、一様に第一室の焔が吹き出す様になりたる後、第一室の投薪口より薪材を投入して焼成するが故に、第二室以降と同様に焼成する事を得るに至り、第四十圖の如き斷面を有し、第八十六圖の如き外観の窯は第一室の下にある大火を取除きて、第一室以降を其の儘として築き変へたるもの、即ち大口をとりこぼちたるものとなりたり。即ち第三十四圖、第三十七圖に示せる窯は、何れも大口を除きたる跡を残したるものにして、其の外觀は第八十八圖の如くなりたるものなりとす。即ち第三十二圖に其の斷面を、第八十七圖に外觀を示したる窯の成績が、第四十四圖に断面を第八十六圖に外觀を示せる窯よりも數等優秀なる成績を擧げ

たれバ、第八十六圖の如き窯を所有する人が、第八十八圖の如く改築せし為めに現れたるが故に、第三十四圖、第三十七圖に見る如く其の斷面ハ一重にして、第三十二圖の如き小なる焰を調節する室を有せずして、大口を取り除きたる跡を有するものとす。然るに此の窯も尚完全と云ふ事能はずして、窯の焼成後急冷するの憂いあるにより、火床を一面の穴なきものとなし、第十三圖、第二十圖、第二十三圖、第三十圖の如く改めたるものにして、斯くする時ハ火床にグレートの如き穴を有せざるにより、焼成後の急冷を防ぐ事を得、目下普通の丸窯は皆此の式にして、中就〔就中〕理想的のものハ伊萬里の柳ケ瀬製陶所にある第三十圖に示すが如きものにして、第一室は素焼なるが故に第二室は第一室の餘熱乏しくして、第二室は薪材も非常に不徑剤〔經済〕なるが故に、第二室は第一室よりも室の大いさを小にして、其の火床には炭火の留まらぬ様に一本の溝を設け、之に粘土にて造れるグレートを渡し、薪材ノ燃焼を容易にしたれども、其の溝ハ第八十六圖の如く窯外にまで出さずして、窯室内のみに溝を

設けたるものなれバ、第八十六圖の如く窯室外より冷氣の侵入の為めに窯の冷却するが如き事なく、第三室より漸次大となるものなり。故に丸窯の築造には、第一室よりも第二室を小にする方有利なるものとす。而して其の外観は、第八十七圖、第八十八圖と少しも異る所なきものとす。

尚更に明治に至りて進歩せしもの、内には、第八十一圖に示せるが如くして、第一室に入り来る空氣をして第一室を焼成中に生ずる炭火によりて暖めて、第一室の発熱量を一層大なるものとせしものなり。而して更に研究せられ倒焔式を折衷する登り窯を生ずるに至りて、第八十九圖は第二十九圖に斷面を示せるものにして、京窯の如き胴木を有するものにして、此の窯は京窯の胴木と西洋の吹込穴と丸窯と折衷せるものにして、西村文治の設計なり。西村氏は大阪高等工業學校窯業科の出身にして、第八十九圖の如き窯の外、種々自分が考案になる窯を考へ通りに自由自在に築く人なれバ、一つづ、形状を異にする窯を六、七基も築きあり。今後も妙案の出来次第築いて見るとの事なれバ、如何なる新面目のものが現はれんや計り難し。而して第九十圖に示せるものハ、第八圖に示せる岩尾氏が苦心の後に築窯したる倒焔式の丸窯中の最大なるものにして、倒焔式の詳細は第八圖の斷面によりて知る事を得べし。尚此の外第三圖に示せる如き古窯と丸窯と西洋式の石炭焼成の焚き口とを折衷せる福岡の高取焼窯元早川氏の窯あり。此の窯は登り窯を石炭を以て焼成する最初の試みにして、其の成績よろしきものなり。

斯くの如く九州北部の登窯の発達が唐津の中里氏の窯の式を起元〔源〕として今日に至れるを系圖に表はさば次の如きものとす。

第六圖＝第四十圖＝第四十四圖＝第三十二圖＝第三十四圖＝第十三圖
　　　　　　　　　　　　　　　　　　　　　　　　　第二十圖
　　　　　　　　　　　　　　　　　　第三十七圖＝第二十三圖＝
　　　　　　　　　　　　　　　　　　　　　　　　　第三十圖
＝第八十一圖＝第三圖
　　　　　　　第八圖
　　　　　　　第三十九圖

上記の如く丸窯が今日の如くに進歩発達するには約四百年の長日月を要して斯くの如く進歩し来れるも、第八十一圖までは既に定評ありと雖も、第三圖及び第八圖、第二十九圖の如き窯にありては尚目下研究時代にあり。故に今後如何なる状態に変化するかは計り知り難きものにして、北九州の登窯の変遷史を編するならば、此の報告が二百五十ページを要したれども、優に此の二倍位のものとせざれバ、詳細に渡る事を得ざるにより抜萃に抜萃して大略を記したり。

九州南部の登窯発達史

南部に渡来せし朝鮮人が古守的にして進歩的に非らざりし事は、恰も唐津の中里祐太郎氏が第六圖の如き昔乍の古き窯によりて焼成しつ、あれバ、〔*〕中野末造〔蔵〕氏は此の窯ならでは焼物が焼く事能はざるものかの様に心得て、元始的の丸窯を築きたりしに等しく、朝鮮人にも古守的の者決して少なからざりしものらしく、既に唐津ハ南部よりも早く進歩せる丸窯を築き居れるにもか、はらず、南部に渡来せし朝鮮人は朝鮮式割竹窯を築きたるものにして、此の割竹窯の現今にも在するは熊本縣八代郡高田村字平山にあり。第七十六圖、第七十七圖に示すが如きものにして、其の外觀は第九十一圖の如きものにして、之が第六圖に示す丸窯と起元〔源〕を一つにすると力説するは、其の大口(胴木室)が同一の構造にして、焼成法も同一の胴木と称する薪材を此の内に一杯積みたる後、焚き口を小にして焚き始むる事両者同一なる事、及び両者同一の火床を有する事等によりて其の起元〔源〕が一つのものより発したる事、此の実物を見れバ凝〔疑〕ひを入る能はざるものあり。

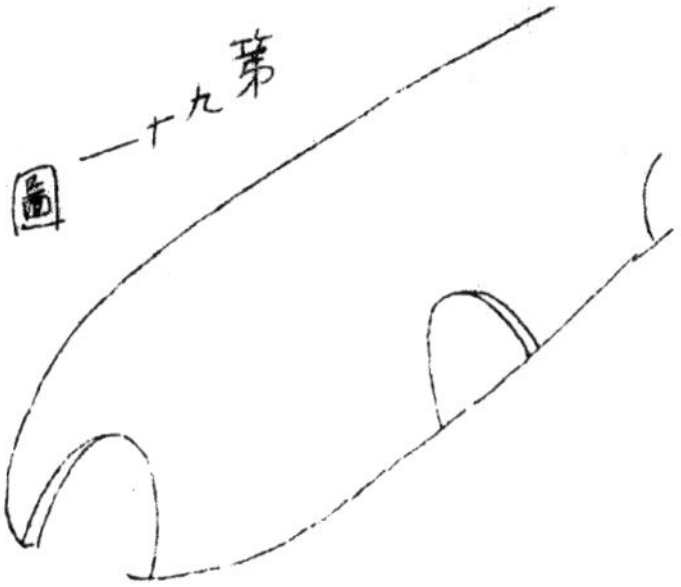

丸窯は此の割竹窯より進歩したるものにして、一室毎に築に上ぐる事の便利なる事を知りし以来、丸窯の如きものとなり、又丸窯とは別に單獨に薩摩焼の窯は、後に一つのトンネルの勾配ある如きものを幾つにか仕切るよりも、一室毎に築く事の便なる事を知りて築かれたるものが即ち薩摩焼の窯にして、第五十九圖の如き外觀にして、其の切斷面は第五十八圖の如きものなり。第六十五圖、第六十七圖は其の胴木の焚き口が二つあるもの現した

るものなり。之等の窯は割竹窯より進歩せるものなる事ハ、
(1)胴木の長く大なる事
(2)胴木の焼成法は割竹窯と同様なりしが故に第五十九圖に於て見る如く胴木内に出入自
　由なる丈の穴の大いさなる事
(2)の(い)現今は第六十四圖又は第六十五圖の如く改めて使用し居れり
(3)第五十九圖、第六十五圖、第六十七圖の如く出入口の小なる事
(4)第五十八圖より第七十二圖に至るもの、如く窯の大いさ小なる事
等の各項より割竹窯より進歩するものなる事を證明し得るものにして、更に有力なる橙據物と
してハ、
窯床の傾除〔斜カ〕し小なる火床を有する事によりて、薩摩焼の窯が割竹窯に起元〔源〕を発する事ハ凝〔疑〕ひを入る、餘地なきものとす。而して角窯と称するものハ熊本縣葦北郡日奈久町に二基あるのみにして、一基ハ上野庭三氏、一基は吉原八起氏の所有にして、両氏ともに八代郡高田村字平山に二十四、五年前まで住し、約三十年前には割竹窯を焼成しつ、ありし人なれバ、其の築窯する所の窯も、割竹窯と其の切斷面に於ては胴木を異にする他、殆んど同様のものを築きたれども、

割竹窯と異る所ハ一室毎に築きたるの違いなりとす。

今参考の為めに唐津の窯、割竹窯などの切斷面を比較するならば、第九十二圖は唐津の中里氏の窯、第九十三圖は薩摩焼の窯、第九十四圖は八代の割竹窯、第九十五圖は日奈久の角窯なりとす。即ち胴木の焚き口より出入する事を得られ、胴木の内部に第九十六圖 a の如きものなく、稍傾斜せる窯床あるのみなり。而して第九十五圖は各窯室は横斷面なれども、圖の如く方形にして其の窯室の縱斷は勿論方形なるにより、縱横両斷共に丸きものを丸窯とせしに對して角窯と命名したる次第なりとす。而して熊本以南の陶業家は總て天秤積なし、匣

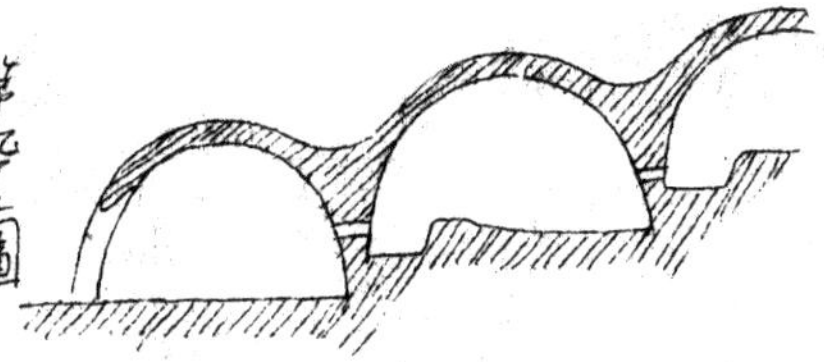
第九十二圖

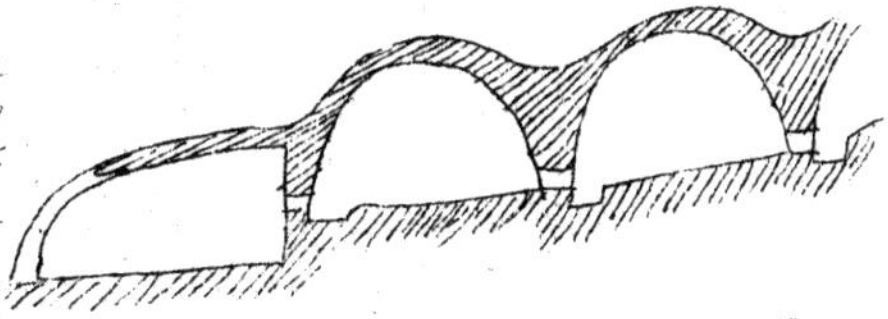
第九十二圖

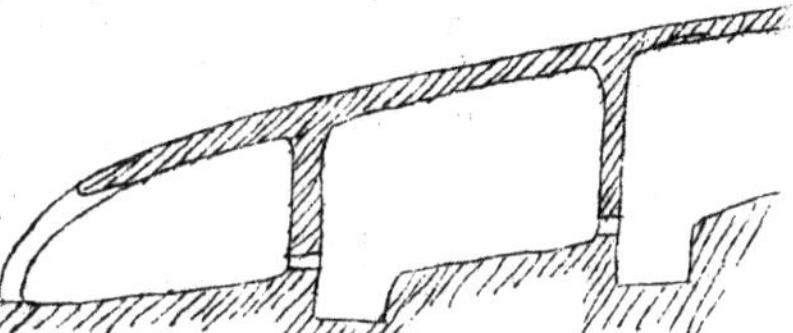
第九十四圖

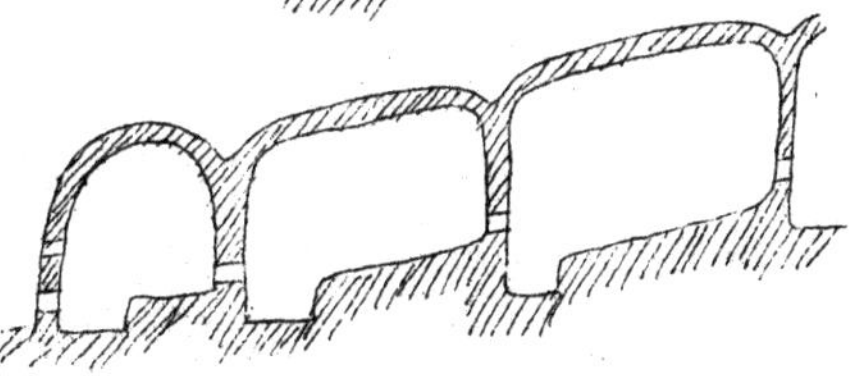
第九十五圖

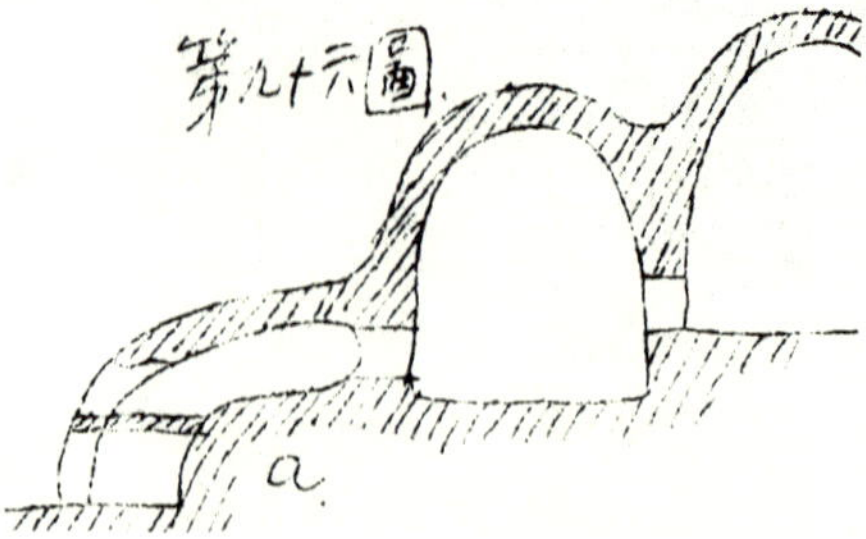

鉢積を採用せず、窯室の高さを十分して其の一を一合目と称し、十分の三位の高さを三合目と称する事、恰も富士登山の如し。然して六合目を以て其の最も理想的の製品を得らる、處なりとし、優秀なる製品は力めて六合目に窯詰せんものと工夫するものなり。其の天秤詰に就ては第六十圖、第六十六圖、第七十一圖等に詳《つまびら》かなれバ再録せず。焼成には酸化焔を以て焼成するが故に、酸化して第二酸化鉄の呈色を現すもの多し。八代の割竹窯が三十年以前まで使用せられし時までは酸化、還元両焔を用ひたれバ、製品の呈色は区々にして一定せず。

以上記したるが如き発達史を有するものにして北部の窯に對して小にして古守的と云ふ事を得るものなり。次に参考の為め三回に渡り延長二五〇〇哩の旅行に依りて得たる智識に依り我國の登り窯を分類すれバ次の如し。

登窯の分類

一、一室窯

（イ）鉄砲窯　常滑　伊部　長門　景徳鎮　カッセルキルン(275)　ホリゾンタルドラフトキルン(276)
（ロ）蒲鉾窯　朝鮮　琉球
（ハ）胴木窯　加賀（其他登窯と同一にして第一室と胴木のみのもの各地にあり）
二、割竹窯　石彎　朝鮮　八代
三、古窯　瀬戸　美濃　會津
本業窯　瀬戸（品野　赤津）
四、京窯　京都　常滑　萬古　信樂
五、改良窯　信樂　伊賀　加賀　肥前
折衷窯　瀬戸丸窯　九谷　福岡
六、砂窯　相馬　笠間　益子　薩摩　琉球
七、丸窯　肥前
八、亜丸窯　砥部　福岡　天草
九、角窯　日奈久（熊本縣葦北群日奈久町）

上記の如く分類するを其の最も適当なるものと論及せんとするものにして、又他の方面より観察すればバ、窯室の横斷面曲線と狹間穴一平方尺が、窯室内容積と幾立方尺支配するかを調査

すれバする程密接なる關係を有する事を発見し、其の割合が二、三の極端なる例を除くならば、

$$F=\frac{W_3P}{a}$$

Fを狭間ノ總面積にて窯室の容積を割りて求めたる割合とす。

Wを窯室の巾とす。

Pを窯室の巾を以て高さを割りたる比とす。

aを２に近に恒數とす。

右の公式を以て計算したるものが窯の種類の如何にか、はらず適應するや否やを証明の為めに、自分が三回に渡りて左の各府縣を旅行し、而して実例せし處の、

磁〔滋〕賀縣　三重縣　愛知縣　技〔岐〕阜縣

石川縣　福岡縣　佐賀縣　長崎縣

熊本縣　鹿児島縣　京都府

登り窯の數実に六十餘基に達し、冷静に研究せし結果、右の公式が比較的信頼し得る事を発見し、自分が考案の公式を他人をして許さしめて、之を松林の公式と命名せんとするものにして、其の実際と計算上の差とを二、三の実例を以て証明せんとす。

窯の形式	窯の持主及ビ室名	室の大いさ 長サ	室の大いさ 巾サ	室の大いさ 高サ	室の大いさ 容積	狭間穴 數	狭間穴 巾	狭間穴 高サ	狭間穴 面積	容積／面積ノ比 実際上	容積／面積ノ比 計計上	計筭と実際ノ差
京窯	小川文剤〔斎〕ノ窯 第一室	一四、六	四、二	五、八	三二〇、〇	一九	〇、四	一、一	六、四	四七、三	五一、八六	四、五六
仝	木村越山窯 第一室	一六、〇	四、〇	六、〇	三六四、八	一三	〇、五三	一、〇	六、八九	五七、一	四八、〇	四、一〇
仝	仝 第五室	一六、〇	四、〇	五、八	三五八、四	一二	〇、六	一、〇	七、二	四九、八	五一、二	一、四
九谷	北出右兵衛門ノ窯 第一室	一五、〇	三、五	五、一	二一四、二	一六	〇、四五	〇、九	六、四八	三三、〇	三二、〇	一、〇
丸窯	九州大河内小笠原氏窯 第二室	一八、五	一〇、五五	八、八	一一九六、六	二三	〇、三	〇、四	二、七六	四三三	四四、〇	七、〇
仝	有田青木兄弟商会ノ窯 第二室	二六五	九、五	九、五	一六七四、〇	三三	〇、三	〇、四	三、九六	四一八、五	四二八、二	一〇、一
砂窯	鹿児島市塵田製陶所窯 第一室	一〇、二	三、八	四、七	一二七、五	一四	〇、四	〇、六五	三、六四	三五、〇	三三、七	一、三〇
仝	仝 隅元製陶所窯 第三室	九、〇	四、六五	五、五	一六一、一二	一二	〇、三五	〇、七	二、九四	五四	五九、三二	五

上記の表は何れもaを2として計算せるものなれバaは2に極めて近き數字なるを以て、aを2と假定するならば、此ノ公式によりて計筭したるものが一平方尺の狭間穴に對する窯の容積なれバ、京窯古窯等は巾狭く高さ高きものにして、丸窯は其の巾廣きもの、極端なれども、其の窯の斷面曲線の変化が無意味に変化したるものには非ずして、此の斷面曲線と狭間穴とは密切〔接〕なる関係を有し、其の変化の割合は松林の公式を以て説明し得る事ハ右の表によりて証明

する事を得べし。即ち京窯は勿論、九谷、丸窯、砂窯に於て表の示すが如くなれバ、此の公式を以て足るもの、如くなれども、丸窯に似て丸窯に属せしめ難き亜丸窯は此の公式を以て計算する事を得ず。此の亜丸窯は砥部、天草、福岡等にあり。是等の窯に就ては尚充分に研究せられざれども、大略松林の公式ａを3とすれバ可なり。然る時は美濃地方の古窯も計筭する事を得るにより、狹間穴の方面より分類して松林の公式第一式、即ちａを2として計筭し得る窯、第二公式ａを3として計算し得る窯等に分類する時は、従来の分類よりもはるかに方面を新に展開したるものなれバ、或は此の方面より分類する方、學術的なるや計り難けれども、尚我國には小生が旅行せざる陶業地数多あるを以て、自分が既往の旅行によりて斯くの如き実際の事実を発見したる事を認め、之が何人よりも教らずして全く自分が單獨に発見せるものなれバ、此の報告を讀む人は德義を重んじ、小生が我國全部の陶業地を旅行して其の詳細を研究し、然る後最も適宜の方法を以て之を発表するまで、徒らに世に流布するが如き事のなからん事を切望すると共に、自分が自分以後の人類の為めに努力研究するものなれバ、小生が今後の旅行に於ても徒らに縦覧謝絶であるの、或は窯の寸法を測る事を拒みなどせざらん事を望むものなれバ、終りに望んで先輩諸賢は振って寸法を寄せ、或は測尺の便を與へ、願はくば種、あれやこれやと御高教を給はらん事を

編者註

（1）第一回の報告書は愛知県調査の一部のみ現存している。

（2）第二回の報告書は『石川縣陶業地方見學記』（全四十六丁）として朝日焼に現存している。松林靍之助が大正七年（一九一八）十一月四日から九日の六日間をかけて、石川県下で経営されていた窯業関係の工場や窯元を調査した記録である。

（3）「大川内」と表記されるのが一般的である。

（4）地名としての三川内の表記は最初は「三河内」が使われていたが、江戸中期以降に「三川内」も混在して使われるようになり、明治以降は「三川内」が主流となった。大正八年は既に「三川内」表記が定着している時期である。松林が「三河内」とするのは、現在も唯一「三河内」表記が残る三河内駅に因んだ可能性がある。三河内の表記の問題については松下久子氏にご教示いただいた。

（5）大正八年（一九一九）、松林靍之助は京都市立陶磁器試験場付属伝習所特別科の二年生であった。大正五年（一九一六）四月から同伝習所の陶画科に入学した松林は、二年間の課程を一年で修了した後、特別科に編入した。大正八年三月に同科を卒業しており、本資料『九州地方陶業見学記 全』は、卒業研究としての性格を持つものであると推測される（前﨑信也「バーナード・リーチの窯を建てた男――松林靍之助の英国留学（一）」（『民藝』七一七号、二〇一二年九月、四九～五四頁）五〇～五一頁）。

（6）松林靍之助の実家である朝日焼（京都府宇治市宇治山田）は、宇治川を挟んで平等院鳳凰堂の対岸にある。京阪電車宇治停留所（現：京阪電車宇治駅）までは徒歩で数分の距離である。

（7）岡山県備前市三石は明治初期から地域で豊富に産出する蝋石を用いた石筆生産で栄えた。明治二十年代には、加藤忍九郎（一八三八～一九一八）が蝋石採取の際に出る蝋石の粉や捨石を使用して耐火煉瓦の量産化に成功。明治三十年代以降、八幡製鉄所をはじめとする大型製鉄所の建設に伴い煉瓦生産で発展した〔岡山県史編纂委員会編『岡山県史 第十巻 近代Ⅰ』（山陽新聞社、一九八五年）五六八〜五六九頁〕。

（8）Ring kiln 輪窯やホフマン窯と呼ばれる。一般的に煉瓦の焼成のために用いられた窯で、中心に背の高い煙突を配置しその周囲を窯が一周する構造をとる。一区画から隣の区画へと焼成を進めるため、窯に火を入れながら、焼成、窯出、窯詰を同時に行うことを可能にした。明治後期に煉瓦の大量生産を目的として全国で導入された（日本ナショナルトラスト編『ホフマン窯と赤レンガ：旧中川煉瓦製造所』〔日本ナショナルトラスト、二〇〇四年〕一五頁。日本煉瓦製造株式会社社史編纂委員会『日本煉瓦一〇〇年史』〔日本煉瓦製造株式会社、一九九〇年〕三二〜三四頁）。

（9）明治三十四年（一九〇一）に操業を開始した官営製鉄所。ドイツ人の技術者を招聘し近代的な製鉄技術を導入した。当時は民間からの鉄への需要が増えて急速に生産規模を拡大していた時期である（西日本文化協会編『福岡県史 近代史料編 八幡製鉄所一』西日本文化協会、一九九五年。八幡製鉄所所史編さん実行委員会『八幡製鉄所八十年誌 総合史』新日本製鉄株式会社八幡製鉄所、一九八〇年）。

（10）旧福岡県庁本館は近代を代表する建築家、妻木頼黄《よりなか》（一八五九〜一九一六）と三條栄三郎の設計で大正四年（一九一五）二月に竣工した。所在地は現在の天神中央公園にあたる（長谷川尭『日本の建築〔明治大正昭和〕全十巻 4 議事堂への系譜』三省堂、一九八一年、一九二頁）。

（11）博多人形商工協同組合に残る昭和七年（一九三二）の地図には「谷川博多人形店」の記載を見ることができる。しかし、中間町一帯は戦時中の空襲で焼失しており谷川商店についての詳細は不明。

（12）現在の福岡市博多区麦野。

（13）他の材料を混ぜないで一種類の材料だけを使うこと。

(14) 麦野の粘土は産出量が安定しているために、大正初年頃までは盛んに使用されていた。しかし、流通の過程で壊れやすいために、大正末年頃までには他の地域の土が採用されるようになった。その性質は、分子が緻密で土質強固、粘着力が強いという性質をもつ(博多人形沿革史編纂委員会編『博多人形沿革史』博多人形商工業協同組合、二〇〇一年、四四頁)。

(15) 本書中で松林は常に「大きさ」を「大いさ」と表記している。これは他の松林関連の資料中でも同様である。松林の師である大須賀真蔵が編集に携わった京都府編『佐賀縣陶業視察報告』(京都府、一九二一年)でも、「大きさ」が全て「大いさ」と表記されていることから、「大いさ」という表記は誤りではない。しかし、京都の方言であるのか、窯業の専門的表記であるのかについては不明である。

(16) 石膏型は明治二十年代に博多人形の製作に用いられるようになった(博多人形沿革史編纂委員会前掲書、四二頁)。

(17) 博多人形の色材の歴史は以下に詳しい(博多人形沿革史編纂委員会前掲書、四四~四五頁)。

(18) 明治十二年(一八七九)五月の福岡県第二課編纂の福岡県物産誌に皿山についての記述がある。「享保三年旧藩主の命にて設置す。明治の頃稍や衰微に及びしをまた、藩命を以て興起し、爾後格別盛大にいたらざれども、連続して現今も猶焼出す。」(福岡市編『福岡市史 第一巻(明治編)』福岡市、一九五九年、七五一頁)。大正二年(一九一三)三月の北村弥一郎の調査によると、皿山には早川、樺島、亀井の三氏が高取焼を製造するとある(熊澤治郎吉『工学博士北村弥一郎全集』第三巻、大日本窯業協会、一九二九年、二三九頁)。

(19) 早川嘉平の詳細については不明だが、熊澤前掲二三九~四二頁に大正二年の早川嘉平の営業状況について一部記載がある。早川嘉平作の「黒釉耳付大花瓶」が佐賀県立九州陶磁文化館に所蔵されている。

（20）信楽陶器模範工場は明治三十五年（一九〇二）五月に、信楽陶器同業組合によって長野村大字長野（現：甲賀市信楽町長野）に設立された。模範工場の目的は模範的製品の製造、陶器業者への製法の教示指導、伝習生の養成により実用的人物の養成などであった。昭和二年（一九二七）、模範工場の設備・機構を受け継いで、商工省認可・滋賀県立の「滋賀県窯業試験場」（現：滋賀県工業技術総合センター信楽窯業技術試験場）が設立され、信楽陶器模範工場は発展解消した。信楽陶器模範工場については大槻倫子氏からご教示いただいた。

（21）グレートとは火格子ともいう。熱に耐える鉄や粘土製で主に燃焼室の底に設置される。燃焼の妨げとなる薪の灰などを隙間から落し、温度を上げるのに必要な空気の流れを確保する働きをする（ダニエル・ロードス『陶芸の窯――築造と知識のすべて』日貿出版社、一九七九年、六二～六三頁）。

（22）Cylinder シリンダーのこと。

（23）Valve バルブのこと。

（24）筥崎宮（福岡県福岡市東区箱崎）は、筥崎八幡宮とも呼ばれる。石清水八幡宮、宇佐八幡宮と並ぶ日本三大八幡宮の一つ。主祭神は応神天皇。創建の時期については諸説あるが、延長元年（九二三年）、筑前国大分宮から現在の場所に遷座したことに始まるとするのが一般的。醍醐天皇（八八五～九三〇）の宸筆「敵国降伏」を基に造られた扁額を掲げた楼門で知られる（筥崎宮編『筥崎宮誌』官幣大社筥崎宮社務所、一九二八年）。

（25）筥崎宮の玉取祭は毎年正月三日に行われる祭礼。「玉せせり」という名で知られる。玉に触れると悪事災難をのがれ、幸運を授かるといわれるため、競り子たちは玉の争奪戦を繰り広げる（アクロス福岡文化誌編纂委員会編『福岡の祭り』アクロス福岡文化誌編纂委員会、二〇一〇年、二四～二七頁）。

（26）太宰府天満宮（福岡県太宰府市）のこと。菅原道真（八四五～九〇三）を祀る神社。道真没後の延喜五年（九〇五）、味酒安行によって祠廟が建立されたのが始まり。京都の北野天満宮とならんで全国の天満宮の総本社とされる（西高辻信貞『太宰府天満宮』学生社、一九七〇年）。
（27）佐賀県唐津市唐津湾に沿岸に約五キロにわたって広がる黒松の林。日本三大松原の一つで国の特別名勝に指定されている。松浦湾を包むように弧状に並ぶ白い砂浜と黒松の林が天にかかる虹にたとえられてその名がついたとされる（川原辰太郎『松浦名勝案内』九州実業通信社仮営業所、一九一七年、一一～一二頁）。
（28）佐賀県東松浦郡鏡村（現：佐賀県唐津市鏡）にある鏡山の別称。肥前風土記、万葉集をはじめ諸書に記される物語の地。五三七年十月、大伴狭手彦の新羅征討に際し、その娘佐用姫が別れを惜しみ、そでにつけていた領巾《ひれ》を振りながら船を見送ったということから領巾振山《ひれふりやま》と呼ばれる。川原前掲書、一四～一六頁。
（29）七ッ釜は唐津市湊町北西部の岬端にあり、玄武岩の発達した柱状節理で知られる。
（30）海を舞台とした数々の景勝を有するこの一帯は、昭和四十五年（一九七〇）に玄海国定公園として、福岡・佐賀・長崎三県にまたがる初の海中国定公園に指定されている。
（31）長崎屋の当時の所在地は現在の唐津市中町である。昭和三十年（一九五五）に唐津市西城内唐津神社前へ場所を移転、屋号を長崎荘とし割烹旅館として現在も経営されている。
（32）白泥釉をもちいた粉引唐津などのことをいう。
（33）名護屋は文禄の役の際、豊臣秀吉が陣を設けたことで知られる。名護屋城跡は現在佐賀県立名護屋城博物館となっている。名護屋城址の詳細については、佐賀県編『佐賀縣史蹟名称天然記念物調査報告 上巻』青潮者、一九三六年、二五三～二三六頁等に詳しい。
（34）唐津焼の起源に関する伝説。記載に誤植がある。伝説では一般的に小次郎冠者を置いたところは小十官者（唐津市梨川内）、太郎冠者を置いた所を大良（唐津市大良）、藤平冠者を置いた所を藤ノ平（東松浦郡玄海町藤平）とされている（雄山閣『陶器講座　第六巻（九州地方の陶器）』雄山閣、一九三六年、二頁）。

（35）中里祐太郎氏は中里家第十一代当主。天祐（一八五四〜一九二四）と号した。捻り細工を得意とし、「からつ天祐」銘の作品が多い。明治四年（一八七一）に御用窯が廃止されるまで中里家は、唐津焼御用焼物師を務めた。現在は十四代中里太郎右衛門氏によって中里太郎右衛門陶房として運営されている（十三代中里太郎右衛門「祖父十一代天祐のこと」林屋晴三監修『土と火の伝統に生きる　唐津・御茶盌窯四代展――中里天祐・無庵・太郎衛門・忠寛』読売新聞社、一九九六年、一三一〜七頁）。

（36）中野末蔵（一八七六〜一九五一）と表記することが多いが、「末造」を用いることもある。中野窯二代中野霓林のこと。幼少の頃より芸術を好み、窯業の研究を進め、窯業家として唐津焼を佐賀県有数の物産とするために尽力した。写実的な置物を得意とし、天皇家への献上作品の制作も行った。京都出身で町田に窯を開いた初代松島弥五郎（生没年未詳）の弟子であるとされる。現在は四代中野陶痴氏によって中野陶痴窯として運営されている。

（37）古唐津の窯の焼成法として、十二代中里太郎右衛門（無庵：一八九五〜一九八五）によって紹介されている内容と概ね一致する（原田伴彦、中里太郎右衛門『日本のやきもの３　唐津　高取』淡交新社、一九六四年、一五二〜一五三頁）。

（38）中里祐太郎の弟の中里敬太郎（一八六九〜一九五四）の子に中里寿一郎という人物がいる。しかし、ここで述べられている経歴から、この人物は中里祐太郎の子、中里重雄、十二代中里太郎右衛門（無庵）のことであると思われる。中里重雄は有田工業学校を卒業後、唐津窯業株式会社、唐津煉瓦株式会社で技師として勤務。大正十三年（一九二四）天祐が他界したのを契機として十二代中里太郎右衛門を襲名した。昭

和五十一年（一九七六）重要無形文化財保持者（唐津焼）に認定された（林屋晴三「唐津御茶盌窯三代」林屋晴三監修前掲書〔一二八～一三二頁〕一二八～一二九頁）。

（39）この時に松林が見た窯は、現在も中里太郎右衛門陶房の敷地内に残る御茶盌窯である。この窯は明治四年（一八七一）まで献上唐津を製造した。藩窯の廃止後、中里祐太郎と弟の中里敬太郎はこの御茶盌窯にて唐津焼の改良に専心したとされる。御茶盌窯は大正十三年（一九二四）まで使用され、平成九年唐津市の重要文化財に、平成十七年国の史跡に指定された（中里逢庵『唐津焼の研究』河出書房新社、二〇〇四年、一〇二頁、等参照）。

（40）大正九年（一九二〇）頃の京都府による調査報告書に、中里祐太郎所有の窯の寸法が記されているが、ここで記載されている寸法とほぼ一致する（京都府編『佐賀縣陶業視察報告』京都府、一九二〇年、一二頁）。

（41）大正九年（一九二〇）頃の京都府による調査報告書に、中野末蔵所有の窯の寸法が記されているが、ここで記載されている寸法とほぼ一致する（京都府編前掲書、一一～一二頁）。

（42）今福屋については註（139）を参照。

（43）東洋館については註（250）を参照。

（44）武雄温泉については註（251）を参照。

（45）文禄・慶長の役（一五九二～九八）の際に朝鮮半島より連れてこられた三平が有田に来て、泉山の石場を発見したとされる。明治になり天草陶石が使われるようになるまでは、有田の磁器はほぼ全ての原料を泉山産出の陶石に頼っていた。

85. 中里重雄・十二代中里太郎右衛門（無庵）
（『松浦大鑑』1934年より）

（46）大正八年の泉山磁石場の出車数の記録はないが、大正六年（一九一七）は三一四六八車、大正十一年（一九二二）は二九四九四車であり、一年間三万車という説明は正しい（有田町史編纂委員会編『有田町史陶業編Ⅱ』有田町、一九八五年、三五一～三五六頁）。

（47）「石英粗面岩」は火山岩の一種。現在は「流紋岩」と呼ばれる。

（48）Sinter point 焼結点。物質を融点よりも低い温度で加熱すると、溶解することなく固まり焼結体と呼ばれる塊となるが、その現象が発生する温度のこと。Melting point 融点。個体が融解し液体化する温度のこと。

（49）ゼーゲルとはゼーゲル・コーン（Seger cone）のこと。ドイツ人のヘルマン・アウグスト・ゼーゲル（一八三九～一八九三）が一八八六年に発明した。番号によって耐火度が違うため、耐火度を測定したい物質と一緒に焼成することで耐火度を測定したり、焼成度合いを測ることができる。

（50）大正六年（一九一七）の全出車数の内、三等石は一四一六八車、大正十一年（一九二二）は一二九八八車でいずれも全体の四割以上を占めている。そのため大正八年に「三等品は採掘せられず」という松林の説明には記録との乖離がある（有田町史編纂委員会編前掲書、三五一～三五六頁）。

（51）蔵春亭については註（72）（73）（74）を参照。

（52）久富家当主、久富桃太郎氏によると、蔵春亭所有の鉱脈と泉山石の鉱脈とが同じものかどうかは現在も不明である。

（53）松林が憂慮したように、泉山陶石の乱堀は明治後期には既に問題になっており、明治末から大正期にかけて、磁石場の修繕のための陶石の値上げなどが行われた（有田町教育委員会編『有田町史 陶業編Ⅱ』二七二～二八九頁）。

（54）岩尾窯は享保年間（一七一六～三六）に岩尾八郎兵衛が大樽に二基の登り窯を築いたのが始まりとされて

いる。大樽の窯は二十三室を擁し近世期における有田最大級の窯であった（有田町歴史民俗資料館編『有田皿山遠景』有田町教育委員会、二〇〇七年、一四三頁）。松林が見た窯はこの大窯の次代の窯であると思われる。窯壁の一部は現在も岩尾對山窯の敷地内に現存する。岩尾窯は昭和十一年（一九三六）に岩尾磁器工業株式会社となり、化学工業用磁器の生産を開始。現在も各種磁器製品の製造販売を行っている。

（55）当時の岩尾窯の主人は、十一代岩尾對山窯当主、岩尾芳助（一八七七～一九一八）の弟で、十二代岩尾卯一（一八七九～一九四九）の叔父、岩尾彦次郎（一八五八～一九三四）。岩尾彦次郎は当主である岩尾芳助が大正七年（一九一八）に急逝し、卯一が当主となるまでの期間、当主代理を務めていたと伝えられている。岩尾家及び岩尾磁器工業の歴史については岩尾弘氏にご教示いただいた。

86. 岩尾卯一
（岩尾家 提供）

（56）山口家は岩谷川内で江戸時代から続く窯焼。明治期に生産規模の拡大に成功したのが山口徳一（一九二六年、五十六歳で歿）である。第二次世界大戦中の企業統制により佐賀陶磁器となったが、昭和十七年（一九四二）の株式会社化にともない、株式会社ヤマトクに社名変更した。現在も日用食器から衛生陶器まで、最先端の技術を擁した多様な磁器製品の生産・販売を行っている。山口徳一氏及び山口徳一工場の歴史については山口隆敏氏にご教示いただいた。

（57）大正八年（一九一九）の山口工場の職工及び徒弟数は三十四名である（有田町史編纂委員会編『有田町史陶業Ⅱ』一二六四頁）。

（58）この窯は昭和二十三年（一九四八）の水害で被害を受け現存はしていない。

（59）佐賀県立有田工業学校（有田町泉山一丁目三十）は現在の佐賀県立有田工業高校の前身。明治三十三年

（一九〇〇）佐賀県立工業学校有田分校として創立、明治三十六年（一九〇三）に有田工業学校となる。初代校長は納富介次郎（一八四四〜一九一八）。大正八年（一九一九）当時は第四代校長の小沼直（一八八一〜？）である。当時の有田工業学校の敷地は、現在有田町の公共施設「体験工房ろくろ座」とその駐車場となっている（有田工業学校有工百年史編集委員会編『有工百年史』佐賀県立有田工業高等学校創立百周年記念事業委員会、二〇〇〇年）。

(60) 現在の愛知県立瀬戸窯業高等学校の前身。進歩の著しい窯業技術を若者に教育するために明治二十八年（一八九五）創立された。町立を経て明治四十四年（一九一一）に愛知県立瀬戸陶器学校となる。初代校長は北村弥一郎（一八六八〜一九二六）である（愛知県立瀬戸窯業高等学校編『愛知県立瀬戸窯業高等学校八十年史』愛知県立瀬戸窯業高等学校創立八〇周年記念行事委員会、一九七五年）。

(61)『有工百年史』に、松林が有田工業学校を訪問した大正八年（一九一九）に卒業した生徒の氏名が掲載されている（有田工業学校有工百年史編集委員会前掲書、三一一〜三一二頁）。

(62) 現在の辻精磁社の前身。辻家は、百十二代霊元天皇（一六六三〜一六八七）の頃より、禁裏御用の命を受け染付磁器を調進した窯元。一一八代後桃園天皇（一七七〇〜一七七九）の時代に「常陸大掾源朝臣愛常」を受領、明治初期まで同官職を世襲した。明治・大正期当主であった辻勝蔵（一八七〇〜一九三一）は、有田窯業界の中心人物として活躍し有田町町長なども務めた。現在の当主は十五代辻常陸氏である。

87. 辻 勝蔵（辻家提供）

(63) 東京高等工業学校窯業科は現在の東京工業大学工学部無機材料工学科の前身。明治十四年（一八八一）に、手島精一（一八五〇〜一九一八）やドイツ人科学者ゴットフリート・ワグネル（一八三一〜一八九二）の尽力で設立された東京職工学校において、明治十七年（一八八四）、化学工芸部の科目としてワグネルが窯業学を開講。明治十九年（一八八六）に化学工芸部陶器玻璃工科が設置されるとワグネルは主任官となり、実験設備の充実に専心した。明治二十七年（一八九四）陶器玻璃工科は窯業科に改称。多くの窯業技師や陶芸家を輩出した（東京工業大学編『東京工業大学百年史 部局史』東京工業大学、一九八五年、一七四～二〇〇頁）。

(64) 当時の辻家当主、辻勝蔵の養子であった辻九郎（一八九〇～一九二八）のこと。久富源一の次男で、東京高等工業学校窯業科の卒業生（中島浩氣『肥前陶磁史考』七三六頁）。一時期辻勝蔵に代わり辻家を任されていた。ここで松林が説明するように手のイボで知られており「いぼくろうさん」と呼ばれていたという。辻九郎氏については、十五代辻常陸氏にご教示いただいた。

(65) 大正八年（一九一九）十二月末日の辻陶磁器工場（製磁工場）の職工及び徒弟数は十四名である（有田町史編纂委員会『有田町史 陶業編Ⅱ』二六三頁）。

(66) 雪竹家は江戸時代より続く岩谷川内の共同窯を管理した一家。明治初期に雪竹豊吉（一八五二～一九一七）が藩より払い下げになった同登り窯を自家専用に譲り受け、天神町の窯として開業、後に改幸社（雪竹組）を設立する。松林が訪れたのは豊吉の長男、雪竹武右衛門（一九三六年に五十三歳で歿）の時代。主に国内外向けの食器等の生産を行い、国内外の博覧会へも多数出品した。明治から大正期の作品には「笹に雪竹組」の染付印が入る。戦中の企業統制により改幸社は解散し、現在は卸販売業雪竹本店として営業している。雪竹家の家歴については雪竹真矢氏にご教示いただいた。

88. 雪竹豊吉
（雪竹家 提供）

(67) 大正八年（一九一九）の雪竹工場の職工及び徒弟数は十名、労働人夫は三名である。ここで述べられている使用職工数とは大幅にずれがあ

る（有田町史編纂委員会編『有田町史 陶業Ⅱ』二六四頁）。
（68）明治四十一年（一九〇八）の北村弥一郎の調査報告に雪竹工場の登り窯の詳細が記載されている（熊澤前掲書、二四四〜二四六頁）。
（69）松尾家は江戸時代より続く岩谷川内の窯焼。松尾徳助（一九二六年に七十歳で歿）は、明治十七年（一八八四）に、神戸の外国商館から傘立を受注。二尺の傘立を生坏から本焼することに成功したが、これが有田における大型製品の生積焼の嚆矢とされる。明治二十六年（一八九三）、独自の石炭窯を完成させ、明治三十二年（一八九九）には有田において初のタイル及び便器の生産を行った。国内外の博覧会に出品も多く、明治三十九年（一九〇六）には満韓資源視察員として満州と韓国を訪問した。松尾工場は徳助の次男の百田重盛（一八八五〜一九三八）に引き継がれたが後に廃業。松尾徳助の経歴については以下に詳しい（池田達造「楠公父子の白磁像」『鳥ん枕』六十三号、一九九九年、二四〜七頁。尾崎葉子「西海の孤島に残る有田焼タイル」『季刊皿山 有田町歴史民俗資料館・館報』六十号、二〇〇三年二月、一頁。中島浩氣前掲書）。松尾家の家歴については松尾博文氏、蒲地孝典氏にご教示いただいた。
（70）松尾工場製のタイルや便器類は長崎県佐世保市の黒島天主堂、日奈久温泉の金波楼、福岡県唐津市の旧高取邸等に現存している。尾崎前掲書、一頁。
（71）白繪土は、花崗岩を母岩とする磁土。呉須を使用する際に素地の表面に塗布し、呉須が流れるのを予防したり、胎土の表面を白くするための化粧用土として用いられる。当時の産地は岐阜県や滋賀県、三重県など（松林鶴之助『製陶法』京都市立陶磁器試験場付属伝習所での講義ノート、一九一七〜一九一八年、等を参照）。
（72）明治四十四年（一九一一）に久富季九郎（一八六二〜一九三七）によって設立された磁器工場。東京高等工業学校の深海参次郎を招聘し石炭窯を築いた。有田では有田工業学校、香蘭社のものに続いて三基目の石炭窯であった。蔵春亭工場に一般磁器を扱う有田有数の工場となったが、大正末頃に経営難に陥り、大正十五年（一九二六）の年末に閉鎖された。久富家の歴史については、季九郎の次男、二六（一八九一〜一九七二）による家伝『わが家の歴史』（鹿島出版、一九七二年）、「久富季九郎氏」西村修一郎『九州實業大家名鑑』（九州日の出新聞社、一九一七年）に詳しい。久富家の家歴については久富桃太郎氏にご教示いただいた。

（73）有田に修学旅行に訪れた各地の小中等学校の生徒が、工場の参観を許されず不便であったために、修学のためにと参観を自由にした。大正期には毎年数千人が蔵春亭工場を参観したという。久富前掲書、六八、七四〜七五頁。

（74）大正八年（一九一九）十二月末日の蔵春亭久富製磁所（場）の使用職工及徒弟数は四十九名である（有田町史編纂委員会編『有田町史 陶業編Ⅱ』二六三頁）。

（75）長崎県対馬で産出される純白の石。粉砕して釉薬などの材料として用いられる。

（76）この登り窯は久富季九郎が大正初期に有田の発展のためにと小規模窯業者のために築いたものである。しかし、職人が自由に作品を焼成できるようになり独立してしまうのを恐れた他の窯業家が反対したために、窯焚きは三度しか行われなかった（久富二六前掲書、七二〜七三頁）。

（77）大正四年（一九一五）に久富二六によって建造された窯であると思われる（久富前掲書、七一〜七二頁）。

（78）帝国窯業株式会社は大正七年（一九一八）四月、外尾村に資本金五十万円で創立された。辻勝蔵の次男で実業家の辻清（一八七六〜一九四二）の発案により、内田信也（一八八〇〜一九七一）が創業、天草石を原料として外国向けの硬質磁器の生産を行った。しかし、経営不振により大正十一年（一九二二）に小畑秀吉に売却された。小畑秀吉は三菱マテリアル九州工場の前身である豊国セメントの操業家として知られ、当時は柿右衛門焼合資会社の社長であった。大正十三年（一九二四）に帝国窯業株式会社は森峰一に売却されて森窯業会社となったが、昭和四年（一九二九）に廃業。その工場は小畑秀吉が経営していた明治窯業所の分工場となった。そして昭和十二年（一九三七）工場は岩尾磁器工業に売却された（中島浩氣『肥前陶磁史考』七二九、七四六、七五三頁。松本源次『炎の里有田の歴史物語』山口印刷、一九九六年、一八六～一九〇頁。「帝國窯業株式會社 公告」横尾謙『有田陶業史』西松浦陶磁器同業組合事務所、一九一九年、一三頁）。

（79）大正八年（一九一九）の帝国窯業株式会社の職工及び徒弟数は三百二名、労働人夫は十二名である（有田町史編纂委員会編『有田町史 陶業編Ⅱ』二六五頁）。

（80）明治三十五年（一九〇二）、松村八次郎が松村式の石炭窯を用いて日本で初めて焼成に成功したとされる硬質の陶器。素地はよく焼き締まり白く、気孔率・吸水率が小さく、磁器よりも安価である（三井弘三『概説 近代陶業史』日本陶業連盟、一九七九年、二九～三〇頁。矢部良明ほか編『角川日本陶磁大辞典』角川書店、二〇〇二年、四九四頁）。

（81）Lancashire steam boiler 一八四四年にイギリスで発明された炉筒ボイラーの一種。当初は主にランカシャー地方の繊維産業で用いられたためその名がある。

（82）Double acting steam engine 機械動力のための蒸気機関エンジンのこと。

（83）Crasher 破砕機のこと。

（84）Fret mill 陶石の粉砕混合機のこと。エッジランナーともいう。

（85）Trommel 原料を選別するのに用いる円筒状の回転式ふるいのこと。

（86）松村硬質陶器合名会社のこと。西松浦郡曲川村出身で東京高等工業学校窯業科を卒業した松村八次郎

（一八六九～一九三七）は、明治二十九年（一八九六）純白硬質陶器を発明し特許を取得。明治三十三年（一九〇〇）のパリ万国博覧会のために渡欧し、ドイツ・オランダ・イギリス・アメリカなどの陶業地を視察した。帰国後の明治三十六年（一九〇三）には硬質陶器焼成に用いる松村式石炭窯を発明し、同社を現在の名古屋市千種区に設立。この松村式の倒焔式角窯は全国各地で採用され、本書において「松村式」とあるのは、松村八次郎の設計にかかる石炭窯のことである。松村が松村式石炭窯の完成後、特許を取得せずにその構造を公開したために各地で広く採用された。松村八次郎については以下を参照（松村八次郎「陶磁器石炭窯に就て」『燃料協會誌』一〇六号、一般社団法人日本エネルギー学会、一九三二年、七三四～七三六頁。池田文次『松陶　松村八次郎伝』松村八次郎翁追悼記念会、一九三九年。手島益雄「松村硬質陶器合名会社社長　松村八次郎」『名古屋百人物評論　続』日本電報通信社名古屋支局、一九一五年、一〇九～一一一頁）。

89. 松村八次郎（『松陶　松村八次郎傳』1934年より）

（87）日本硬質陶器株式会社は現在のニッコー株式会社の前身。明治四十一年石川県金沢市に設立。松林は大正七年（一九一八）一月六日に京都市立陶磁器試験場の教員であった濱田庄司に同行して同社を訪れているが工場の参観は許されなかった。同社については、重利俊一『日本硬質陶器の歩み』（日本硬質陶器株式会社、一九六五年）に詳しい。

（88）Crack 貫入（罅）のこと。

（89）青木家は外尾山で代々窯を経営してきた一家。青木兄弟商会は明治十四年（一八八一）、青木甚一郎（一八六三～一九五五）とその弟栄次郎（一八七四～一九三二）によって設立された。国内外向けに多様な商品を生産し、明治末頃までに有田有数の大規模工場に成長した。青木甚一郎は有田村村長も務めている。

戦時中の企業統制で有田陶業有限会社となり、軍需品などの大量生産を行ったが、戦後は経営難に陥り昭和三十二年（一九五七）に廃業した。青木兄弟商会の旧所在地は、現在有田町外尾山防災公園になっている。

(90) 大正八年（一九一九）の青木兄弟商会の職工及び徒弟数は三十六名、労働人夫は四十三名である。百三十名とある職工数とは大幅なずれがある（有田町史編纂委員会編『有田町史 陶業編Ⅱ』二六四頁）。

(91) 青木俊郎（一八九三～一九七一）は青木甚一郎の長男。東京高等工業学校窯業科を卒業してすぐ青木兄弟商会の経営に着手。当時最先端の窯業技術を身に着けていたことで知られる。日本芸術院会員で文化勲章受章者の青木龍山（一九二六～二〇〇八）の伯父にあたる。

90. 青木甚一郎
（『松浦大鑑』1934年より）

(92) 河井寛次郎（一八九〇～一九六六）は島根県出身の芸術家。東京高等工業学校窯業科を卒業後、京都市立陶磁器試験場に就職。付属伝習所では松林靍之助の英語の授業を担当していた。一九二〇年に五代清水六兵衛（一八七五～一九五九）から登り窯を譲り受けて以後は陶芸作家として活動した。民藝運動の柳宗悦（一八八九～一九六一）や濱田庄司、棟方志功（一九〇三～一九七五）等との関係でも知られる。文化勲章を始めとする数々の賞を固辞し、無位無冠の芸術家という立場をとり続けた（橋本喜三『陶工 河井寛次郎』朝日新聞社、一九九四年等、参照）。

(93) 城島岩太郎（一九二六年、七十二歳で歿）は、松村八次郎について石灰釉を研究し、明治二十五年（一八九二）に有田に石灰釉を普及したことで知られる（中島浩氣前掲書、六八二頁）。

(94) 大正八年（一九一九）の城島工場の職工及び徒弟数は二十三名である（有田町史編纂委員会編『有田町史 陶業編Ⅱ』二六四頁）。

(95) 城島岩太郎の子、城島守人(一八九三〜?)のこと。大正五年(一九一六)に東京高等工業学校窯業科を卒業。農商務省東京工業試験場、有田工業学校教員、福島県立工業学校教員、京都市立第二工業学校教員などを経た後、昭和十四年(一九三九)から有田工業高校の第九代校長を務めた。

(96) 濱田庄司(一八九四〜一九七八)は神奈川県出身の陶芸家。東京高等学校窯業科を卒業後、同科の先輩の河井寛次郎を慕って京都市立陶磁器試験場に技師として就職。付属伝習所では松林靍之助の数学の授業などを担当していた。大正九年(一九二〇)、バーナード・リーチ(一八八七〜一九七九)と共に渡英し、セント・アイヴスでリーチ・ポタリーの創設に参加した。帰国後は栃木県の益子で活動し、柳宗悦らと民藝運動を牽引する役割を果たした。昭和三十年(一九五五)、重要無形文化財保持者(民芸陶器)に認定、後に紫綬褒章、文化勲章を受章。

(97) Exhaust 排気のこと。

(98) Current 電流のこと。

(99) Resistance 電気抵抗のこと。

(100) Electromotive Force 起電力のこと。

(101) Combustion product 燃焼生成物のこと。

(102) Efficiency 効率のこと。

(103) 川崎先生は京都市立陶磁器試験場付属伝習所での松林の化学の担任。詳細は不明である。

(104) 有田では貝島姓は珍しく、貝島氏工場も記録に残っていない。有田小学校の近くで火鉢を扱っているという記述から、有田小学校のある白川地区で火鉢などを専門に扱った竹重工場、あるいは山本工場(現:株式会社華山)のことを述べている可能性が高いと思われる(「広告」『松浦陶磁報』一九二七年三月一五日付)。

(105) 有田尋常小学校は現在の有田町立有田小学校の前身。明治五年（一八七二）に白川小学校として開校した。
(106) Clay substance 粘土質のこと。
(107) 註（245）を参照。
(108) 福知技師とは、福地秀雄という名の人物のことであると思われる（京都府編前掲書、三三頁）。
(109) 深川製磁株式会社は、明治二十七年（一八九四）、八代深川栄左衛門（一八三二～一八八九）の次男、深川忠次（一八七一～一九三四）によって深川製磁として創業された。明治三十年代にはヨーロッパ向け輸出を開始。明治四十三年（一九一〇）に宮内省から御用食器の調進を命ぜられ、以来現在に至るまで皇室へ製品を納め続けている。明治四十四年（一九一一）に深川製磁株式会社となり、富士流水のマークを付された高級品の製造を主とする。大正九年（一九二〇）頃からは色鍋島や柿右衛門の様式を製品の意匠に導入して以降、これらの様式への注目が高まったという。近代の深川製磁及び深川忠次については以下に詳しい（大熊敏之「明治期の深川忠次と深川製磁」深川製磁編『明治の陶磁意匠 FUKAGAWA SEIJI OF MEIJI』深川製磁、二〇〇〇年、四〇～四五頁。中島浩氣前掲書。京都府編前掲書、三二一～三二二頁）。
(110) 平濱氏についての詳細は不明である。
(111) 大須賀真蔵（一八八八～一九六四）は福島県若松市生まれの窯業技師。明治四十四年（一九一一）に東京高等工業学校窯業科を卒業後、京都市窯業試験場で技師として勤務し、付属伝習所では松林鶴之助の製陶法・化学・実験の授業の担当をしていた。京都市陶磁器講習所長を経て、昭和二年（一九二七）に佐賀県窯業技師に任ぜられる。昭和三年（一九二八）からは佐賀県立第一窯業試験場の場長となり、昭和六年（一九三一）から十年（一九三五）まで佐賀県立有

91. 大須賀真蔵（『有工百年史』2000年より）

田工業学校の第九代校長も兼任した（佐賀県立有田工業高校百年史編纂委員会前掲書、三七八～三七九頁）。その後、岐阜県多治見の日本タイル工業株式会社へ技術顧問として招聘され、晩年まで同社に勤務した。大須賀真蔵の履歴については、大須賀茂氏からご教示いただいた。

（112）大正八年（一九一九）十二月末日の深川製磁株式会社の職工及徒弟数は七十八名、労働人夫は二十名とされており、松林の記述と大幅に異なるが理由は不明である（有田町史編纂委員会編『有田町史 陶業編Ⅱ』二六三頁）。

（113）Pug mill 混和機のこと。

（114）Edge-runner 陶石の粉砕機のことでフレットミルともいう。本書ではエッヂラナーと表記されることもある。

（115）深川一太氏によると、スタンプミル（スタンパー）で作った粘土は粘性に優れていたが、陶磁石を粉砕するさいに発生する粉塵が塵肺の原因になるとの理由から、後に使用を止めたという。

（116）深川一太氏によると、深川忠次は英国滞在時にウェッジウッド家に逗留し、ウェッジウッドからバーミンガムのワット商会を紹介された。帰国後に設立した当初の工場は、石炭窯とワットの蒸気を用いたウェッジウッドのオールド工場とそっくりに作られたと言われている。

（117）石野龍山（一八六二～一九三六）は石川県出身の陶芸家。絵画を中浜龍淵と垣内雲嶙に、陶画を八田逸山から学んだ後、明治十六年（一八八三）に独立。国内外の博覧会で受賞多数。大正五年（一九一六）に石川県から実業功労者として表彰を受けている。

（118）初代中村秋塘（一八六五～一九二八）は石川県出身の陶芸家。陶画を父茂一郎から学び、後に竹内吟秋に師事する。大正六年（一九一七）には自邸内に窯を築き高級品生産を行った。赤絵細描の名手として知られる（嶋崎丞監修『魅惑の赤、きらめく金彩加賀赤絵展』朝日新聞社、二〇一二年、一七四頁）。
(119) 清水美山（一八六一～一九三二）は石川県出身の陶画工。笠間秀石に学んだ後、東京で薩摩焼の上絵の技術を習得し、金沢で陶画業を経営した。加賀九谷陶磁器同業組合長など歴任した（嶋崎前掲書、一四二頁）。
(120) Frit フリット釉ともいう。釉薬に用いる水溶性の成分や鉛のような毒性のある成分を使いやすくするために、ガラス状に溶かした後に粉砕して粉状にしたもの。
(121) 註（255）を参照。
(122) 目釜新七（生没年未詳）は津名郡立陶器学校の第一回卒業生。井高帰山「津名郡立陶器学校に学んだ若者たち」（『陶説』日本陶磁協会、三八七号、一九八五年六月〔五五～五九頁〕五六～五九頁）。大正八年当時は京都市立陶磁器試験場の技師をしており、伝習所で松林鶴之助の轆轤の授業担任であった。
(123) 大正九年（一九二〇）頃の京都府の調査報告書によると、陶磁器の入札は、有田町は有田磁器信用購買組合、伊万里は伊万里陶器株式会社、塩田は肥前陶器株式会社等の会社が行っていた（京都府編前掲書、三四～三五頁）。
(124) 大正十二年（一九二三）に深川六助（一八七二～一九二三）がこの入札販売について主唱したとされる意見を『有田陶磁史考』に見ることができる。有田陶業者の入札制度は、落札後数日内に代金の支払いを受けることができ、落札者は落札額の半金をその場で支払い、残りを五十日以内に支払うという制度であった。深川六助は、これを商工業者共に便利な制度であるとしながらも、入札向け製品の濫造や、その濫売には弊害も少なくないと警鐘を鳴らしている。ここで松林が指摘するように、落札額に関しては入札の原理に反して多数の商人が談合相場をつくる傾向があると指摘し、入札だけに頼る取引法は商工業者いずれにも不利益であるとした。中島浩氣前掲書、八二二頁。

(125) 西村文治氏工場は有田製磁株式会社のこと。西村文治（生没年未詳）は明治四十年（一九〇七）、大阪高等工業学校窯業科を卒業し深川製磁株式会社へ入社。明治四十四年（一九一一）農商務省海外練習生として、英国ロンドンへ三年間留学した。帰国後の大正二年（一九一三）に有田製磁株式会社（西村製磁所）を曲川村に設立したが経営が思うようにいかず、大正十二年（一九二三）に工場を上有田駅前に移転した。美術的高級食器の生産を行ったとされる（「肥前著名製陶家案内（六）」『松浦陶時報』一九二四年六月二十五日付、三面）。

(126) 大阪高等工業学校は大阪大学工学部の前身。明治二九年（一八九六）に設立。翌年、化学工芸部の中に窯業科が設置された。生徒数が思うように増えず、大正三年（一九一四）九月窯業科は廃止され、学生と教官は東京高等工業学校窯業科に移籍になった。昭和八年（一九三三）、大阪高等工業学校は大阪帝国大学に編入され同大学工学部となった（大阪高等工業学校編『大阪高等工業学校一覧 明治四五～大正一四年度』大阪高等工業学校、一九一二年。沢井実「明治期の大阪高等工業学校」『大阪大学経済学』第六〇巻、第二号、二〇一〇年一〇月、一～二二頁。東京工業大学編前掲書、一七四頁）。

(127) 大正八年（一九一九）の有田製磁株式会社の職工及び徒弟数は十六名である（有田町史編纂委員会編『有田町史 陶業編Ⅱ』二六五頁）。

(128) **Filter Press** 水簸した原料をフィルターを用いてろ過する圧搾濾過機のこと。

(129) 辻商会とは辻清商会のことであると思われる。辻清は辻勝蔵の次男で大正五年（一九一六）に帝国窯業株式会社を有田に操業している。陶器全集刊行会編『日本古陶銘款集 九州篇』平安堂、一九七二年、一四〇頁、

92. 辻清（『九州實業大家名鑑』1917年より）

の辻勝蔵の項に、大正六年（一九一七）から三年間南川原にて西村文次郎という人物が「西肥辻製」という銘を用いたとある。松林が大正八年に西村文治を訪れた時はこの期間にあたりこれらの記録と一致するため、西村文次郎が西村文治であると推定できる。尚、大阪高等工業学校の卒業生名簿には、西村文次とあり、西村文次、西村文次郎、西村文治は同一人物である可能性が高い（大阪高等工業学校編前掲書、一〇三頁）。

（130）「酒井田」の誤り。酒井田柿右衛門家は西松浦郡有田町下南川原（現：有田町南山）で代々続く窯焼。江戸時代を通じて、古九谷様式や柿右衛門様式、金襴手など、時代の流行に即した色絵磁器を生産したとされる。十二代が濁手素地の復元に成功してからは柿右衛門様式の作品で知られる。現在の当主は十四代酒井田柿右衛門氏である。

（131）大正八年（一九一九）当時、十三代酒井田柿右衛門（一九〇六～一九八二）は十三歳であるので、これは十二代酒井田柿右衛門（一八七八～一九六二）の誤りである。十二代は十一代（一八四五～一九一七）の長男で、大正六年（一九一七）、十一代が没したことにより十二代を襲名した。昭和二十八年（一九五三）、濁手素地の復元に成功し、本格的な柿右衛門様式の復興を実現したことで知られる。戦後は国内外の展覧会で活躍し受賞多数。昭和三十七年（一九六二）には勲四等瑞宝章を受章している（永竹威「柿右衛門の系譜とその格調」十三代酒井田柿右衛門『十三代酒井田柿右衛門作品集』講談社、一九七四年〔一七七～一九六頁〕一九一～一九三頁）。

（132）現在も柿右衛門窯に残る角窯がこの時に松林が見たものである可能性がある。大正九年（一九二〇）頃の京都府の報告では、柿右衛門窯では一室焼成の角窯で薪を用いて焼成しているとある（京都府編前掲書、二一九～二二〇頁）。

(133) 大正八年(一九一九)の柿右衛門合資会社の職工及び徒弟数は十名、労働人夫は一名であり、二十数名とは大きなずれがある(有田町史編纂委員会編『有田町史 陶業編』二六五頁)。

(134) 十二代酒井田柿右衛門は第一次世界大戦後の不況で経営難に陥ったため、大正八年(一九一九)に帝国窯業株式会社の小畑秀吉から資本提供を受けて柿右衛門焼合資会社を設立した。ここで「新築落成さば」とされているのは、同社の新築工場のことであろう(松本源次『炎の里有田の歴史物語』一八六〜一九〇頁。永竹威前掲書、一九二頁)。

(135) Pot-mill 釉薬などを調合する際に用いる小型の攪拌機のこと。

(136) 古伊万里調査委員会編『古伊万里』(金華堂、一九五九年)には「小物成上、下窯」「天神森上、下窯」などを「高麗窯」と説明している。天神森窯について「元来は高麗窯であったが、前記小物成窯と同時頃磁器窯に変わったようである」とあり、磁器窯と区別する意味で、陶器の窯を「高麗窯」としている。南川原の山中で、数か所窯の跡があり、高麗とあることから、小物成窯と天神森窯を差していると考えられる。高麗人旧跡については、尾崎葉子氏からご教示いただいた。

(137) 柳ヶ瀬製陶所は資本金五万円で明治三十五年(一九〇二)に有田町大樽出身の柳ヶ瀬六次(一九三二年に八十歳で歿)により創設された。所在地は現在の伊万里市大坪町字金谷。大正十五年(一九二六)の生産高は三万六千円で伊万里を代表する工場だった。国内外に販路を拡張し、自社製品だけではなく地域の他工場の製品の販売も請け負っていた(伊万里商工会編「柳ヶ瀬製陶所」伊万里商工会『伊万里案内』伊万里商工会、一九二七、三三五〜三三六頁。松本源次『有田陶業側面史(大正・昭和戦前編)松本静二の生涯 下』麦秋社、一九八八年、一一五頁)。大正九年頃の京都府の調査では、登り窯は二基あり、職工数は五十人程度。主な製品は朝鮮向けの鉢や国内向けの鉢・茶器等であるとする(京都府前掲書、三三五頁)。

(138)「火床」もしくは「窯床」か。
(139)今福屋(佐賀県伊万里市伊万里町甲本町)は現在も当時と同じ伊万里川沿い(相生橋の南東側)に今福屋旅館として経営されている。昭和四十二年(一九六七)に伊万里川流域を襲った洪水に襲われた際、家財の多くが流出したため宿帳などは現存していない。
(140)伊万里商業学校の生徒であろう。同校は明治三十三年(一九〇〇)に組合立伊万里商業補習学校として設立した。現在の佐賀県立伊万里商業高等学校の前身で、佐賀県内の商業高校としては最も長い歴史をもつ学校である(佐賀県立伊万里商業高等学校編『橘岡譜　伊商八十年』伊万里商業高等学校、一九八〇年)。
(141)現在の佐賀県伊万里市大川内町。
(142)小笠原英太郎(一八八一～一九五五)は小笠原家五代目当主で魯山と号し、晩年は細工を駆使した置物を得意とした。松林訪問の二年後に刊行された、大宅徑三『肥前陶窯の新研究 上巻』(田中平安堂、一九二一年)三一九頁には、小笠原英太郎の欄に「大川内青磁合資會社代表」と記載されている。大川内青磁合資會社は明治三十六年(一九〇三)に設立された。大正八年当時も同社の代表を務めていたと思われる。小笠原家の窯は英太郎氏以来魯山窯として現在も同地で経営されている。昭和四十二年(一九六七)七月の豪雨で小笠原家の工場及び家屋は流出し当時の資料は現存していない。豪雨による大川内の被害については以下を参照(原口静雄「大川内山の自然」『鍋島藩窯とその周辺――鍋島藩窯三百年記念特集号』伊万里市郷土研究会、一九七五年〔一～一四頁〕一三～一四頁)。
(143)大正七年(一九一八)頃の大川内の一年間の生産額は三万五千円である(大宅前掲書、三一九頁)。
(144)当時の鍋島侯爵御用窯は、藩窯時代に細工所の責任者であった市川重助(一九〇六年五十九歳で歿)の長男の市川光之助(一八六七～一九三七)により経営されていた。市川光之助と当時の鍋島藩御用窯の様子については、大正七年（一九一八）二月二十六日に大宅徑三が鍋島哲夫、斎藤正雄とともに窯を訪れた際の様子を書きとめた中に詳しく描かれている（大宅前掲書、二九七〜三七八頁）。鍋島侯爵御用窯及び市川光之助氏については市川光山当主、市川浩二氏にご教示いただいた。

(145) 市川光之助の妻いせ（一八七六〜一九五三）であると思われる。

(146) 煙突などこの登り窯の一部は市川光山窯の敷地内に現存している。大正九年（一九二〇）頃の京都府の報告にもこの窯の寸法が記載されているが、ここで記されているものとほぼ一致する（京都府編前掲書、三三二〜三三四頁）。

(147) 川副泰五郎（一八八一〜一九四〇）は、大川内で工場を経営した川副半三郎の三男。独立して泰仙窯を創業し染付や色絵の製品を製作した。泰仙窯は現在も当時と同じ場所で経営されており、当主は川副隆夫氏である。

(148) 川副爲之助（生没年不詳）のこと。有田工業学校を首席で卒業し、窯変釉の研究を行うなど将来を期待されていたが二十六歳で歿した。川副爲之助については川副隆夫氏にご教示いただいた。

(149) 当時の樋口家当主は樋口長三郎（生没年不詳）。樋口工場は戦後に廃業した。敷地は現在の虎仙窯の場所にあった。樋口家の家屋及び工場は昭和五十年（一九七五）から五一年にかけて伊万里市教育委員会によって調査が行われた。調査時に作業場の絵付室の天井裏から見つかった土型については、吉永陽三「伊万里市大川内山民窯樋口家土型について」『佐賀県立九州陶磁文化館 研究紀要 第一号』（一九八六年、四三〜六〇頁）に詳しい。同論文の添付資料には樋口家（樋口製陶有限会社）の家屋及び向上の実測図が掲載されている。

(150) 山口馬之助（生没年未詳）のことであると思われる。大正三年の北村弥一郎の調査報告には木原地区の山口坏土調整所の主人として山口馬之助の事業についての説明が掲載されている（熊澤治郎吉『工学博士北村弥一郎全集 第三巻』社団法人大日本窯業協会、一九二九年、二七六～二七七頁）。長崎県編『大正三年 長崎県統計書』（長崎県、一九一六年）二三四頁掲載の「工場一覧」の中には折尾瀬村所在の陶磁器製造工場の工場主として山口馬之助の名が記載されている。同工場は明治二十五年三月創業、原動力は日本形水車を使用、職工十七人、労働人夫五人、製造高十万個、四千円とある。山口馬之助については、松下久子氏に御教示いただいた。

(151) 南部富左衛門（一八七五～一九四六）。南部家は昭和二十年頃までには廃業しており、この登り窯は現存していない。南部教博氏に御教示いただいた。

(152) 現在の長崎県佐世保市三川内山、江永、木原及びその周辺で生産された陶磁器を称して三川内焼という。平戸藩領内の焼物という意味で、平戸焼とも呼ばれる。文化文政期以降は製品の大半が磁器となり、「唐子図」に代表される精緻な図様を施した染付磁器や白磁の細工物等を生産した。十九世紀から二十世紀前半にかけては、卵殻磁器の洋食器や細工を駆使した輸出品の生産も行い、海外で高い評価を得た（佐世保市教育委員会編『三川内青華の世界』佐世保市教育委員会、一九九六年）。

(153) 東の大窯（三川内東窯）は江戸時代に築かれた窯で昭和初年頃まで使用されていた。現在は畑と宅地となっている（佐世保市教育委員会編『長崎県佐世保市 三川内古窯跡群緊急確認調査報告 分布概要』佐世保市教育委員会、一九七八年、一〇頁）。

(154) 西の大窯（三川内西窯）は十八世紀前半に築かれた窯で昭和十六年（一九四一）に廃窯となった。現在は宅地と畑になっている（佐世保市教育委員会前掲書、一九七八年、九頁）。

(155) 加藤紋右衛門の誤り。加藤紋右衛門は十八世紀後半から瀬戸で染付磁器を専門とした窯屋。「環情園」「池紋」などと号した。明治期、六代紋右衛門(一八五三〜一九一二)の時代に、国内外の博覧会に多数出品。特に大型の作品で名を馳せた。大正八年(一九一八)は七代加藤紋右衛門(一八八四〜一九五八)の時代。大型の石炭窯を用いて輸出品を中心とした大量生産を行ったが、大正末年頃に廃業した(瀬戸市歴史民俗資料館編『加藤紋右衛門展』瀬戸市歴史民俗資料館、一九九四年)。

(156) 口石嘉五郎(?〜一九三六)の窯は、平戸嘉祥製陶所の前身で、現在は五代目の口石博之氏によって経営されている。

(157) **Gantry crane** 港湾の岸壁に設置され貨物の積み卸しを行うクレーンのこと。

(158) 新潟県糸魚川市にある親不知・子不知海岸のこと。JR北陸本線の青海駅—不知駅—市振駅にあたる。通行の難所として全国的に有名であった。

(159) 木山直彦(一八六六〜一九四七)は、木山陶石の創業者。天草の大庄屋木山惟一の次男で、慶應義塾大学部在籍中に福沢諭吉(一八三五〜一九〇一)の啓示をうけ、明治三〇年(一八九七)から陶石採掘業を開始した。事業は成功し、松林が訪れた大正八年(一九一九)年頃には、従業員数二百五十人を数えるまでになった。大正期には瀬戸地域への販路拡大をすすめ、大正三年(一九一四)に陶器原料株式会社を、大正五年(一九一六)には瀬戸の伊藤四朗左衛門と共同して陶石粉砕会社を創立。翌年の中部窯業原料株式会社の設立には取締役として参加した。四十四歳で第六代都呂々村長となり、後に熊本県議会議員などを務めた。現在、木山陶石鉱業所は三代目木山勝彦氏によって経営されており、内田皿山焼として陶磁器生産も行っている(「木山陶石百年史」編集委員会編『木山陶石百年史』木山陶石鉱業所、一九九六年、一六〜一八頁。「内田皿山焼、木山陶石初代木山直彦の履歴と活躍」金澤一弘編『天草の陶磁器 過去・現在・未来』天草陶磁器振興協議会、二〇〇〇年、二三〜二四頁)。

（160）上田松彦（一八五四～一九二三）は上田家十二代当主。明治三十二年（一八九九）に製陶業を廃し、陶石の販売に特化。販路を京都や瀬戸、金沢など九州以外にも拡張し「陶石王」と呼ばれた。陶石業の他にも、漁業・農業・牧畜・植林開墾事業などを手掛けた実業家（「上田松彦氏」西村前掲書。福原透「上田家伝来陶磁器を通して見た高浜焼（前編）」『崇城大学芸術学部研究紀要』第四号、二〇一〇年〔一八五～二〇九頁〕二〇六頁）。

93. 上田松彦（『九州實業大家名鑑』1917年より）

（161）昭和十年（一九三五）前後の木山陶石の大桜採取場の写真が「木山陶石百年史」編集委員会編前掲書、一六頁に掲載されている。

（162）小田床《こざとこ》では天明八年（一七八八）下田村庄屋、伊野始兵衛が陶石の採掘を始めたとされる。

（163）日本陶器株式会社は現在の株式会社ノリタケカンパニーリミテッドの前身。明治三十七年（一九〇四）に、森村市左衛門（一八三九～一九一九）、大倉孫兵衛（一八四三～一九二一）、村井保固（一八五四～一九三六）らによって合名会社として創立された。日本初の硬質磁器製造工場として発展した。大正六年（一九一七）に会社組織を変更し株式会社日本陶器となった（日本陶器七十年史編集委員会編『日本陶器七十年史』日本陶器株式会社、一九七四年）。

（164）天草石は現在も枯渇することなく採掘されている。木山勝彦氏によると、ここでの松林の指摘に反して、木山直彦氏は当時は売り物にならなかった中等以下の陶石も廃棄せずに、将来に備えて保管するなどの対策を行っていたという。

（165）岡部源四郎については註（176）を参照。

(166)山下唯彦(一八九八〜一九七二)は、本渡村出身の陶芸家。京都市立陶磁器試験場付属伝習所を卒業した後、大正九年(一九二〇)から水の平焼(水平焼)で雇用された。轆轤師として優秀だったため、昭和の初め頃に日奈久の上野家からの依頼で仕事を手伝い、その後日奈久で独立した(福原透「八代焼――伝統の技と美」八代市立博物館未来の森ミュージアム編『八代の歴史と文化 X 八代焼――伝統の技と美』八代市立博物館未来の森ミュージアム、二〇〇〇年、一三二〜一三三頁)。

(167)この頃熊本県では、窯業の発展を目的として京都などの窯業地に伝習生を派遣していた。岡部信行氏によると、山下唯彦も県からの補助金で派遣された(「熊本縣の陶磁器製造額」(大日本窯業協会『大日本窯業協会雑誌』第二七集三三二号、一九一九年六月〔三五五〜三五六頁〕三五五頁)。

(168)「鶴田亀左久」の誤り。金澤一弘氏にご教示いただいた。

(169)金澤久四郎(一九三三年に七十四歳で歿)は丸尾焼二代当主、久四朗の時代は丸尾焼という名称はまだなく瓶納屋と称していた。弘化二年(一八四五)に開かれた窯で、金澤家の土地を耕す農家の農閑期の仕事として初代金澤與一が始めた。丸尾ヶ丘(現:熊本県天草市本渡町本戸馬場)で採れる赤土を用いて、黒釉の水甕、味噌甕、土管等を焼いた。現在、丸尾焼(熊本県天草市北原町)は五代目の金澤一弘氏によって経営されている(金澤前掲書、三〇〜三四頁)。

(170)現在は「水の平焼」とされるのが一般的である。工場の所在地は熊本県天草市本渡町本戸馬場。水の平焼の歴史については本書での松林の説明を参照。

(171)高濱焼は宝暦十三年(一七六三)から明治中頃まで、肥後国天草郡高濱村(現:熊本県天草市天草町高浜)で焼かれた磁器。高濱村で代々庄屋を務めた上田家によって運営・管理された。高濱村は上質の天草陶石の産地であったが、産出場所は山間にあり、陶石の輸送は容易ではなかったために、豊富な原料を用いた磁器産業が地域振興の目的で開かれた。染付を中心とした日用食器等を中心とし、時に色絵磁器も生産したが、天保十年（一八三九）に窯が大破した後に衰退し、十二代当主上田松彦の時代に廃窯となった（福原前掲書、二〇一〇年、一八五〜二二〇頁。福原透「上田家伝来陶磁器を通して見た高浜焼」（後編）『崇城大学芸術学部研究紀要』第五号、二〇一二年、一〇一〜一二三頁）。

(172) 楠浦焼は天草市楠浦町方原川に近い皿山で生産された陶磁器。開窯の経緯については定かではないが、幕末頃まで操業されていた（金澤前掲書、七頁。錦戸宏「熊本のやきもの」『日本のやきもの集成（一二）九州Ⅱ沖縄』平凡社、一九八二年、［二〇八〜二一五頁］二一四頁）。

(173) 山仁田焼は天草市本渡町本戸馬場山仁田に宝暦年間（一七五一〜一七六四）からあったとされる甕焼の窯（錦戸前掲書、二一五頁）。

(174) 網田焼の開窯は寛政四年（一七九二）頃とされており、明和二年（一七六五）ではない。

(175) 網田焼は寛政四年（一七九二）頃から熊本県宇土市上網田町引の花で焼かれた白磁。はじめ民窯で後に熊本藩が献上用の磁器などを生産したが、文政七年（一八二三）に廃止。その後は再び民窯として皿・鉢・瓶・植木鉢などの雑器を大量に生産した。昭和初期まで続き一旦は途絶えたが、昭和五十年代に再興された。現地には近代の登り窯（長尾新家窯）一基が当時のままに現存している（松本雅明「九州中南部の陶器」福岡ユネスコ協会編『九州文化論集五　九州の絵画と陶芸』平凡社、一九七五年、五二八〜五二九頁）。

(176) 岡部源四郎（一八八〇〜一九六二）は、水の平焼四代岡部富次郎の長男。有田工業学校の前身の有田徒弟学校に入学、在学中に徒弟学校は佐賀県立佐賀工業学校有田分校となった。同校卒業後の明治三十四年（一九〇一）、熊本県より全国陶業地視察を任ぜられ各地を歴訪した。その後家業に復帰し、苦心の結果赤海鼠釉を開発。これにより国内外の展覧会に出品し受賞を重ねた。明治四十四年（一九一一）には本戸村村会議員及び、同村学務委員に当選。大正二年（一九一三）、天草製陶組合理事となり京都・愛知・常滑を視察した後、熊本県知事に陶磁器研究所の設置を求めたが、実現には至らなかった。大正九年（一九二〇）の、天草窯業株式会社設立に尽力し、翌年同社専務取締役に就任。同年に南九州窯業株式会社の相談役にも就くなど、近代の天草窯業を代表する人物の一人（「天草通信」（大日本窯業協会『大日本窯業協会雑誌』第二八集三三五号、一九一九年九月、一九頁。金澤前掲書。二五〜二九頁）。

（177）赤みを帯びた海鼠釉のため赤海鼠釉と呼ばれる。

（178）Compound ware 複合磁器のこと。金岩昭夫氏にご教示いただいた。

（179）九十九島《つくもじま》は天草松島とも呼ばれる。寛政四年（一七九二）に天草一帯を襲った大地震で、眉山が崩落し島原の城下町を襲い有明海に流れ込んだ。その結果、島原湊は埋め尽くされ、海上に百近い島嶼が生まれた。寛政四年の眉山崩壊については以下参照（寛政大津波二〇〇年事業実行委員会事務局・肥後金石研究会編『「雲仙災害」防災シンポ・防災展：寛政大津波から二〇〇年』同実行委員会事務局・同研究会、一九九一年）。

（180）「金波楼」が正しい。金波楼は明治四十三年（一九一〇）創業の温泉旅館。日奈久の松本諦三郎が地域の活性化を目して二万円を投じ、木造三階建てで内装や什器に贅の限りを尽くし、客室十八間を具えた旅館を設立した（「九州一の温泉宿」『九州日日新聞』一九〇九年七月七日付）。金波楼は現在も当時のままの建物で経営されており、平成二十一年に国の登録有形文化財（建造物）に指定された。

（181）高田焼とは熊本県八代市の高田手永で生産された陶磁器の総称で、地名をとって八代焼・平山焼と呼ばれることもある。松林の説明にもあるように、初代上野喜蔵（尊楷）がその祖とされ、後に熊本藩四代藩主細川綱利（一六四三〜一七一四）の時代から藩御用焼を務めた。精緻な象嵌を施した作品で知られるが、その他にも朝鮮や南蛮の陶器の写しから、鉄釉や染付等多彩な製品を産出した（福原透「八代焼——伝統の技と美」『八代の歴史と文化Ⅹ 八代焼――伝統の技と美』八代市立博物館未来の森ミュージアム、二〇〇〇年、一二一～一二三頁）。ここで松林が紹介をしている高田焼の歴史は、『八代焼資料集』所収の「加藤肥後頭清正公従当記、細川家御歴代ノ御征当記、并ニ上野家歴代ノ御征当記并ニ伝記」記載の「高田焼ノ履歴」とその内容が酷似している。本資料は大正五年（一九一六）四月、上野庭三によるものとの記載があるので、これを松林が見た可能性が高い（八代市立博物館未来の森ミュージアム編『八代焼資料集』八代市立博物館未来の森ミュージアム、二〇〇〇年、一二三一～一二三三頁）。

（182）上野庭三（一八五九～一九三〇）は、木戸上野家七代上野才兵衛（一八二四～一九〇四）の子。木戸上野家は初代喜蔵の長男の家系。松林が述べるように、上野才兵衛と庭三は二代忠兵衛（一六一五～一七〇三）の頃より住した高田村平山を離れて原料の土を産出していた葦北郡日奈久村へ転居した。現在の木戸上野家当主は十二代上野浩之氏である（蓑田勝彦「八代焼の歴史について――陶工上野家とその生産」、前掲『八代の歴史と文化Ⅹ 八代焼――伝統の技と美』〔一三四～五四頁〕、一三八頁）。

（183）加藤清正（一五六二～一六一一）

（184）細川忠興（一五六三～一六四六）

（185）木戸上野家、上野忠兵衛（一六一五～一七〇三）

（186）中上野家、上野藤四郎（一六二三～一六九八）

（187）木戸上野家、中上野家、奥上野家の三家。

（188）上野家から寺社への寄進、藩主の一族や家臣列への納品、個人の奉納のための誂品等が知られており、藩以外には完全なる非売品であったと断定することはできないとされている（福原前掲「八代焼――伝統の技と美」二〇〇〇年、一二八頁）。

(189) 木戸上野家歴代当主の履歴は、蓑田勝彦前掲書に詳しい。

(190) 八代市博物館未来の森ミュージアム学芸員の福原透氏によると、平山には登り窯が三基あり、万治元年の窯、その用心窯として築かれた江戸期の窯の二基は現在も存在が確認できる。ここで松林が触れている近代の窯は、この二基の西方のやや下ったところにあったとされるが、現状は駐車場になっており窯の痕跡は留めていない。

(191) 高田焼の原料である鳩山土については大正十一年(一九二二)の農商務省による報告書に詳しい(伊原敬之助「熊本縣葦北郡日奈久町附近鳩山土調査報文」農商務省『工業原料用鉱物調査報告』第七号、一九二二年、三二~四〇頁)。当文献には高田焼の歴史や大正九年調査時の上野家、吉原家の製造状況なども記載されている。

(192) 吉原八起(一八八〇~一九二九)は、日奈久竹之内の吉原窯の吉原二分造(素淵)(一八四七~一九三三)の子。吉原二分造は上野庭三の父、才兵衛の弟子にあたる(福原前掲、二〇〇〇年、一三二頁)。

(193) 鳩山土については以下に詳しい(伊原敬之助「熊本縣葦北郡日奈久町附近鳩山土調査報文」(農相務省『工業原料用鉱物調査報告』第七号、一九二二年一月、一~三二頁)。

(194) 註(236)を参照。

(195) 八代宮は南北朝時代の南朝の征西大将軍、懐良親王(一三二九~一三八三)を主祭神とする神社。八代町民から八代城内に親王奉祀神社創建の願い出があり、明治十三年(一八八〇)、熊本県が内務省に申請し、同年に創建された(松山能夫『明治維新神道百年史(第二巻)』神道文化会、一九六六年、四三~四六頁)。しかし、八代宮にはここで述べられているような祇園祭のような祭礼は知られていない。祭礼の記述に関しては、九州三大祭の一つとされる同市内の八代神社(妙見宮)の妙見祭のことを説明していると思われる。八代宮と八代神社が混同されている可能性については福原透氏にご指摘いただいた。
(196)(旧)日本セメント株式会社は明治二十一年(一八八八)設立。八代工場は明治二十三年(一八九〇)に八代町建馬に建設された。アジア各地に販路を広げたが、昭和に入り経営難に陥ったため、浅野セメントとの業務提携を進めた。日中戦争の勃発により資材調達が困難となり、昭和十四年(一九三九)に浅野セメントに吸収合併された(社史編纂委員会編『百年史 日本セメント株式会社』日本セメント株式会社、一九八三年、八六頁)。
(197)熊本県球磨郡球磨村神瀬にある石灰鍾乳洞。奥にはすり鉢状の穴があり、穴の底は池になっている。昭和三十七年に熊本県の天然記念物に指定された。洞窟内には熊野座神社がある(西岡鉄夫『熊本の天然記念物 熊本の風土とこころ』二十二、熊本日日新聞社、一九八〇年、一二〇〜一二一頁)。
(198)山城屋は鹿児島市築町(現:名山町)の朝日通にあった高級旅館(肥薩鉄道開通式協賛会編『鹿児島県案内』肥薩鉄道開通式協賛会、一九〇九年)。
(199)照国神社(鹿児島市照国町)は島津藩十一代藩主、島津斉彬(一八〇九〜一八五八)を祭神とする神社。文久三年(一八六三)、孝明天皇の勅命により島津斉彬は「照国大明神」の神号を授けられ、照国神社が創建された(三輪磐根『照国神社誌』照国神社社務所、一九九四年)。
(200)桜島の大噴火については以下の文献等に詳しい(鹿児島新聞社、鹿児島新聞記者編『大正三年桜島大爆震記』桜島大爆震記編纂事務所、一九一四年。東孤竹『桜島大噴火記』若松書店ほか、一九一四年)。
(201)鯵坂貞盛(南峰)は大正八年(一九一九)創刊の雑誌『改造』の創立メンバーの一人で、その名付け親として知られる(関忠果ほか編『雑誌「改造」の四十年』光和堂、一九七七年、三一〜三六頁)。
(202)慶田製陶所は、明治二十五年(一八九二)、田之浦製陶所(鹿児島市清水町田ノ浦)を買収した慶田茂平によって創業された。田之浦製陶所は、明治維新後に鹿児島県が藩窯の職人を集めて県営として運営されたが、明治八年頃からは共同窯となっていた。明治二十七年（一八九四）に茂平の甥の政太郎（一八五二〜一九二四）が経営を引き継いだ。当初は横浜の仲買商を経て製品の輸出を中心に行っていたが品質の低下を招いたため、政太郎の時代に品質の向上にとりくみ、国内向け製品の製作も行うようになった。やがて白薩摩よりも黄色味の強い黄薩摩の花瓶、香炉、茶器等を製作した（陶器全集刊行会編前掲書、六八頁。大西林五郎編『日本陶器全書 鑑定備考 巻四』興文閣、一九三〇年、四九〜五〇頁。鹿児島県歴史資料センター黎明館編『さつまやき—歴史とその多様性』鹿児島県歴史資料センター黎明館、一九八五年、一五頁）。尚、慶田製陶所は一九七〇年代に経営難に陥り、田ノ浦から鹿児島市紫原に移転した。その後慶田製陶所の敷地は田の浦窯となったが、慶田製陶所からの技術継承は行われていないため、慶田製陶所と田の浦窯に関係性はない。

(203) 大正八年の慶田製陶所の職工数は十五人、日雇い人夫二人である（渡辺芳郎「明治期から昭和戦前期の鹿児島県における陶磁器生産(二)——『鹿児島県勧業年報』『鹿児島県統計書』から」『人文学科論集』鹿児島大学法文学部紀要第五四号、二〇〇一年、（八五〜一二四頁）、九二頁）。松林がこの時に計測した窯は現在も田の浦窯敷地内にほぼ当時のままの状態で現存しているが、一般の見学は受け付けておらず非公開である。

(204) 田の浦窯の敷地内にはこの角窯の一部である可能性のある窯壁が現存している（非公開）。

(205) 北村弥一郎（一八六八〜一九二六）は石川県金沢市出身の窯業技師。明治十九年（一八八六）、東京職工学校化学工芸部陶器玻璃工科に入学しゴットフリート・ワグネルに師事した。卒業後は農商務省地質調査所技手、千葉県尋常師範学校教諭を経て、明治二十八年（一八九五）瀬戸陶器学校校長になる。明治三十（一八九七）には故郷

94. 北村弥一郎（『工学博士北村彌一郎窯業全集 第三集』より）

の石川県に帰り、石川県工業学校教諭を務めた。明治三十五年（一九〇二）から農商務省の海外実業練習生としてフランスのリモージュに留学した。明治三十九年からは農商務省に勤務。大正六年（一九一七）に官職を辞した後は、京都の松風陶器合資会社、金沢の日本硬質陶器株式会社、釜山の朝鮮硬質陶器株式会社等で要職を兼任した（熊澤治郎吉『工学博士北村弥一郎全集 第一巻』社団法人大日本窯業協会、一九二八年、一～七頁）。

（206）隈元製陶所は明治三十年（一八九七）頃に隈元金六が設立し、主として薩摩金襴手の花瓶、香炉、置物、茶碗等の高級品を製造した。鹿児島市柳町一一六番（現：鹿児島駅前）にあったが、既に廃業し工場及び登り窯は現存はしていない。その製品には「陶弘山」等の銘が入る。肥薩鉄道開通式協賛会編前掲書、陶器全集刊行会前掲書七〇頁参照。隈本製陶所の所在地については渡辺芳郎氏、深港恭子氏にご教示いただいた。大正八年の隅元製陶所の生産規模については以下を参照（渡辺前掲書、九二頁）。

（207）大正八年（一九一九）の隈元製陶所の雇用職工及び徒弟数は二十名（男十五名、女五名）であるため、松林の三十人との記録とは齟齬が認められる（渡辺前掲書、九二頁）。

（208）指宿バラ土の産地は指宿郡東方村松ヶ窪（現：鹿児島県指宿市東方）。耐火性に富み、霧島粘土よりも価格が安いために薩摩焼の素地の主要原料として用いられる。バラ土は可塑性に乏しい（田原順一「薩摩焼の現状」『大日本窯業協会雑誌』第二十三集二七三号、一九一五年五月〔四四一～五二頁〕四四五頁）。

（209）指宿ネバ土の産地は指宿バラ土と同じ、指宿郡東方村松ヶ窪。産地は同じで性質も近いがネバ土は可塑性に非常に富む（田原前掲書、一九一五年五月、四四四～四四五頁）。

（210）加世田砂の産地は鹿児島県川邊郡西加世田村野間獄（現：鹿児島県南さつま市加世田）。片浦砂ともいう。流紋岩が砕けて砂状になったもの。素地の可塑性を低減すると同時に、焼成品を焼き締まらせる効果が

ある（田原前掲書、一九一五年五月、四四四〜四四五頁）。

(211) 霧島粘土の産地は鹿児島県姶良郡牧園村中津川新床（現：霧島市牧園町）。淡い灰色を帯びた粘土で極めて白く焼き上がる。可塑性に乏しく吸水性は高い。薩摩焼原料では最も質が高いとされるが、産出量が少ない上に産地が遠く運搬費用がかさむため高価であったとされる（田原前掲書、一九一五年五月、四四四〜四四五頁）。

(212) 粟田口焼ともいう。京都市東山区三条通蹴上粟田口地域で焼かれた陶器。明治期には薩摩焼に似た、貫入の入った陶器に色絵を施す京薩摩の生産が中心となる。しかし、大正期以降に徐々に衰退し、戦後は数件の陶家を残すのみとなった（矢部前掲書、五八〜五九頁）。

(213) 出雲焼は出雲国松江藩内にあた楽山焼と布志名焼の総称。共に松江藩の御茶碗師を務めた。特に布志名焼は京焼の写しが多く、交趾写しも生産している。

(214) 淡路島（兵庫県南あわじ市北阿万伊賀野）で焼かれた陶器。珉平焼・伊賀野焼ともいう。賀集《かしゅう》珉平（一七九六〜一八七一）が文政年間（一八一八〜一八三〇）に開窯。京焼の陶工、尾形周平（一七八八〜一八三九）を招聘し技術を学んだ。京焼の写しや、安南・交趾写しなどを多く生産した（稲葉信之「淡路焼」（『陶器講座 第五巻』雄山閣、一九三八年、一〜二五頁）。

(215) 薩摩焼釉薬の調製については、田原前掲書、一九一五年五月、四四七〜四四八頁に詳しい。

(216) サボテンの別名。

(217) 「ヒガシイチキ」が正しい。

(218) 大正八年（一九一九）は十三代沈壽官（一八八九〜一九六四）の時代。十三代沈壽官は明治三十九年（一九〇六）の十二代沈壽官（一八三五〜一九〇六）の没後に、弱冠十七歳で家業を継ぎ十三代沈壽官を襲名した。松林も指摘しているように、明治期後半から大正期にかけて、薩摩焼の絵付けの中心は市内に移り、苗代川は厳しい時代を迎えていた。十三代はその中で、苗代川陶器組合長など四十年間務め地域の製陶業の発展に尽くしたことで知られる。昭和三十八年（一九六三）県民表彰を受けた。沈壽官窯は現在も当時と同じ場所で十五代沈壽官氏が白薩摩など多彩な制作活動を行っている（近代の沈壽官窯については金子賢治「沈壽官と近代工芸の歴史」金子賢治監修『薩摩焼 桃山から現代へ CHIN 歴代沈壽官展』朝日新聞社、二〇一一年、一九～二二頁。深港恭子「薩摩焼の歴史と沈壽官窯」金子賢治監修前掲書、二六～三一頁等を参照）。

（219）田原順一という人物が大正四年（一九一五）に『大日本窯業協会雑誌』に寄稿した記事には、当時の苗代川一帯の薩摩焼全体を評して「繪付業は現時全く之れを行はず白素地の製造のみに従事し之れを鹿児島市の繪付専門業者に販売するのである」とし、「其の事業のスケールの上に於て小さく製造技倆の上に於て不完全不圓熟な點が少くない」としている。これは、本書の記述と共通し、大正八年（一九一九）になっても、苗代川の経営にいまだ好転は見られていないように読み取れる（田原前掲書、一九一五年五月、四四二頁）。

（220）Alfred Broadhead Searle, *Kilns and kiln building*, London: Clayworker Press, 1915.

（221）薩摩焼の窯詰には図の様な天秤積（詰）を用いる。この方法については、田原順一前掲書、四四九頁にも図示して説明されている。

（222）堅野冷水窯跡では、穴空き匣鉢が多数出土しており、美山の雪山遺跡からも出土例が見られる。穴空き匣鉢については渡辺芳郎氏にご教示いただいた。

（223）川崎齋示の詳細については不明である。

（224）津名郡立陶器学校のことであると思われる。同校は明治三十年（一八九七）津名郡志筑町に設立されたが、明治三十七年（一九〇四）に廃校となった（井高前掲書、五五～五九頁）。

(225) 蛙目粘土のこと。花崗岩を母岩とし、多量の珪石や長石の砂質を含有する。濡れた時にこれらの粒子が蛙の目玉に見えることからこの名がついたとされる。当時の蛙目粘土の産地は、愛知県、岐阜県、京都府、滋賀県、三重県などである。水簸して不純物を取り除いてから使用する（松林靏之助『製陶法（京都市立陶磁器試験場付属伝習所での講義ノート）』等参照）。

(226) 東郷茂徳（一八八二～一九五〇）は太平洋戦争開戦時及び終戦時の外務大臣。東郷（朴）壽勝（一八五五～一九三七）の長男。壽勝は陶工ではなかったが、常時数名の陶工を雇い、自家の窯で製作した陶器類を横浜の外国人向けに販売し財を築いたとされる。東郷茂徳は東京帝国大学文科大学ドイツ文学科を卒業した後、大正元年（一九一二）に外務省に入省。欧亜局長、ドイツ大使、ソ連大使等を歴任の後、昭和十六年（一九四一）東條内閣で外務大臣に就任した。日米開戦後は外務大臣を辞任し貴族院議員となる。終戦直後の鈴木内閣で再度外務大臣に就任した。戦後はA級戦犯として禁固二十年の刑を受け、巣鴨拘置所で服役中に病死した。東郷茂徳の生涯については、萩原延壽『外相東郷茂徳』（原書房、一九八五年）に詳しい。

(227) 前掲の田原順一による大正四年（一九一五）の「薩摩焼の現状」には、「各〔名〕工沈壽官歿して以来其の衣鉢は幸ふして東郷壽勝なる人によりて繼がれたるも之又今は寄る年波に往時の妙義を揮ふに由なく」とある。ここで東郷壽勝は十二代沈壽官（一八三五～一九〇六）を継ぐ者として言及されていることから、薩摩金襴手様式の作品を制作していたものと思われる（田原前掲書、四四二頁）。しかし、松林が訪れた大正八年（一九一九）までには廃業した。大正期の東郷壽勝（茂徳の父）の旧宅には、壽勝に雇われた数名の陶工が陶業に従事し、小作人が農耕を続けていた（萩原延壽「（Ⅱ）東郷茂徳 伝記と解説」荻原前掲書、一三〇頁）。

(228) 大迫寿智氏についての詳細は不明である。

(229) 現在東郷家とその窯跡は、元外相 東郷茂徳記念館になっている。東郷家の登り窯は同館敷地内に底部のみ現存している。

（230）田原順一前掲書付図、では薩摩焼登窯の最大のものとしてその実測図が示されているが、窯の床は全て階段状になっている。松林によれば、階段状になっていた窯は慶田製陶所の登り窯のみとのことであるので、田原の調査した窯は慶田製陶所のものである可能性がある。しかし、松林によれば階段状になっているのは一部の窯床のみとあるが、田原の実測図では六室すべての窯床が階段状になっている。

（231）渡辺芳郎氏によると、鹿児島県内で焼成室床面が傾斜する連房式登窯は、近世では鹿児島市竪野冷水窯跡，始良市加治木町龍門司古窯跡がある。後者は十八世紀初頭に開かれ、昭和二十年代まで使用されていた。苗代川では明治末から昭和戦前期に稼働したと思われるＡ07地点窯の焼成室床面が傾斜している。いずれも陶器を焼成した窯である（戸崎勝洋他編『竪野（冷水）窯址』社団法人鹿児島共済南風病院、一九七八年。関一之編『中田遺跡』始良市教育委員会、二〇一二年。渡辺芳郎「日置市美山・苗代川窯跡群測量調査報告――Ａ〇七・Ａ〇八地点」『鹿大史学』五十五号、二〇〇八年、三九～五八頁）。

（232）薩摩焼の販路の拡大の妨げとなっていたのはその価格が高額であったからとされているが、それは原料価格が他地域に比べて高かったことが原因と考えられる（田原順一「薩摩焼の現状」『大日本窯業協会雑誌』二十三集二七四号、一九一五年六月、〔五二三～五三〇頁〕、五二五～五二八頁）。

（233）帯屋は熊本県八代郡八代町にあった旅館（九州沖縄八県聯合共進会協賛会編『熊本縣案内』九州沖縄八県聯合共進会協賛会、一九〇一年、一六〇頁）。

（234）この登り窯は現在は使用されていないが、肥薩おれんじ鉄道線日奈久温泉駅の裏手に現存する。

（235）別紙の青色写真は現存していない。

（236）上野十吉という人物は上野家歴代には存在しない。平山で活動しており、大正八年（一九一九）に六十歳に近いという記述から、中上野家の上野次（治）郎吉（昭和十年に八十七歳で没）である可能性が高い。「じろきち」の発音がなまっていて「じゅうきち」と聞き違えたと推測される。

(237) この時松林が調査をした割竹窯は八代市平山新町に現存しており、昭和三十八年（一九六三）一月二十二日に「高田焼平山窯跡」として県指定の史跡に指定されている。万治元（一六五八）年に上野焼の祖、尊楷（上野喜蔵）の子、上野忠兵衛と徳兵衛によって築かれたものであるとされる。平山の斜面に築かれたもので、ここで述べられているように全長約二十メートル、全八室と焼成室を備えた窯である。

(238) 中上野家は上野次郎吉の子、上野彦三（一八七五〜一九五五）の代に廃業している。

(239) 株式会社香蘭社の前身。有田において長年陶業を生業としてきた深川家の八代深川栄左衛門が、一八七六年のフィラデルフィア万国博覧会に向けた高級磁器製品・販売会社として、辻勝蔵や深海墨之助ら有田の諸有力陶家とともに合本組織香蘭社として設立した。松林訪問当時の社長は九代深川栄左衛門である。

(240) 大正九年（一九二〇）頃の京都府による調査報告書には、この時松林が測尺を許されなかった香蘭社の登り窯の寸法が記載されている（京都府編前掲書、三二一〜三二三頁）。

(241) 大正八年（一九一九）の香蘭社の使用職工及徒弟数は一八一人であるため、その数に大きな開きがあるが、その理由は不明（有田町史編纂委員会編『有田町史 陶業編 Ⅱ』二六三頁）。

(242) **Aerograph** 圧縮空気を利用して泥漿などを霧状に噴射する器具。エイログラフやエイログラプと表記されることが多い。

(243) 北村弥一郎が設計した石炭窯は、農商務省からの補助を受けて明治四十二年（一九〇九）に完成した。使用された耐火煉瓦は三石から購入された。一階が本焼き窯で二階が素焼き窯という構造であったが、当初の焼成の成績は芳しいものではなかった（金岩昭夫「有田に於ける石炭窯の変遷」『研究紀要』第一号、有田町歴史民俗資料館・有田焼参考館、二〇〇二年、三五～三九頁）。しかし、大正十二年（一九二三）に二階の窯が取り壊された後は成績が良くなり使用されるようになった（有田町史編纂委員会編『有田町史　陶業編Ⅱ』三〇六～三〇九頁）。

（244）有田で明治後期から採用され始めた単窯（一間窯）のことであろう（有田町史編纂委員会編『有田町史　陶業編Ⅱ』二九七頁）。

（245）有田製陶所は明治四十二年（一九〇九）に辻勝蔵の長男、辻喜一と大阪の商人和久栄之助によって設立された。明治四十四年には和久単独の事業となり、松林が述べるように主に各種タイルを製造した（熊澤前掲書、一九二九年、二五三～二五四頁。松本源次『焱の里有田の歴史物語』一七六頁）。大正九年頃のものと思われる京都府の調査報告では、有田製陶所には倒焔式角窯が四基あった。一回で約五百万枚のテラコッタタイルを焼成し、月に七、八回の焼成を行った（京都府編前掲書、三三三頁）。

（246）大正八年（一九一九）の有田製陶所の職工及び徒弟数は四十二名である（有田町史編纂委員会編『有田町史　陶業編Ⅱ』二六四頁）。

（247）伊奈初之丞（一八六二～一九二六）の工場のことか。伊奈初之丞は土管やタイルなどの製造を行い、常滑の窯業の近代化を推し進めたことで知られる。大正十年（一九二一）に伊奈初之丞の長男の長三郎が伊奈製陶所を設立。現在、株式会社ＬＩＸＩＬが展開するブランドＩＮＡＸの前身である。

（248）京都市立陶磁器試験場付属伝習所特別科で松林の製陶法の担任であった瀧田岩造のこと。瀧田は東京高等工業学校窯業家の卒業生で、後に大阪工業試験場の技師となった。

（249）城島工場の窯の寸法は本書に掲載されていない。しかし、松林の調査時のノートに記載があるためここに記す（松林鶴之助『九州調査時のノート』一九一九年）。

	室の大いさ 長	室の大いさ 巾	室の大いさ 高	狭間穴 數	狭間穴 巾	狭間穴 高	狭間穴 深	穴の高さ	勾配ノ差	出入口 巾	出入口 高	側壁の厚サ	火床ト床トの差	備考
第一室														素焼室
					〇、三	〇、八	一、二	〇、七五						
第二室	二一、二	一一、四	九、〇							二、二	五、三	0.9 2.6	〇、三	
				三六	〇、二五 〇、二五	〇、二五 〇、三	一、三五	二、六 〇、七	二、二					
第三室	二九、〇	一二、四	九、九							二、一	五、五	0.9 2.6	〇、四	
				三八	〇、二五 〇、二五	〇、三五 〇、二五	一、四	二、八 〇、六	二、六					
第四室	二四、七	一三、七	一〇、七							二、二	五、二	0.9 2.7	〇、四	
				四〇	〇、二五 〇、二五	〇、三五 〇、二五	一、三五	三、二 〇、九	二、七					
第五室	二五、〇	一四、五	一一、二							二、〇	五、二	0.9 2.2	〇、四	両火床は深しハ
				三一	〇、二五 〇、二五	〇、二五 〇、二五	一、四	三、四 〇、四五	三、二					
第六室	二六、一	——	九、五							二、九	五、五	0.9 2.6	一、五	素焼室
														小素焼室アリ

(250) 東洋館(佐賀県武雄市武雄町大字武雄)は慶長期に「諸国屋」として始まったとされており、徳川時代には参勤交替の脇本陣に定められた。宮本武蔵が逗留したことでも知られる。東洋館は現在も湯元荘東洋館として現在も同地で経営されている。

(251) 杵島郡武雄町桜山公園の麓に湧出する温泉。神功皇后三韓親征の時、一夜夢にみたことがきっかけで発見されたといわれる。『肥前国風土記』では白鷺の湯と呼ばれる歴史ある名湯(足利武三・井上優『九州の温泉と山　一二〇湯六〇山』西日本新聞社、一九九二年、五一~五二頁)。

(252) 辰野金吾(一八五四~一九一九)の設計により大正三年(一九一四)に完成した武雄温泉の象徴である竜宮門のこと。

(253) 小野原《おのばる》窯(形右衛門窯)のことであると思われる。古川形右衛門の所有で甕や土管など大型製品を焼成した。松林の記述では九室となっているが、大正九年頃に行われた京都府の調査では全十一室とされ全室の寸法が記録されている(京都府編前掲書、一二~一三頁)。野田伝『橘町の甕窯について』(一九七五年)二一頁にも同窯について記載があり、東洋一の巨大な登り窯で、全十二室をそなえていたとする。現在この窯のあったおつぼ山神籠石は、現在国の史跡に指定されている。小野原窯に関する内容は武雄市教育委員会の原田保則氏のご教示による。

(254) 志田焼については以下を参照。塩田町歴史民俗資料館編『塩田のやきもの――志田焼 第一~三回図録の総集編』塩田町教育委員会、二〇〇〇年。

(255) 肥前商会は陶料並びに磁器製品の製造販売業者。大正六年(一九一七)に西肥商会陶業株式会社と陶料株式会社とが合併して設立された。大正十年(一九二一)の職工人数は約六十名。同年の坏土の生産量は三、四百万斤。磁器製品は朝鮮半島向けの碗製品を主とし、一カ月二、三十万個を生産した。焼成には一回の焼成で石炭二万四、五千斤を要する角窯を使用した（京都府編前掲書、一六〜七頁）。松尾文太郎の詳細については不明である。

（256）京都市立陶磁器試験場初代場長、藤江永孝（一八六五〜一九一五）のこと。石川県金沢市出身。東京職工学校陶器玻璃工科でゴットフリート・ワグネルに師事。農商務省を経て、明治二十八年（一八九五）備前陶器会社に入社。明治二十九年（一八九六）から京都市立陶磁器試験場場長を務めた。京都の窯業の近代化を推し進めた人物として知られる。藤江については故藤江永孝君功績表彰會編『藤江永孝傳』故藤江永孝君功績表彰会、一九三二年に詳しい。

95. 藤江永孝（『藤江永孝傳』1932年より）

（257）江戸時代から続く名古屋の陶器商の名門、宇佐美屋の佐治春蔵が大正七年に始めた工場のことであると思われる。同工場は昭和に入りタイル製造を専業にする佐治タイルとなり、日本有数のタイル製造業者となった。戦時中は軍の指定工場として砥石や耐火物の生産を行った（名古屋陶磁器会館編『名古屋陶業の百年』名古屋陶磁器会館、一九八七年、三三七〜三四一頁）。

（258）Membrane pump 容積ポンプの一種。ダイアフラムポンプともいう。

（259）木節粘土のこと。花崗岩を母岩とする粘土で炭化した木片を含有し、割ると木片のように割れることからこの名がある。炭質を含むために灰色や黒色を呈する。当時の国内の産地は、愛知県、三重県、奈良県、京都府、福島県などである（松林鶴之助『製陶法（京都市立陶磁器試験場付属伝習所での講義ノート）』参照）。

（260）嬉野温泉は藤津郡西嬉野村河畔に湧出する温泉。その歴史は古く『肥前国風土記』には「塩田川の源に渕あり。その東のほとりに湯の泉ありて、よく人の病を癒す」とある（足利武三・井上優前掲書、五六頁）。

(261)和多屋は当時から嬉野温泉を代表する高級旅館。昭和十八年(一九四三)に実業家の小原嘉登次(一九〇六～一九九九)に買収された(小原健史『気骨の流儀――明治の男・小原嘉登次物語』たる出版、二〇一一年)。

(262)源六焼は嬉野町内野山で生産された焼物。富永源六(一八五九～一九二〇)は釉下彩の技法を駆使した高級食器の生産を行い、販売を代理店と直営店で行うことにより、有田磁器よりも安価に製品を提供し成功をおさめた。松林は富永製磁合名会社としているが、大正九年(一九二〇)頃の京都府による調査報告書には富永陶磁器合名会社とある(京都府編前掲書、二〇頁)。万国博覧会での受賞も多く、海外コレクション所蔵の作品も多く知られる。何度かの会社組織の変更を経て五代まで続いたが、昭和四十七年(一九七二)に廃業した。源六焼については以下を参照(嬉野陶磁文化研究会編『佐賀県嬉野から世界へ華開いた近代の名陶 源六焼』嬉野陶磁文化協会、二〇〇七年)。

(263)ここで松林が述べるように初代源六は五人の男子に恵まれた(長男 真一、次男 源平、三男 清平、四男 平六、五男 悦次郎)。長男真一は有田工業学校の卒業生で、大正十二年(一九二三)、初代の死去に伴い源六に改名、会社名も合名会社から合資会社に変更し、製品の販売先の拡充を行った(西健一郎「源六焼」嬉野陶磁文化研究会編前掲書、九六～一一三頁)。

(264)Regenerative system kiln 生じた熱を複数の用途に用いる為、効率の良い窯のことか。

(265)瀬戸の本山で産出される木節粘土のこと。

(266)Efficiency 効率のこと。

(267)Exhaust 排気管のこと。

(268)八剱神社の誤り。福岡県遠賀郡水巻町大字立屋敷字丸ノ内にあり、主祭神は日本武尊と砧姫。

(269)日本武尊が植えたという伝説のある公孫樹は現在もあり、樹齢は約一九〇〇年とされている。公孫樹の伝説については、水巻町誌編纂委員会編『水巻町誌』水巻町、二〇〇一年に詳しい。

(270) 大正十四年(一九二五)当時の八幡製鉄所の地図には松林が述べる様に、八幡駅から枝光駅まで製鉄所の工場が続いている(八幡製鉄所所史編さん実行委員会編『八幡製鉄所八〇年誌 資料編』新日本製鉄株式会社八幡製鉄所、一九八〇年、六二~六三頁)。

(271) 伊藤君とは、京都市立陶磁器試験場付属伝習所の視察旅行で、大正七年(一九一八)十月二十一日から七日間の日程で行われた滋賀・三重・岐阜・愛知県の窯業地の視察旅行の途中、スペイン風邪を罹患し急死した同級生のことである。

(272) 三田尻駅は昭和三十七年(一九六二)防府駅に改称された。

(273) 「耐酸炻器」。耐酸炻器とは酸やアルカリに強い陶磁器製品。国内の理化学工業の発展にともない化学薬品の保存などの用途で需要が拡大していた。

(274) Capacity 許容量のこと。

(275) **Cassel kiln** ドイツで煉瓦焼成のために用いられた一般的な窯。全長四~一〇メートル、高さ三~四メートルの長方形の焼成室を持つ単室平地窯の一種。明治二十年(一八八七)、日本煉瓦製造会社が化粧煉瓦製造用にドイツから輸入した(ダニエル・ロードス前掲書、四八頁)。

(276) **Horizontal draught kiln** 水平焔式窯の事。ドイツのカッセル窯、英国のニューカッスル窯に代表される、焼成時の炎や熱が基本的に水平に進み煙突に到達するような構造をもつ窯のこと。一般的に煉瓦製造にもちいられる(ダニエル・ロードス前掲書、五〇~五一頁)。

『九州地方陶業見學記』の時代——大正八年における九州の陶磁器業

前﨑信也

『九州地方陶業見學記　全』（以下『見学記』）は大正八年（一九一九）に松林靏之助（図1：一八九四〜一九三二）によってまとめられた調査旅行記である。京都市立陶磁器試験場附属伝習所（以下、伝習所）特別科の二年生で、卒業を二か月後にひかえた頃のこと。彼は、三年間の伝習所での修学の締めくくりとして九州陶磁器業の見学旅行を思い立つ。正月もまだ明けやらぬ一月二日に京都を出発すると、二十三日間をかけて九州を巡り、各県の窯業地を調査。その結果を『見学記』としてまとめたのである。

図1 松林靏之助（大正12年）
（朝日焼松林家蔵）

『見学記』（図2）は全一一〇丁、袋綴（和装・四つ目）の

図2『九州地方陶業見學記 全』
（朝日焼松林家蔵）

大本。京都府宇治市で朝日焼を営まれている松林家に所蔵されている。(1) 一見手書きの写本のようにみえるが実際はカーボン紙による複写である。おそらく原本は別にあり、完成後に伝習所に提出されたと推測される。本書に記載された挿図の数は百点、表は二十六点、調査先は大分県と宮崎県を除く九州五県に点在する四十あまりの陶磁業者である。目次を見ればすぐにその内容の充実ぶりに気づかされる。磁器生産地として名高い佐賀県の有田であれば、香蘭社や深川製磁といった大工場をはじめ、辻精磁社のような高級品主体の工場から、松尾工場のようなタイルや便器などの衛生陶器を中心にしていた工場まで含まれる。工場の規模や製品の種類に関係なく、あらゆる製磁業者が調査対象となっているのである。

有田の他にも、高取焼、唐津焼、高田焼、大川内焼、三川内焼、薩摩焼など、かつて江戸時代に諸藩の御用窯として栄えた陶家・陶業地の大正期の経営の様子が詳細に描写されている。更に、窯業製品であるというつながりから、博多人形の生産や、道中の列車の車窓からみた中国地方各地に広がる煉瓦工場の様子についても触れられている。これは窯業を専門とした松林

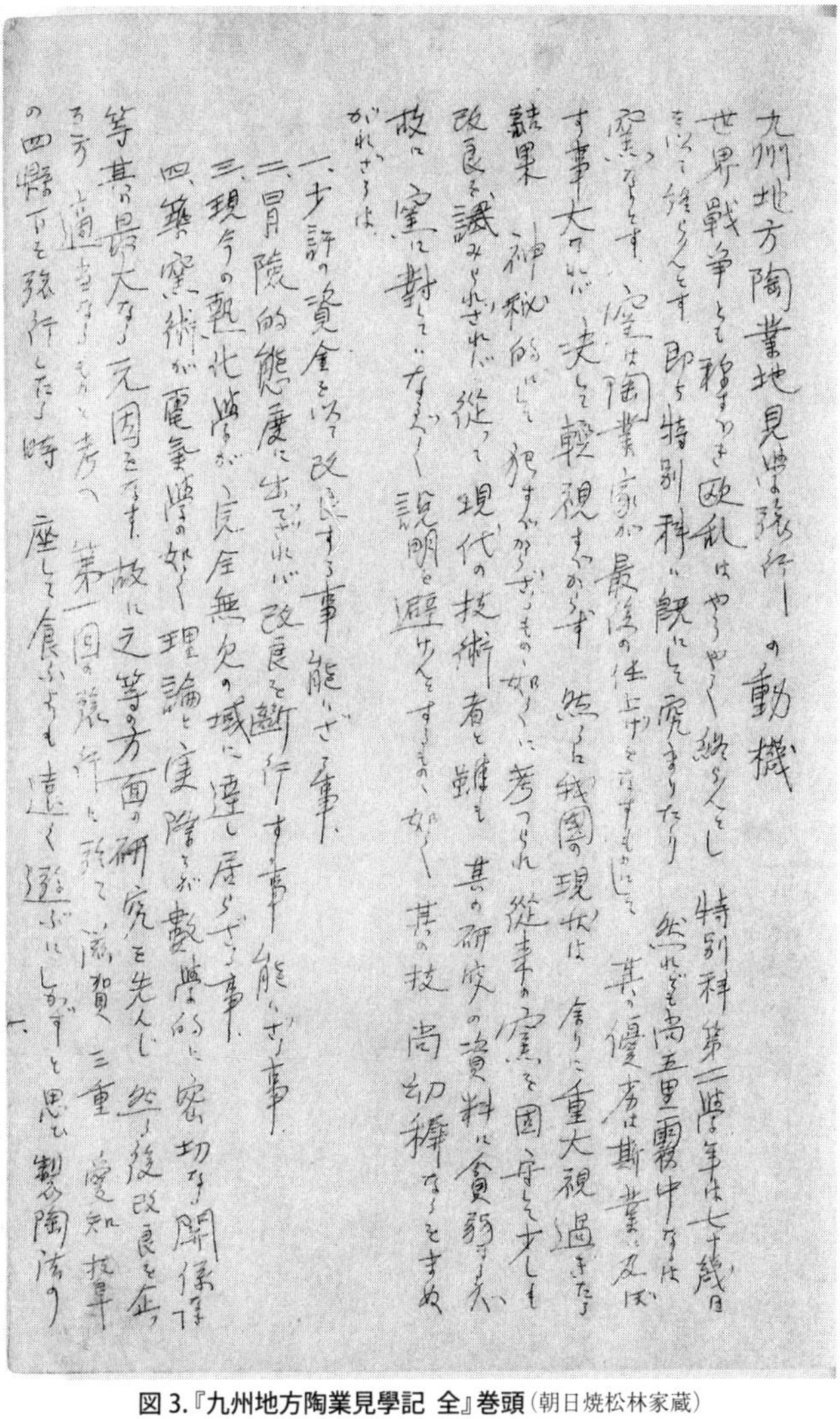
九州地方陶業地見學旅行の動機
世界戦争とも称すべき欧乱はやうやく終らんとし　特別科第一学年は七十歳目
を以て終らんとす　即ち特別科は既にして究まりたり　然れども尚五里霧中なるは
窯なりとす　窯は陶業家が最後の仕上げをなすものにして　其の優劣は斯業に及ぼ
す事大なるに　決して軽視すべからず　然るに我国の現状は　余りに重大視過ぎたる
結果　神秘的にして　犯すべからざるものゝ如くに考へられ　従来の窯を固守して少しも
改良を試みられざれば　従って現代の技術者と雖も　其の研究の資料に貧弱なる
故に　窯に対しては　なるべく説明を避けんとするものゝ如く　其の技　尚幼稚なりとす
がれざるは、
一、少許の資金を以て改良する事能はざる事、
二、冒険的態度に出でざれば改良を断行する事能はざる事
三、現今の熱化学が完全無欠の域に達し居らざる事
四、築窯術が電気学の如く理論と実際とが数学的に密切なる関係な
等其の最大なる元因をなす　故に之等の方面の研究を先んじ　然る後改良を企
るを適当なりと考へ　第一回の旅行として滋賀　三重　愛知　岐阜
の四県下を旅行したる時　座して食ふよりも遠く遊ぶにしかずと思ひ　製陶法の
一、

図 3.『九州地方陶業見學記 全』巻頭（朝日焼松林家蔵）

鶴之助だからこそ見ることのできた景色に違いなく、読者は『見学記』を通して大正期における西日本の窯業の実態を追体験することができるのである。

本書の史料的価値は九州の窯業史に関してだけにとどまるものではない。松林が序文で「感涙流る、親切あり、血を搾る労苦あり、骨をも溶かす女あり、日奈久、湯之元、武雄、嬉野等の温泉あり、各地の方言、人情、風俗習慣あり」(2)と述べている。言葉通り、道中の列車や船上でのエピソード、各地の名所旧跡の感想、逗留した温泉旅館についてなど、大正期の九州の風俗を記録した郷土史資料としても貴重な内容を含むものである。

『見学記』がまとめられるに至った経緯を知るために、ここで松林鶴之助と京都の陶磁業、そして伝習所について説明をする必要があるだろう。松林鶴之助は明治二十七年(一八九四)三月十八日に朝日焼十二代松林昇斎(一八六五〜一九三二)の四男として生まれた(3)。明治四十一年(一九〇八)に地元の莵道尋常高等小学校高等科を卒業。その後は十年以上家業に従事した。やがて伝習所への入所を希望するようになり、父から入学の許可を得たのは大正五年(一九一六)四月のことである。学生とはいえ彼は既に二十二歳になっており、同じ年に試験場の技師として採用された濱田庄司(一八九四〜一九七八)と同い年であった(4)。

京都市立陶磁器試験場は、京都窯業の近代化及び、府下の陶磁器業者の試験費用の軽減等を目的に明治二十九年(一八九六)年に創立された。附属伝習所は明治後期に全国各地に設立された窯業技術者養成機関の一つである。[5] 明治三十二年（一八九九）年に設立されると試験場の技師らが教員となり、主に京都市内の陶磁業者の子息に近代的な窯業技術を教えた。[6]

朝日焼にはこの『見学記』の他にも、松林が伝習所に在籍していた時の日記の一部（大正五年四月〜八月、大正六年四月〜十二月）、講義ノート、試験報告書、調査報告書、成績表などが現存している。[7] これらによると、初年度は伝習所の陶画科に所属したが、幼少期からの実家での経験もあり絵も得意だったために、二年間の課程を一年で修了することを許されている。二年目からはより総合的な内容の特別科に入り、合計三年間を伝習所で過ごした。特別科の講義内容は轆轤や陶画といった実技から、物理・数学という理論、そして英語と多岐にわたるものであった。[8] 教科によって教員は異なるが、彼の日記には大須賀と濱田の名前を頻繁に見ることができる。大須賀真蔵（一八八八〜一九六四）は彼の製陶法・化学・実験を、濱田庄司は製陶法・化学・数学を担当しており、松林の担任の様な立場であったらしい。

特別科に在籍した二年間、松林が特に興味を示したのは日本の陶磁器窯、特に登り窯の構造についてである。その理由については『見学記』の序に述べられている。

窯ハ陶業家が最後の仕上げをなすものにして、其の優劣は斯業に及ぼす事大なれバ、決して輕視すべからず。然るに我國の現状は、余りに重大視過ぎたる結果、神秘的にして犯すべからざるもの、如くに考へられ従来の窯を固守して少しも改良を試みられざれバ、従って現代の技術者と雖も、其の研究の資料に貧弱なるが故に、窯に對してなるべく説明を避けんとする〔後略〕(9)

つまり、日本では旧来から用いられてきた陶磁器窯を重要視するあまり、研究が進まずに改良が遅れているというのである。そこで彼は全国の主要な窯業地で使用されている窯の構造を研究することとし、三度に分けて日本各地の窯業地を踏査した。第一回目の調査では、滋賀・三重・愛知・岐阜の四県を、第二回目は石川県を、そして第三回目は九州の五県を巡った。この調査の内、第三回の調査報告書が本書にあたる。残念ながら第一回の報告書は一部のみしか現存していないが、第二回目の石川県への調査は大正七年(一九一八)十一月に行われ、その報告書は『石川県陶業地方見學記』(未公刊)として松林家の所蔵となっている。

近代窯業に関する資料は決して少ないということはないが、その多くがそれぞれの窯業地について個々に記録されたものであり、客観性に乏しいものが少なくない。同様の調査の例として挙げるべきは、明治後期から大正初期にかけて行われた北村弥一郎の全国窯業地調査である。対象とする範囲の広さでは北村の報告に比肩することはできない。しかし松林の報告でも、北村報告と同様に、調査した各県の窯業を一定の視点から評価・比較している。『見学記』中の例を挙げれば、瀬戸陶器学校と有田工業学校の比較や、有田製陶所と美濃の伊奈工場、帝国窯業株式会社と石川の硬質陶器株式会社の比較などがそれにあたる。[11] このような記述が、近代窯業史を検討する上において貴重かつ重要なものであると評価することに異論はないであろう。

大正八年における陶磁器業の動向と九州

松林の調査旅行が行われた大正八年一月は九州の陶磁器業にとってどのような時代だったのだろうか。この問いに答える際に避けて通る事が出来ないのは、第一次世界大戦との関わりである。大正三年(一九一四)、欧州で第一次世界大戦が勃発すると、欧州からの贅沢品の輸入禁止による輸送船の不足などから輸出陶磁器が大打撃をうけた。[12] これを受けて欧米向け専門だった製造業者が、国内向けや朝鮮・中国・東南アジア・インド向けに新しい販路を求めた。その結果として国内市場は供給過多となり、売り上げが激減したことによる倒産も少なくなかったという。[13] しかし、大正五年の初頭には、欧州随一の窯業国であったドイツからの輸出が途絶えたことにより、アメリカ・東南アジア・インド方面からの日本製品への需要が増大した。[14] この好況は大正七年十一月に第一次世界大戦が終わるまで続いたが、[15] 終戦直後は欧州からの輸出が再開するとの憶測から日本製品の買い控えが進み、景気は一時急速に後退した。[16] しかし、大正八年の後半には戦争での欧州諸国の被害が予想以上に大きかったことによる復興需要によって再び好況がおとずれたとされる[17]。

明治末期から大正時代は、時代が進むにつれて生産される製品にも大きな変化がみられた。明治前期の窯業界の主力製品といえば、精巧な装飾を施した花瓶などの高級品から日用の食器という、うつわとしての用途をもつ陶磁器であった。しかし、明治後期以降、生産額からみた窯業の主役は陶磁器から碍子・セメント・瓦・煉瓦といった工業用製品に転換をはじめていた。生産額で常に首位にあった陶磁器分野の生産額が、セメントのそれに追い越されたのが大正六年(一九一七)であり、碍子の生産額も同年から陶磁器の生産額に肉薄している[18](表1)。このように大正五年から八年にかけての第一次世界大戦を契機とする好況は、日本の窯業界にとってさまざまな変化をもたらせたのである。

松林が九州の窯業調査に出発をしたのは、大正八年一月二日。そのおよそ三週間前の大正七年十一月十一日、連合国軍とドイツ軍が休戦協定を結んでいる。つまり、松林は近代窯業の一契機と呼ぶことのできる大正五年からの好景気の最中に九州陶業の調査旅行に出発したということになるのである。

『見学記』の調査の中心は、有田・伊万里・唐津等を擁する佐賀県であったことは言うまでもない。京都市立の伝習所の生徒であり、京都の陶家に生まれた松林のことであるから、陶磁器の

表１：窯業品生産額の推移（大正４〜７）

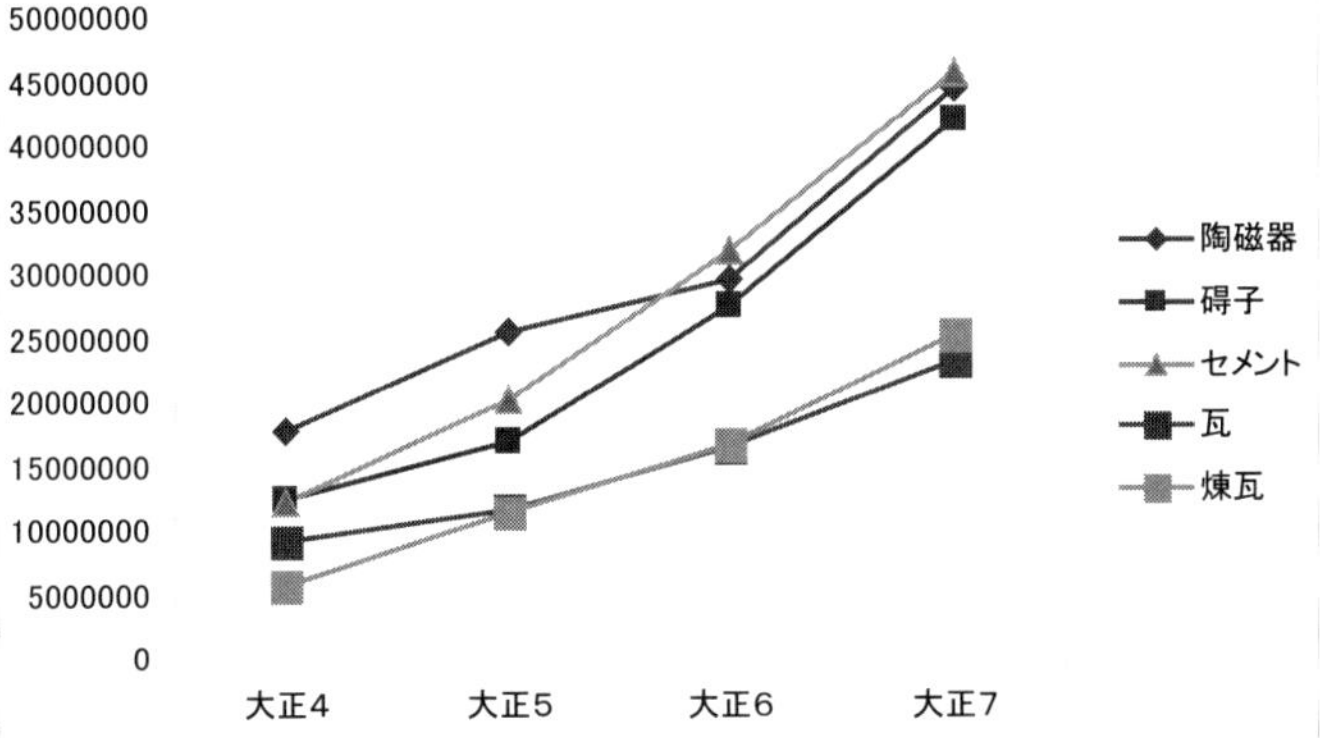

（大須賀真蔵「窯業界の大勢」『大日本窯業協会雑誌』29集341号〔145-49頁〕47頁掲載の数値より作成〔単位:円〕）

産地として有名な佐賀県への憧れの気持ちもあったことだろう。実は、この佐賀県と京都府という視点も『見学記』を読み解く上で欠かせない重要な要素である。

京都府立総合資料館に、大正十年（一九二一）頃に京都府により編纂された『佐賀縣陶業視察報告』（以下：『視察報告』）という調査報告書がある。[19] 本報告をまとめるにあたり視察を行った四人の視察員の中には、松林の伝習所での師とも言える大須賀真蔵が含まれていた。この『視察報告』においても唐津、有田、伊万里、嬉野の諸陶業家を訪問しているが、調査先のほぼ全てが『見学記』にも掲載されており、内容の重複も少なくない。このことから、伝習所に提出された松林の『見学記』を見た大須賀が、それを参考にして『視察報告』での調査先を選んだと推測することができる。

この『視察報告』の序文で説明されているのは、全国の陶業の売上における佐賀県と京都府の地位についてである。大正七年の府県別の陶磁器生産額をみると、愛知県と岐阜県が圧倒的に多く、全生産額の六割強を占めている。[20] それに次ぐのが佐賀県と京都府だが、その生産額はそれぞれ一割に満たない程度である。注目すべきは、大正六年までは長年京都が全国第三位の地位にあったが、大正七年に佐賀県が京都を追い越して第三位となり、大正八年にはその差を更に広げられているということだろう（表2）。報告書にも「我が京都府の下位にありし佐賀縣の生産額は七年に至り俄に我を凌駕し全国中第三位に立つに至り」とあり、生産額で遅れをとった京都府の焦りが見てとれる。[21] そして、松林の調査のタイミングはまさに、陶磁器生産額三位の座を有田に明け渡した頃のことだったのである。

『見学記』において、有田の見学を終えた松林は以下のように述べている。

城島、辻、西村氏の如きハ眠れる虎にして、青木氏は今や餌を求めんとするライオンの如し。将来更に発展あるべき事と信ず。又、京都地方の陶業家は虎の眠ルる間に再び覺醒する能はざる迄に発展し置くを要す。[22]

『見学記』がまとめられたのは、大正七年の統計の結果が出る前のこと。調査時にすでに京都

表2：京都及び九州諸県における陶磁器生産額の推移（大正4～8年）

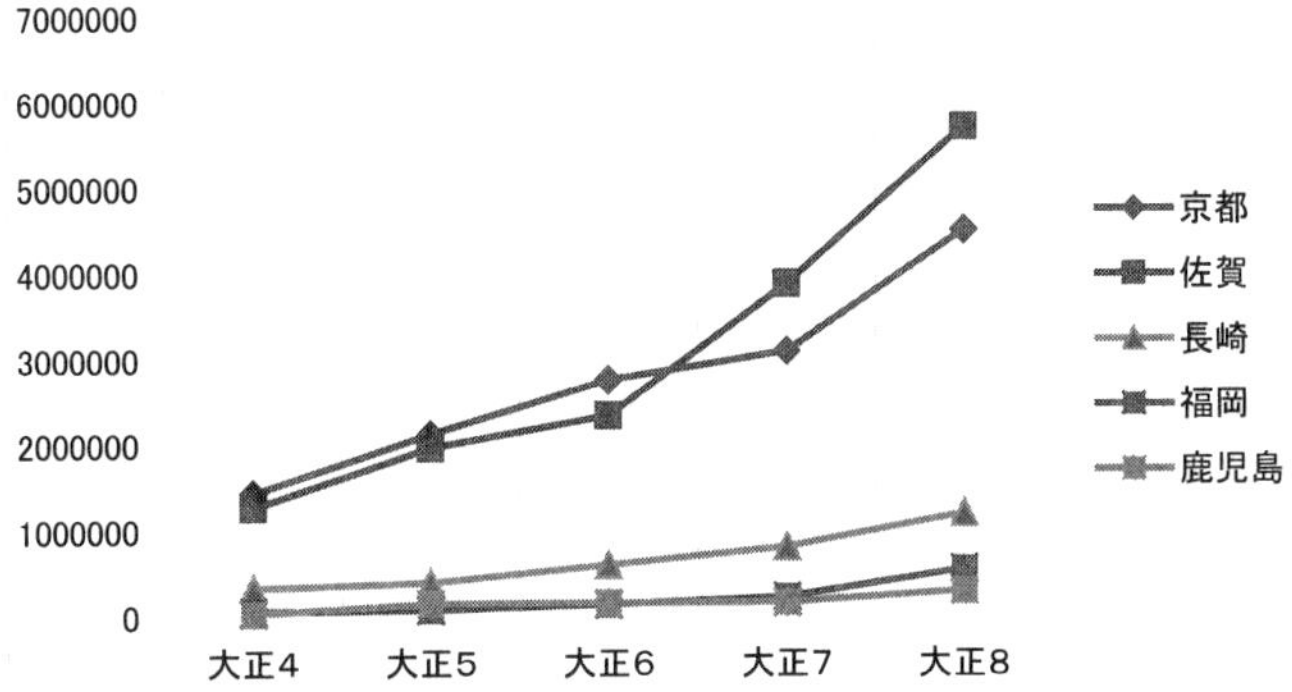

（京都府編『佐賀縣陶業視察報告』京都府、1921年頃掲載の数値より作成〔単位:円〕）

府は佐賀県に陶磁器生産額第三位の座を明け渡していたことを知らなかったのだろう。有田のライオンが餌に飛びかかり虎が覚醒する前に、既に京都府は佐賀県の後塵を拝していたのである。

以上で述べたように松林が九州を訪ねた大正八年一月は、輸出貿易の好況の主要因となってきた第一次世界大戦が休戦を迎えた直後のことであった。窯業界においては、長年の主力製品であった陶磁器の生産額が碍子やセメントといった工業用製品の生産額に追いつかれ、京都の陶磁器業にとっては、有田に生産額第三位の座を奪われることとなった時期であった。このように、さまざまな意味において日本の陶磁器業界が転機を迎えていたのが『見学記』が編纂された時代だったのである。

図4. 東京高等工業学校本館全景（大正2年、東京工業大学提供）

近代窯業教育の成果

『見学記』の史料的価値を挙げはじめればきりがないが、中でもここで特に注目をしたいのは、登場する製陶家の出身校、陶磁器窯をめぐる諸問題、そして陶磁器原料としての陶石についての三点である。『見学記』中、松林は面会した人物の出身校について言及することが少なくない。東京高等工業学校窯業科（現：東京工業大学工学部無機材料工学科、図4）を筆頭に、大阪高等工業学校窯業科（現：大阪大学工学部）、有田工業学校（現：有田工業高等学校）、そして、松林が学んでいた京都市立陶磁器試験場附属伝習所（現：京都市産業技術研究所陶磁器コース）や、淡路島の津名郡立陶器学校で学んだものもいた。本書で名前が挙げられている人物の出身校を挙げてみると左のようになる（括弧内は大正八年時の勤務先）。

東京高等工業学校窯業科
辻九郎（辻精磁工場）
松村八次郎（松村硬質陶器株式会社）
青木俊郎（青木兄弟商会）
河井寛次郎（京都市立陶磁器試験場附属伝習所講師）
城島守人（城島製磁工場）
濱田庄司（京都市立陶磁器試験場附属伝習所講師）
大須賀真蔵（京都市立陶磁器試験場附属伝習所講師）

図5. 青木俊郎（大正2年卒業写真）（東京工業大学提供）

図6. 河井寛次郎（大正3年卒業写真）（東京工業大学提供）

北村弥一郎（松風合資会社取締役技師長、日本硬質陶器株式会社技師長、朝鮮硬質陶器株式会社取締役技師長）

瀧田岩造（京都市立陶磁器試験場附属伝習所講師）

大阪高等工業学校窯業科

西村文治（有田製磁株式会社・西村文治氏工場）

有田工業学校

中里重雄（唐津窯業株式会社）

川副爲之助

図7. 城島守人（大正5年卒業写真）（東京工業大学提供）

図8. 濱田庄司（大正5年卒業写真）（東京工業大学提供）

岡部源四郎（水平焼）

京都市陶磁器試験場附属伝習所

山下唯彦（京都市立陶磁器試験場附属伝習所轆轤科二年生）

津名郡立陶器学校

目釜新七（京都市立陶磁器試験場附属伝習所講師）

川崎齋示（川崎齋示氏工場）

（順番は『見学記』記載順）

注目すべきは東京高等工業学校窯業科（以下、高工窯業科）の卒業生の多さである。高工窯業科は明治十七年（一八八四）、同校の前身である東京職工学校に化学工芸部の専修科目として、ドイツ人化学者ゴットフリート・ワグネル(23)（一八三一～一八九二）による窯業学が開講されたことに端を発している。明治十九年（一八八六）に化学工芸部陶器玻璃工科が設置されると、ワグネルは主任官となり実験設備の充実に専心した。明治二十七年に陶器玻璃工科は窯業科に改称され、明治三十四年（一九〇一）に東京高等工業学校になると、動力使用の水簸場や、倒焔式円窯、石炭窯、ガス窯などが次々に整備された。前掲の高工窯業科卒業生中、北村と松村はワグネルから直接教わった初期の弟子であり、瀧田も明治三十一年(一八九八)の卒業でこの設備の恩恵は受けていない。しかし、その他の六名は皆、当時最新の設備を擁した高工窯業科で学業を修めた後、全国各地の窯業地で、窯業の近代化のために中心的な役割を果たしたのである。

例えば、松林が学んだ京都市立陶磁器試験場では技師の多くがその卒業生から採用されていた。伝習所の教員として本書中に登場する瀧田岩造(生没年不詳)、大須賀真蔵、河井寛次郎(一八九〇〜一九六六)、濱田庄司は高工窯業科の卒業生である。こうして、彼らが東京で学んだ最新の科学的窯業技術が、試験場の試験結果や伝習所で学んだ学生を通じて京都の窯業界に徐々に広まっていくことになったのである。

『見学記』において松林が多くの製陶家や工場を見学できた理由の一つに、全国に広がる高工窯業科卒業生のネットワークがあった。河井寛次郎の同窓生の青木兄弟商会の青木俊郎からは、有田製磁株式会社の西村文治、伊万里の柳ヶ瀬製陶所、鹿児島市の慶田製陶所を紹介され[24]、紹介された先の慶田製陶所では苗代川の十三代沈壽官を紹介された[25]。濱田庄司の同窓生である城島製磁工場の城島守人からは、深川製磁の平濱氏を紹介されたが[26]、この平濱氏には大須賀真蔵からも紹介状が届いていたという[27]。そして関係者以外はまず見学を許されることのない有田製陶所で何度も断られた松林は、瀧田岩造の紹介状であれば見学を許されるとしている[28]。また、辻や青木、城島は九州の最新の製陶業や、九州の陶磁器窯について科学的に解説することのできる数少ない人物でもあった。特に、青木による先進的な工場の経営や、[29]城島から聞いた窯の焼成に関する解説は松林にとって得るところが大きかった。[30]

東京職工学校での窯業教育は全国の窯業地に卒業生を輩出した。本書に登場する高工窯業科卒業生をはじめとする高等窯業教育の経験者は少なくない。大正期には彼らが日本の陶磁器業の近代化を押し進めるために主導的な役割を担っていたことの現れということができるだろう。

松割木から石炭へ

松林鶴之助が九州調査を行った主たる目的は、先述したように九州で運用されている陶磁器窯の種類とその構造を研究することである。彼は調査した窯をその構造から六種に分類しており、その詳細は『見学記』のまとめで述べられている通りである。可能な限り詳細に計測された窯の寸法や、熱の流れに注目をした窯構造についての解説は、九州の近代陶磁器業に関する貴重な資料である事に間違いない。今後の研究で本資料が活用されることを期待するものである。

明治後期から大正期にかけての有田の陶磁器窯については、宮地秀敏による優れた研究がある。[31]宮地によればこの頃の有田の陶磁器窯の特徴の一つに、松割木から石炭への燃料の移行が愛知県や岐阜県に比べてスムーズには進まなかったことがあるという。これには北九州産の石炭の品質が低く、有田の磁器製品、特に花瓶や食器などの高級品の焼成には適さなかったことが主原因と考えられている。(32)

『見学記』の記述からも、その指摘に間違いがないことを確認することができる。石炭を燃料とする窯を有しているとされる陶業家は以下である。

高取焼　早川嘉平
有田　岩尾窯
有田　辻精磁工場
有田　蔵春亭久富工場
有田　青木兄弟商会
有田　深川製磁会社
有田　西村文治（有田製磁株式会社）
有田　香蘭社

この他に、松尾工場にも自家で設計した石炭窯があったことが分かっている。確かにこの中でいわゆる高級品のみを製作していたと考えらえるのは、辻精磁工場と西村文治の有田製磁株式会社くらいのものである。香蘭社や深川製磁には複数の窯があったため、石炭窯は碍子などの高級磁器以外の焼成に用いられていたと考えるべきであろう。

石炭窯について他に指摘すべきは、石炭と薪の両方を利用できる窯の存在についてである。『見学記』おいて、早川嘉平窯、岩尾窯、辻精磁工場の窯、香蘭社の窯の中にはこの特徴を備えたものが存在したとされている。早川嘉平はいずれの燃料も使うことのできる窯を持つことの意味として「窯詰ハ出来るとも薪材なき為めに焼成する事能ハざる場合しば〳〵あるを憂ひ、石炭を以て焼成せん事を企て[33]」と説明している。燃料としての松割木は不足しがちであり、石炭はその代替品として用いられていたらしい。また、香蘭社の窯は石炭を燃料として用いるために松村八次郎が（一八六九～一九三七）考案した松村式の窯で[34]あったが、燃料に薪が用いられることもあったという[35]。こうした記述からも、大正期の薪の不足と代替燃料としての石炭の導入の一端を垣間見ることができるのである。

有限の天然資源

松林が陶磁器窯以外に注目をしたのは、磁器の原料となる陶石についてである。松林が生まれ育った京都府下では上質の陶石は採れず、磁器の原料としての天草陶石への依存度が極めて高かった。[36]『見学記』にも登場する、天草陶石業者の上田松彦（一八五四〜一九二二）と木山直彦（一八六六〜一九四七）からの陶石の供給が、京都の磁器生産の生命線を握っていると言っても過言ではない状態にあった。そこで松林は相当な文量を擁して有田における泉山磁石場を中心とする陶石、及び天草陶石の産出状況について言及しているのである。

有田と天草の陶石採掘地を調査した松林が注目をしたのは、資源として有限であるはずの陶石が、その先どのくらいの期間産出できるのかについてである。[37]採石地を目にした松林が心配になるほどに、大量の資源が採掘されていたのであろう。松林が注目をした泉山陶石の乱掘に関しては、明治末期から有田でも問題になっていた。それは主に無計画な採掘により磁石場の採掘環境が悪化しているというものであった。そして磁石場の修繕のために大正二年（一九一三）に陶石の値上げが行われている。[38]陶石の採掘量はこの大正三年の値上げ時に急激に減少したが、その後は毎年一定量を産出し続けた。[39]

松林の調査と同時期に、農商務省地質調査所の技師であった伊原敬之助が、有田の泉山磁石場や、天草の各陶石採掘地の詳細な調査を行っている。報告は大正十年と十一年に農商務省地質調査所発行の『工業原料用鉱物調査報告』に見ることができる。[40]本報告の結論で伊原は以下のように述べる。有田の泉山石については、「古來無雙の稱ある泉山磁礦の如きは其亂用を愼むと共に往昔同様放慢なる亂掘に委するは之を戒めざるべからず〔中略〕斯くして永久に有田磁器の聲價を維持し陶業永遠の發展を企圖すること緊要」[41]とし、天草陶石についても、その埋蔵量は充分としながらも、「現時ノ状況ニテハ亂掘ノ結果早晩採掘上困難ヲ告クルノ虞アル」[42]としているのである。つまり、いずれの地域の報告でも、伊原は松林と同様に当時横行していた陶石の乱掘に警鐘をならしているのである。

松林の調査の数年後に行われた京都府による『視察報告』が松林の調査を下敷きにしている可能性は既に述べた。伊原の調査は農商務省によるものであり『見学記』との関係はない。しかし、彼がここで国の調査官と同じ指摘をしていることからも、彼の見識の高さと先見性を指摘することができるのである。

おわりに

九州調査から帰京して約二カ月後の大正八年三月末に松林は伝習所を卒業した。そして、大正十一年（一九二二）からは伝習所の教官であった濱田庄司を頼り一九二二年から二五年の約二年半、イギリスとフランスを中心に欧州留学を果たした。イギリスでは半年ほどバーナード・リーチ（一八八七～一九七九）[43]と濱田が設立したリーチ・ポタリーに滞在し、リーチの依頼をうけて三室を備えた登り窯を建造している。この登り窯は一九七〇年代初頭まで、リーチやリーチ・ポタリーで活動した多くの陶芸家たちの作品を生み出すこととなった。[44] こうして、彼が全国の陶磁器窯調査で得た知識は遥かイギリスの地で生かされることにもなったのである。

留学から帰国して数年後の昭和五年(一九三〇)、松林は新設された佐賀県窯業試験場の技師として採用された。佐賀県への就職については、同試験場初代場長であり伝習所で松林を教えた大須賀真蔵の力によるものが大きかったと推測される。松林はそこで泉山石の鉄分除去のための浮遊選鉱法の研究にあたる傍ら、工学博士号取得を目指して独自に人工磁土の開発を進めた。それはまさに九州の見学旅行で見た陶石の乱掘による資源の枯渇に備えた研究であったのである。残念ながら松林は三十八歳で夭逝したため、いずれの研究も成就することはなかった。しかし、彼の遺した『見学記』をはじめとする全国各地の窯業地調査報告は、今日の私たちに大正期における日本の陶磁器業の実態を教えてくれるだけではなく、それを支えた多くの人々の息遣いを感じさせてもくれるのである。

註

(1) 朝日焼の歴史および松林家については、松林美戸子『カラー朝日焼土は生きている』(淡交社、一九七七年)等に詳しい。

（2）本書、三頁。
（3）昇斎の四人の子の内二人は幼少期に歿しているため鶴之助は自らを次男と称した。
（4）松林鶴之助『聴許請願書』一九一五年五月八日、朝日焼所蔵。濱田庄司については、本書、二六七頁翻刻者註（96）を参照。
（5）服部文孝「明治時代の日本陶磁」明治・大正時代の日本陶磁展実行委員会編『明治・大正時代の日本陶磁——産業と工芸美術』明治・大正時代の日本陶磁展実行委員会、二〇一二年（八～一五頁）一一～一二頁。
（6）佐藤一信「ジャパニーズ・デザインの挑戦——産総研に残る試作とコレクションから」愛知県陶磁資料館編『ジャパニーズ・デザインの挑戦——産総研に残る試作とコレクション』愛知県陶磁資料館、二〇〇九年（八～一五頁）一二～一四頁。鎌谷親善「京都市陶磁器試験場一　明治二十九年～大正九年」『化学史研究』四十号、一九八七年八月、一四七～一六二頁。
（7）松林が伝習所を卒業した大正八年、京都市立陶磁器試験場は国立に移管され、京都市伏見区に移設された。現存する試験場の市立時代の資料は少なく、『見学記』以外の松林鶴之助関連資料も近代京都の窯業と試験場の関わりについて考察する上で貴重である。
（8）伝習所特別科の授業科目は、製陶法、物理、化学、用器画、毛筆画、数学、陶画、轆轤、彫刻、実験、英語の十一科目である（京都市立陶磁器試験場附属伝習所『通告簿』特別科一年生時の松林鶴之助の成績表、一九一七年、朝日焼所蔵）。
（9）本書、二頁。
（10）熊澤治郎吉『工学博士北村弥一郎全集　第三巻』大日本窯業協会、一九二九年。
（11）本書、五一頁、二一〇頁。
（12）塩田力蔵『近代の陶磁器と窯業』大阪屋号書店、一九二九年、三五頁。

(13) 有田町史編纂委員会編『有田町史 陶業編Ⅱ』有田町、一九八五年、二七〇頁。
(14) 塩田力蔵、前掲書、三五頁。
(15) 有田町史編纂委員会、前掲書、二六八～二六九頁。渡辺芳郎氏によると、大正四年(一九一五)からの生産額の上昇はインフレによる名目的なものも含まれる。インフレを加味しても、大正四年から八年までの鹿児島県の製陶業は安定した伸びを示していたと推測される(渡辺芳郎「明治期から昭和戦前期の鹿児島県における陶磁器生産(三)――『鹿児島県勧業年報』『鹿児島県統計書』から」『人文学科論集』鹿児島大学法文学部紀要、第五五号、二〇〇二年〔五七～九三頁〕五九～六三頁)。
(16) 有田町史編纂委員会、前掲書、二七〇～一頁。「輸出陶器不振」『大日本窯業協会雑誌』二七集三一九号、一九一九年三月、二三二頁。
(17) 塩田力蔵、前掲書、四〇～四一頁。
(18) 大須賀真蔵「窯業界の大勢」『大日本窯業協会雑誌』二九集三四一号、一九二一年一月〔一四五～一四八頁〕一四七頁。
(19) 京都府編『佐賀縣陶業視察報告』京都府、一九二一年頃。本書には刊行年が記されていないが、同様の内容が「佐賀縣の陶業」として、一九二一年十二月発行の『大日本窯業協会雑誌』二九集三五二号に掲載されている。大正八年の統計が含まれており、文末に、京都府に提出され九月二日に受理されたとある事から、大正九年(一九二〇)か十年に調査が行われ、編纂されたものであると思われる。
(20) 京都府編、前掲書、一～二頁。
(21) 京都府編、前掲書、三頁。
(22) 本書、九一頁。
(23) ゴットフリート・ワグネルについては以下に詳しい(植田豊橋『ドクトル・ゴットフリード・ワグネル伝』

博覧会出版協会、一九二五年。愛知県陶磁資料館編『近代窯業の父　ゴットフリート・ワグネルと万国博覧会』愛知県陶磁資料館、二〇〇〇年）。
(24)　本書、七二～七三頁。
(25)　本書、一七三～一七四頁。
(26)　本書、七四頁。
(27)　本書、八三頁。
(28)　本書、二一〇頁。
(29)　本書、六八～七二頁。
(30)　本書、七四～七九頁。
(31)　宮地秀敏『近代日本の陶磁器業』名古屋大学出版会、二〇〇八年。
(32)　宮地秀敏「石炭窯の普及における地域的偏在――有田陶磁器業を中心にして」荻野喜弘編『近代日本のエネルギーと企業活動』日本経済評論社、二〇一〇年、五五～七九頁。
(33)　本書、二三頁。
(34)　本書、二六五頁、松村八次郎の脚注(86)を参照。
(35)　本書、二〇八頁。
(36)　実際には京都で用いられる陶磁器原料は、天草陶石に限らずそのほとんどを他地域産のものに頼っていた。蛙目粘土は美濃産、木節粘土は尾張・伊賀産、信楽土は信楽産、蝋石は備前産、長石は伊予産のものを主に用いていた（倉橋藤治郎「京都陶業の立脚點を論じて将來に及ぶ」『大日本窯業協会雑誌』大日本窯業協会、二九集、三四二号、一九二一年二月〔一八一～一八六頁〕一八一頁）。
(37)　本書、四一～四二頁、一四五～一四七頁。

(38) 有田町史編纂委員会編、前掲書、二七二～八頁。
(39) 有田町史編纂委員会編、前掲書、三五一～六頁。
(40) 伊原敬之助「佐賀縣下陶磁器原料調査報文」農商務省『工業原料用鉱物調査報告』第五号、一九二一年五月。伊原敬之助「熊本縣天草郡天草下島陶石調査報文」農商務省『工業原料用鉱物調査報告』第七号、一九二二年一月、一～三一頁。
(41) 伊原、一九二一年前掲書、四八頁。
(42) 伊原、一九二二年前掲書、三一頁。
(43) 二十世紀の英国を代表する陶芸家。一九二〇年に濱田庄司と共にセント・アイヴスに設立したリーチ・ポタリーを拠点に活動をした。生涯に渡り何度も来日しており、日本の民藝運動とも関係が深い（鈴木禎宏『バーナード・リーチの生涯と芸術』ミネルヴァ書房、二〇〇六年）。
(44) 前﨑信也「伝統と科学の狭間で――イギリスでの松林靍之助の活動を中心に」デザイン史フォーラム編・藤田治彦責任編集『近代工芸運動とデザイン史』二〇〇八年、思文閣出版、二三〇～二四二頁。前﨑信也「バーナード・リーチの窯を建てた男――松林靍之助の英国留学（一）～（四）」『民藝』七一七～七二〇号、日本民藝協会、二〇一二年。

参考文献一覧

愛知県陶磁資料館編『近代窯業の父 ゴットフリート・ワグネルと万国博覧会』愛知県陶磁資料館、二〇〇〇年

愛知県立瀬戸窯業高等学校編『愛知県立瀬戸窯業高等学校八十年史』愛知県立瀬戸窯業高等学校創立八十周年記念行事委員会、一九七五年

アクロス福岡文化誌編纂委員会編『福岡の祭り』アクロス福岡文化誌編纂委員会、二〇一〇年

東孤竹『桜島大噴火記』若松書店他、一九一四年

足利武三、井上優『九州の温泉と山 一一〇湯六〇山』西日本新聞社、一九九二年

有田工業学校有工百年史編集委員会編『有工百年史』佐賀県立有田工業高等学校創立百周年記念事業委員会、二〇〇〇年

有田町史編纂委員会編『有田町史 陶業編Ⅱ』有田町、一九八五年

有田町歴史民俗資料館編『有田皿山遠景』有田町教育委員会、二〇〇七年

池田達造「楠公父子の白磁像」『鳥ん枕』六十三号、一九九九年、二四〜二七頁

池田文次『松陶 松村八次郎伝』松村八次郎翁追悼記念会、一九三九年

井高帰山「津名郡立陶器学校に学んだ若者たち」『陶説』日本陶磁協会、三八七号、一九八五年六月、五五〜九頁

稲葉信之「淡路焼」雄山閣編『陶器講座 第五巻』雄山閣、一九三八年

伊原敬之助「佐賀縣下陶磁器原料調査報文」農商務省『工業原料用鉱物調査報告』第五号、一九二一年五月

伊原敬之助「熊本縣天草郡天草下島陶石調査報文」農商務省『工業原料用鉱物調査報告』第七号、一九二二年一月、一〜三一頁

伊原敬之助「熊本縣葦北郡日奈久町附近鳩山土調査報文」農商務省『工業原料用鉱物調査報告』第七号、一九二二年一月、三二〜四〇頁

伊万里商工会編『伊万里案内』伊万里商工会、一九二七年

嬉野陶磁文化研究会編『佐賀県嬉野から世界へ華開いた近代の名陶 源六焼』嬉野陶磁文化研究会、二〇〇七年

大阪高等工業学校編『大阪高等工業学校一覧 明治四五〜大正一四年度』大阪高等工業学校、一九一二年

大須賀真蔵「窯業界の大勢」『大日本窯業協会雑誌』二九集三四一号、一九二一年一月、一四五〜一四九頁

大須賀真蔵、平岡利兵衛、小川文斎、寺澤恒一「佐賀縣の陶業」『大日本窯業協会雑誌』第二九集三五二号、一九二一年十二月、六四一〜六五二頁

大西林五郎編『日本陶器全書 鑑定備考 巻四』興文閣、一九三〇年
大宅徑三『肥前陶窯の新研究 上巻』田中平安堂、一九二一年
岡山県史編纂委員会編『岡山県史 第十巻 近代Ⅰ』山陽新聞社、一九八五年
荻原延寿『東郷茂徳伝記と解説』原書房、一九九四年
鹿児島県歴史資料センター黎明館編『さつまやき――歴史とその多様性』鹿児島県歴史資料センター黎明館、一九八五年
鹿児島新聞社、鹿児島新聞記者編『大正三年桜島大爆震記』桜島大爆震記編纂事務所、一九一四年
加藤唐九郎編『原色陶器大辞典』淡交社、一九七二年
金澤一弘編『天草の陶磁器 過去・現在・未来』天草陶磁器振興協議会、二〇〇〇年
金岩昭夫「有田に於ける石炭窯の変遷」『有田町歴史民俗資料館・有田焼参考館 研究紀要』第十一号、二〇〇二年
金子賢治監修『薩摩焼 桃山から現代へ CHIN 歴代沈壽官展』朝日新聞社、二〇一一年
金子賢治「沈壽官と近代工芸の歴史」『薩摩焼 桃山から現代へ CHIN 歴代沈壽官展』朝日新聞社、二〇一一年、一九〜二一頁
鎌谷親善「京都市陶磁器試験場一 明治二十九年〜大正九年」『化学史研究』四十号、一九八七年八月、一四七〜一六二頁

川原辰太郎『松浦名勝案内』九州実業通信社仮営業所、一九一七年
寛政大津波二〇〇年事業実行委員会事務局、肥後金石研究会編『「雲仙災害」防災シンポ・防災展：寛政大津波から二〇〇年』寛政大津波二〇〇年事業実行委員会、一九九一年
木山陶石百年史編集委員会編『木山陶石百年史』木山陶石鉱業所、一九九六年
九州沖縄八県聯合共進会協賛会編『熊本縣案内』九州沖縄八県聯合共進会協賛会、一九〇一年
京都府編『佐賀縣陶業視察報告』京都府、一九二一年
熊澤治郎吉『工学博士北村彌一郎窯業全集 第一巻』社団法人大日本窯業協会、一九二八年
熊澤治郎吉『工学博士北村彌一郎窯業全集 第三巻』社団法人大日本窯業協会、一九二九年
倉橋藤治郎「京都陶業の立脚點を論じて将來に及ぶ」『大日本窯業協会雑誌』大日本窯業協会、二九集三四二号、一九二一年二月、一八一〜一八六頁
古伊万里調査委員会編『古伊万里』金華堂、一九五九年
国立歴史民俗博物館編「近世窯業遺跡データ集成」『国立歴史民俗博物館研究報告』七三、一九九七年
小原健史『気骨の流儀——明治の男・小原嘉登次物語』たる出版、二〇一一年
故藤江永孝君功績表彰會編『藤江永孝傳』一九三二年
佐賀県編『佐賀縣史蹟名称天然記念物調査報告 上巻』青潮者、一九三六年
佐賀県編『佐賀縣寫眞帖』佐賀県、一九一一年

佐賀県立伊万里商業高等学校編『橘岡譜 伊商八十年』伊万里商業高等学校、一九八〇年
佐世保市教育委員会編『長崎県佐世保市 三川内古窯跡群緊急確認調査報告 分布概要』佐世保市教育委員会、一九七八年
佐世保市教育委員会編『三川内青華の世界』佐世保市教育委員会、一九九六年
佐藤一信「ジャパニーズ・デザインの挑戦――産総研に残る試作とコレクションから」愛知県陶磁資料館編『ジャパニーズ・デザインの挑戦――産総研に残る試作とコレクション』愛知県陶磁資料館、二〇〇九年、八〜一五頁
沢井実「明治期の大阪高等工業学校」『大阪大学経済学』第六〇巻、第三号、二〇一〇年十月、一〜二一頁
塩田町歴史民俗資料館編『塩田のやきもの―志田焼―第一〜三回図録の総集編』塩田町教育委員会、二〇〇〇年
塩田力蔵『近代の陶磁器と窯業』大阪屋号書店、一九二九年
重利俊一『日本硬質陶器の歩み』日本硬質陶器株式会社、一九六五年
嶋崎丞監修『魅惑の赤、きらめく金彩 加賀赤絵展』朝日新聞社、二〇一二年
社史編纂委員会編『百年史 日本セメント株式会社』日本セメント株式会社、一九八三年
十三代酒井田柿右衛門『十三代酒井田柿右衛門作品集』講談社、一九七四年、一七七〜一九六頁

十三代中里太郎衛門「祖父十一代天祐のこと」林屋晴三監修『土と火の伝統に生きる 唐津・御茶盌窯四代展——中里天祐・無庵・太郎衛門・忠寛』読売新聞社、一九九六年、一二三～一二七頁
鈴木貞宏『バーナード・リーチの生涯と芸術』ミネルヴァ書房、二〇〇六年
関一之編『中田遺跡』姶良市教育委員会、二〇一二年
関忠果等編著『雑誌「改造」の四十年』光和堂、一九七七年
瀬戸市歴史民俗資料館編『加藤紋右衛門展』瀬戸市歴史民俗資料館、一九九四年
大日本窯業協会編『日本近世窯業史 第三編 陶磁器工業』大日本窯業協会、一九二二年
ダニエル・ロードス『陶芸の窯——築造と知識のすべて』日貿出版社、一九七九年
田原順一「薩摩焼の現状」『大日本窯業協会雑誌』第二十三集二七三号、大日本窯業協会、一九一五年五月、四四一～四五二。
田原順一「薩摩焼の現状」『大日本窯業協会雑誌』第二十三集二七四号、大日本窯業協会、一九一五年六月、五二三～五三〇頁。
手島益雄「松村硬質陶器合名会社社長 松村八次郎」『名古屋百人物評論 続』日本電報通信社名古屋支局、一九一五年、一〇九～一一一頁
陶器全集刊行会編『日本古陶銘款集 九州篇』平安堂、一九七二年
東京工業大学編『東京工業大学百年史 部局史』東京工業大学、一九八五年

戸崎勝洋他編『竪野（冷水）窯址』社団法人鹿児島共済南風病院、一九七八年
豊島政治『三川内窯業沿革史』高橋久満治、一九一一年
長崎県編『大正三年 長崎県統計書』長崎県、一九一六年
中里逢庵『唐津焼の研究』河出書房新社、二〇〇四年
中島浩氣『肥前陶磁史考』青潮社、一九八五年
永竹威「柿右衛門の系譜とその格調」十三代酒井田柿右衛門『十三代酒井田柿右衛門作品集』講談社、一九七四年、一七七～一九六頁
仲摩照久編『日本地理風俗体系 第十二巻 九州地方 上』新光社、一九三二年
仲摩照久編『日本地理風俗大系 第二十巻』新光社、一九三一年
名古屋陶磁器会館編『名古屋陶業の百年』日本陶業新聞社、一九八七年
西健一郎「源六焼」嬉野陶磁文化研究会編『佐賀県嬉野から世界へ華開いた近代の名陶 源六焼』嬉野陶磁文化研究会、二〇〇七年、九六～一一三頁
西岡鉄夫『熊本の天然記念物　熊本の風土とこころ 二十二』熊本日日新聞社、一九八〇年
錦戸宏「熊本のやきもの」『日本やきもの集成十二』平凡社、一九八二年
西高辻信貞『太宰府天満宮』学生社、一九七〇年
西村修一郎『九州實業大家名鑑』九州日の出新聞社、一九一七年

日本陶器七十年史編集委員会編『日本陶器七十年史』日本陶器株式会社、一九七四年
日本ナショナルトラスト編『ホフマン窯と赤レンガ 旧中川煉瓦製造所』日本ナショナルトラスト、二〇〇四年
日本煉瓦製造株式会社社史編集委員会編『日本煉瓦一〇〇年史』日本煉瓦製造株式会社、一九九〇年
野田伝『橘町の甕窯について』一九七五年
博多人形沿革史編纂委員会編『博多人形沿革史』博多人形商工業協同組合、二〇〇一年
筥崎宮編『筥崎宮誌』官幣大社筥崎宮社務所、一九二八年
橋本喜三『陶工 河井寛次郎』朝日新聞社、一九九四年
長谷川尭『日本の建築〔明治大正昭和〕全十巻四 議事堂への系譜』三省堂、一九八一年
服部文孝「明治時代の日本陶磁」明治・大正時代の日本陶磁展実行委員会編『明治・大正時代の日本陶磁――産業と工芸美術』明治・大正時代の日本陶磁展実行委員会、二〇一二年、八～一五頁
濱田庄司『無盡蔵』朝日新聞社、一九七四年
濱田庄司『窯にまかせて』日本経済新聞社、一九七六年
原口静雄「大川内山の自然」『鍋島藩窯とその周辺――鍋島藩窯三百年記念特集号』伊万里市郷土研究会、一九七五年、一～一四頁
原田伴彦、中里太郎右衛門『日本のやきもの3 唐津 高取』淡交新社、一九六四年

林屋晴三「唐津御茶盌窯三代」林屋晴三監修『土と火の伝統に生きる 唐津・御茶盌窯四代展――中里天祐・無庵・太郎衛門・忠寛』読売新聞社、一九九六年、一二八～一三一頁
彦根城博物館編『日本の藩窯　西日本編』彦根城博物館、二〇〇一年
肥薩鉄道開通式協賛会編『鹿児島県案内』肥薩鉄道開通式協賛会、一九〇九年
久富二六『わが家の歴史』鹿島印刷、一九七二年
広渡正利『筥崎宮史』筥崎宮、一九九九年
深川製磁編『明治の陶磁意匠　FUKAGAWA SEIJI OF MEIJI』深川製磁、二〇〇〇年
深港恭子「薩摩焼の歴史と沈壽官窯」『薩摩焼　桃山から現代へ　CHIN　歴代沈壽官展』朝日新聞社、二〇一一年、二六～三一頁
福岡市編『福岡市史 第一巻（明治編）』福岡市、一九五九年、一三一～一三二頁
福原透「八代焼――伝統の技と美」八代市立博物館未来の森ミュージアム編『八代の歴史と文化X　八代焼――伝統の技と美』八代市立博物館未来の森ミュージアム、二〇〇〇年
福原透「上田家伝来陶磁器を通して見た高浜焼」（前編）『崇城大学芸術学部研究紀要』第四号、二〇一〇年、一八五～二一〇頁
福原透「上田家伝来陶磁器を通して見た高浜焼」（後編）『崇城大学芸術学部研究紀要』第五号、二〇一一年、一〇一～一二二頁

藤岡幸二『京焼百年の歩み』京都陶磁器協会、一九六二年
前﨑信也「伝統と科学の狭間で――イギリスでの松林靍之助の活動を中心に」デザイン史フォーラム編・藤田治彦編集『近代工芸運動とデザイン史』二〇〇八年、思文閣出版、二三〇~二四二頁
前﨑信也「バーナード・リーチの窯を建てた男――松林靍之助の英国留学―(一)」『民藝』七一七号、二〇一二年九月、四九~五四頁
前﨑信也「バーナード・リーチの窯を建てた男――松林靍之助の英国留学―(二)」『民藝』七一八号、二〇一二年九月、五三~五九頁
前﨑信也「バーナード・リーチの窯を建てた男――松林靍之助の英国留学―(三)」『民藝』七一九号、二〇一二年九月、五一~五八頁
前﨑信也「バーナード・リーチの窯を建てた男――松林靍之助の英国留学―(四)」『民藝』七二〇号、二〇一二年九月、四六~五四頁
松浦大鑑刊行会編『松浦大鑑』佐々木高綱堂、一九三四年
松林美戸子『カラー朝日焼 土は生きている』淡交社、一九七七年
松村八次郎「陶磁器石炭窯に就て」『燃料協會誌』一〇六号、一九三一年、七三四~七三六頁
松本源次『松本庄之助伝 有田皿山激動記』麦秋社、一九八三年
松本源次『有田陶業側面史(大正・昭和戦前編) 松本静二の生涯 下』麦秋社、一九八八年

松本源次『焱の里有田の歴史物語』松本源次、一九九六年

松本雅明「九州中南部の陶器」『九州文化論集五 九州の絵画と陶芸』平凡社、一九七五年

松山能夫『明治維新神道百年史（第二巻）』神道文化会、一九六六年

水巻町誌編纂委員会編『水巻町誌』水巻町、二〇〇一年

三井弘三『概説 近代陶業史』日本陶業連盟、一九七九年

蓑田勝彦「八代焼の歴史について――陶工上野家とその生産」八代市立博物館未来の森ミュージアム編『八代の歴史と文化X　八代焼――伝統の技と美』八代市立博物館未来の森ミュージアム、二〇〇〇年、一三四～一五四頁

宮地秀敏『近代日本の陶磁器業』名古屋大学出版会、二〇〇八年

宮地秀敏「石炭窯の普及における地域的偏在――有田陶磁器業を中心にして」荻野喜弘編『近代日本のエネルギーと企業活動』日本経済評論社、二〇一〇年、五五～七九頁

三輪磐根『照国神社誌』照国神社社務所、一九九四年

八幡製鉄所所史編さん実行委員会編『八幡製鉄所八〇年史 総合史』新日本製鉄株式会社八幡製鉄所、一九八〇年

八幡製鉄所所史編さん実行委員会編『八幡製鉄所八〇年誌 資料編』新日本製鉄株式会社八幡製鉄所、一九八〇年

矢部良明ほか編『角川日本陶磁大辞典』角川書店、二〇〇二年
山田雄久著、香蘭社社史編纂委員会編『香蘭社一三〇年史』株式会社香蘭社、二〇〇八年
雄山閣編『陶器講座 第六巻（九州地方の陶器）』雄山閣、一九三六年
横尾謙『有田陶業史』西松浦陶磁器同業組合事務所、一九一九年
吉永陽三「伊万里市大川内山民窯樋口家土型について」『佐賀県立九州陶磁文化館 研究紀要 第一号』一九八六年、四三〜六〇頁
渡辺芳郎「明治期から昭和戦前器の鹿児島県における陶磁器生産（一）――『鹿児島県勧業年報』『鹿児島県統計書』から」『人文学科論集』鹿児島大学法文学部紀要、第五三号、二〇〇一年、六一〜九二頁
渡辺芳郎「明治期から昭和戦前期の鹿児島県における陶磁器生産（二）――『鹿児島県勧業年報』『鹿児島県統計書』から」『人文学科論集』鹿児島大学法文学部紀要、第五四号、二〇〇一年、八五〜一一四頁
渡辺芳郎「明治期から昭和戦前期の鹿児島県における陶磁器生産（三）――『鹿児島県勧業年報』『鹿児島県統計書』から」『人文学科論集』鹿児島大学法文学部紀要、第五五号、二〇〇一年、五七〜九三頁
渡辺芳郎「日置市美山・苗代川窯跡群測量調査報告――A〇七・A〇八地点」『鹿大史学』五十五号、二〇〇八年、三九〜五八頁

朝日焼所蔵松林鶴之助関連資料（未刊行）
京都市立陶磁器試験場附属伝習所『通告簿』（特別科一年生時の松林鶴之助の成績表）一九一七年
松林鶴之助『聴許請願書』一九一五年五月八日
松林鶴之助『日記（大正五年）』一九一六年
松林鶴之助『製陶法』（京都陶磁器試験場付属伝習所での講義ノート）一九一七〜一九一八年
松林鶴之助『九州調査時のノート』一九一九年
松林鶴之助『写真アルバム』

『大日本窯業協会雑誌』
「輸出陶器不振」二七集三一九号、一九一九年三月、二三二頁
「熊本縣の陶磁器製造額」二七集三二二号、一九一九年六月、三五五〜三五六頁
「天草通信」二八集三二五号、一九一九年九月、一九頁

『松浦陶時報』
「広告」一九二七年三月一五日付
「肥前著名製陶家案内（六）」一九二四六月二十五日付、三面

『九州日日新聞』
「九州一の温泉宿」一九〇九年七月七日付

あとがき

「この湯呑について調べてくれないかしら。」

埃っぽい大英博物館の収蔵庫で、当時の指導教授であったニコル・ルーマニエール先生からの突然のお願い。手渡されたその湯呑の底には二つの印が押されていた。一つは「朝日」の印、もう一つはあのバーナード・リーチの「リーチ・ポタリー」の印である。湯呑の中には一枚の黄色い紙が入っており、そこには「Matsubayashi Tsurunosuke at Leach kiln, St Ives, 1924. 12. 30, ASAHI」、と書かれていた。二〇〇六年の夏のことだっただろうか。思えばあのルーマニエール先生の一言が私と松林靍之助との出会いとなった。

当時私はロンドン大学SOASで博士課程に在籍中で、大英博物館で学芸のボランティアとして先生のお手伝いをしていた。松林靍之助作の湯呑は、同じ年の十月に在英日本大使館で開催される展覧会に出品予定とのことだった。一時帰国で滋賀県甲賀市の実家に戻ると、さっそく京都府宇治市の朝日焼に電話をかける。「松林鶴之助氏についてお聞きしたいのですが」と、大英博物館の湯呑について調べている旨をお伝えすると「少々お待ちください」と言われる。しばらくして受話器から聞こえてきたのはとても上品な女性の声。そして、「鶴之助は私の伯父です」と。電話先におられたのは、朝日焼十四世松林豊斎氏の奥様であり、十三世光斎氏の弟である鶴之助氏の姪にあたる松林美戸子氏であった。是非お会いしてお話を伺いたいとお伝えすると、「今からでも構いません」とのこと。幸い宇治までは車で一時間程の距離なので、早速車をとばして朝日焼に向かったのだった。

宇治川のほとり、平等院のちょうど対岸に位置する朝日焼につくと、奥の部屋に通していただき、そこで美戸子氏とお会いした。その時に見せていただいたのが、何通かの鶴之助直筆の手紙と、『九州地方陶業見学記 全』だった。目次を見てその充実した内容に驚かされた覚えがあるが、その時の調査対象は大英博物館の湯呑のこと。鶴之助の英国留学の経緯などを伺い、湯呑が間違いなく鶴之助作であるというお墨付きを得てその場を後にした。

それからは明治期における京都の陶磁器についての博士論文の執筆の傍ら、半ば趣味として、時間を見つけては松林鶴之助の英国での足跡をたどった。彼の英国での活動については、参考文献掲載の拙稿などで発表を重ねてきたが、特に鶴之助とバーナード・リーチとの関係は興味深い。彼ら二人をつなぐのが、松林が一九二三年から四年にかけて建造したリーチ・ポタリーの登り窯である。そして、この登り窯を考察する上で欠かせない鍵として、霍之助による『見学記』の研究の必要性を常に感じるようになったのだった。

無事学位を取得し、京都の立命館大学アート・リサーチセンターでポストドクトラルフェローとしてお世話になることとなったのが二〇〇九年のこと。その頃には、朝日焼に年に一、二度お訪ねして、松林霍之助に関する調査の進展を松林家の皆様にお伝えするようになっていた。そして、二〇一〇年頃のことだと思うが、『見学記』について本格的に調査を始めてみようと思うようになった。とはいえ、まずは資料の翻刻から始めなければならないので、その前段階として資料の画像を手に入れる必要がある。そこで松林家所蔵の松林霍之助関連の全資料のデジタル化を十五世松林豊斎先生にご相談させていただいた。快いお返事を頂戴することができたので、立命館大学の赤間亮先生にその旨を相談したところ、アート・リサーチセンターでデジタル化することを御快諾下さった。本文中に掲載されている松林のスケッチはこの時の赤間先生のご配慮の賜物である。

デジタル化した資料を使い『見学記』を翻刻し、それを持って調査にと思ってはみたものの、当時の私は大正時代の九州の陶磁器業については素人同然であった。どうしたものかと困り果ててルーマニエール先生に御相談したところ、佐賀県立九州陶磁文化館の鈴田由紀夫先生をご紹介下さった。鈴田先生にお会いして『見学記』をお見せすると貴重な史料であると、調査に関するご助言をいただいた。そして、九州陶磁文化館の家田淳一先生をはじめとする先生方、有田町歴史民俗資料館の尾﨑葉子先生、有田工業高校の金岩昭夫先生、八代市博物館の福原透先生、鹿児島大学の渡辺芳郎先生、嬉野市塩田公民館の槐原慎二先生他、多くの方々をご紹介いただいた。予想していたよりも遥かにスムーズに調査を進めることができたのも、この時に各県の近代陶磁研究をリードする先生方をご紹介いただいたことにつきるのである。今振り返ってみれば、もしも鈴田先生にお会いしていなければ本書の刊行はなかっただろう。それほどに先生からはかけがえのないご指導・ご支援を頂戴した。

九州の調査は三回に分けて行った。第一回は二〇一一年十一月（佐賀県、長崎県）、第二回は二〇一二年三月（福岡県、佐賀県、熊本県、鹿児島県）、第三回は二〇一二年十一月（佐賀県、長崎県）で、それぞれ一週間ほどを費やした。第一回の調査時、金岩先生は風邪で体調がすぐれないのにも関わらず、二日間をかけて有田と塩田の多くの窯元調査に御同行下さり、槐原先生は源六焼の窯跡をご案内下さった。第二回の調査時には福原先生からのご紹介で、本渡歴史民俗資料館の本多康二先生をはじめとする、熊本県の関係者の方々にお目にかかることができた。渡辺先生はご多忙の中、一日かけて美山をご案内下さり、そこで沈壽官先生をご紹介下さった。また、近代の薩摩焼のことであればと、薩摩伝承館の深港恭子先生もご紹介くださった。この他にも太宰府天満宮の西高辻信宏氏からは博多人形師の中村信喬先生を、有田町歴史民俗資料館の尾崎葉子先生からは久富桃太郎氏をご紹介いただくなど、まさに人と人との「つながり」を頼りに調査を進めた。

それでも、『見学記』の登場人物には、ご関係者の連絡先がわからないことも少なくはなかった。その場合はインターネットで検索して電話やメールで連絡をするなどした。地域で同じ苗字の方に電話で問い合わせをして初めて所在が確認できた御親族もおられた。三回の調査をまとめればもう一つの『見学記』を書くことができる程に、各地で多くの方と面会し貴重なお話を伺うことができたのである。

ご協力いただいた方それぞれとの出会いに面白いエピソードがある。それに触れながら一人一人の皆様にお礼を述べさせていただきたいところではあるが、紙面の都合もあり涙をのんでお名前を挙げるに留めたいと思う。

青木清高　上野浩之　石井孝実　市川和啓　市川浩二
岩尾　匡　岩尾　弘　岩崎純二　今泉今右衛門　浦川正徳
江口光春　江口裕子　江浦久志　大須賀茂　小笠原薩
小笠原和生　岡部信行　柿右衛門窯　金澤一弘　蒲地孝典
川副史郎　川副隆夫　木山勝彦　口石博之　慶田　實

沈　壽官　　辻満喜男　　田中耕平　　田中光徳　　富永和弘
富永　誠　　冨吉郷太　　冨吉小百合　　中里太郎右衛門　　中野一政
中村信喬　　長岡圭一　　南部数博　　野中建治　　久富桃太郎
深川一太　　深川　巌　　深川記幸　　福田貴央　　松尾博文
森　知巳　　山口隆敏　　雪竹真矢　　力武正人
博多人形商工業協同組合

（敬称略、五十音順）

松林の『見学記』さながらに、「つながり」なくしては、これほど多くの『見学記』登場人物の御親族・関係者にお目にかかる事は不可能だった。それゆえに、この調査の端緒を与えて下さったルーマニエール先生、鈴田先生、そして松林家の皆様に心からの御礼を申し上げたい。

実は本書を刊行したい旨を松林豊斎先生に依頼した当初は、出版の許可を出すことをためらっておられた。それは、多くの窯元や個人が実名で掲載されているが、その内容が正しいかどうかもわからず、結果的に不要な誤解を与えてしまっては申し訳ないというお気持ちからのことであった。しかし、往生際の悪い私が「それでも」とお願いを続けたために、ご再考下さり、「可能な限り多くの御親族に連絡をして内容を確認し掲載の許可を取る」という条件でご許可下さった。そういった事情もあり、本書が刊行されることによって生じた結果に対する責任は、全て編著者である私にあることを読者の方々にはご理解いただきたい。しかし、豊斎先生からのこの宿題があったからこそ、諦めずにこれだけの関係者の方々と巡り合い、お話しを伺い、それを記録に留めることができたこともまた事実である。

調査が一段落したところで本書の刊行を目指したわけだが、これもなかなか思うようには進まなかった。そして、ここでも鈴田先生、尾崎先生に本当にお世話になった。特に尾崎先生は有田町の近代史を考える上で貴重な資料であると、刊行のためにご尽力下さった。心より御礼を申し上げたい。

本書の編集・校正時については、鈴田先生、尾崎先生、金岩先生、福原先生、渡邊先生、深港先生、長崎県文化振興課の松下久子先生、滋賀県立陶芸の森の大槻倫子先生、立命館大学の彬子女王殿下、山本真紗子先生にご協力いただいた。ジャケットデザインはアート・リサーチセンターの石村乃緒子氏が美しいものに仕上げて下さった。この他、立命館大学では、翻刻史料の出版についてご助言を下さった川嶋將生先生、本書出版の後押しをして下さった木立雅朗先生、どんな時も真摯に相談に乗って下さった鈴木桂子先生、無理なお願いにも笑顔で応えて下さったアート・リサーチセンターの事務局の皆様等、お世話になった多くの方々に、ここで改めて感謝の意を表したい。

また、本書の刊行にあたり、宮帯出版社の後藤美香子氏は、時に私以上の情熱を持って刊行のために力を尽して下さった。そのご厚意に反し、刊行までのタイムリミットが近づく中で、予定の数を大幅に越えた画像付の原稿を入稿したことについては申し訳なく感じている。これに懲りずに是非また一緒にお仕事をさせていただきたいと思う。

画像掲載にあたっては、朝日焼松林家、有田町歴史民俗資料館の尾﨑葉子先生、佐賀県立九州陶磁文化館の鈴田由起夫先生、山本文子氏、東京工業大学博物館の佐藤美由紀氏、八代市博物館の福原先生、京都府立総合資料館、ディヴィッド・ハイアット・キング氏にお世話になった。

本書の出版に関しては、有田町からの出版助成を受けた。本書の執筆に係る調査・研究資金については、平成二三〜二四年度科学研究費助成事業（学術研究助成基金助成金　若手研究B　課題番号二三七二〇〇五五）、平成二十三〜二十四年度立命館大学研究推進プログラム（若手研究）からの助成を受けた。

最後に、この年になっても将来の定まらない息子を支え続けてくれる両親と、半年ほど前に結婚した弟夫婦の末永く幸せな結婚生活を願って筆を擱くこととする。

二〇一三年二月

衣笠山麓にて　前﨑信也

〔編者紹介〕
前﨑信也（Maezaki Shinya）
1976年滋賀県生まれ。龍谷大学文学部史学科卒業、ロンドン大学SOAS修士課程（美術史）修了、米国クラーク日本芸術研究所勤務、中国留学などを経て、2008年ロンドン大学SOAS博士課程（美術史）修了。2009年より立命館大学立命館グローバル・イノベーション研究機構ポストドクトラルフェロー。学術博士。
主要論文に、「伝統と科学の狭間で——イギリスでの松林靍之助の活動を中心に」（『近代工芸運動とデザイン史』思文閣出版、2008年）、「写真は真を写したか——明治初期の万国博覧会写真と日本陶磁器」（『風俗絵画の文化学』思文閣出版、2009年）、「工芸研究に求められるイメージ・データベースとは」（『日本文化研究とイメージ・データベース』ナカニシヤ出版、2010年）、“Late 19th Century Japanese Export Porcelain for the Chinese Market,” *Transactions of Oriental Ceramic Society, London,* vol. 73, 2010; “Meiji Ceramics for the Japanese Domestic Market: Sencha and Japanese Literati Taste,” *Transactions of the Oriental Ceramic Society, London,* Vol. 74, 2011 など。

協力　有田町教育委員会

**松林靍之助《つるのすけ》
九州地方陶業見学記**

2013年3月25日　第1刷発行

編　者　前﨑信也
発行者　宮下玄覇
発行所　株式会社宮帯出版社
京都本社　〒602-8488
京都市上京区寺之内通下ル真倉町739-1
営業（075）441-7747　編集（075）441-7722
東京支社　〒102-0083
東京都千代田区麹町6-2 麹町6丁目ビル2階
電話（03）3265-5999
http://www.miyaobi.com/publishing/
振替口座 00960-7-279886

印刷所　モリモト印刷株式会社
定価はカバーに表示してあります。落丁・乱丁本はお取り替えいたします。

 ISBN978-4-86366-886-7 C3072

索　引

〔　〕内は、編者による註および解説を対象とする。

う

え

お

す

せ

そ

た

な

に

ぬ

ね

の

は

ひ

ふ

へ

ほ

ま

み

む

め

も

掲載画像一覧

口絵 1.　宇治・朝日焼の門前での家族写真（右から 2 人目が松林靍之助）朝日焼松林家蔵
口絵 2.　濱田庄司と松林靍之助（イギリス、セント・アイヴス）大正 12 年、朝日焼松林家蔵
口絵 3.　十一代中里天祐（祐太郎）「褐釉母子猿置物」明治～大正期、高 36.3cm、無銘、佐賀県立九州陶磁文化館蔵、高取紀子氏寄贈
口絵 4.　青木兄弟商会「染付蕗花文皿」明治末～大正期、口径 18.6 cm、高 4.7、高台径 10.1 cm、「青」染付銘、ディヴィッド・ハイアット・キング・コレクション
口絵 5.　深川製磁株式会社「色絵菖蒲花鳥龍文瓶」明治～大正期、口径 9.7 cm、高 31.6 cm、高台径 8.9 cm、富士山流水染付マーク、佐賀県立九州陶磁文化館蔵、高取紀子氏寄贈
口絵 6.　有田製磁株式会社（西村文治氏工場）「色絵福字菊形小鉢」大正 6 年～昭和初期、口径 13.0 cm、高 4.5 cm、高台径 6.0 cm、「西肥辻製」染付銘、個人蔵
口絵 7.　水の平焼（水平焼）「赤海鼠釉桜花形鉢」明治期、最大径 21.2 cm、高 6.7 cm、高台径 10.4 cm、「水平」「岡」印刻、佐賀県立九州陶磁文化館蔵
口絵 8.　富永源六窯「色絵日輪松文瓶」明治末～大正期、口径 14.1cm、高 37.0 cm、高台径 15.4 cm、「源六製」染付銘、佐賀県立九州陶磁文化館蔵、竹田磋智夫氏寄贈
口絵 9.　セント・アイヴスのリーチ工房で窯の建設をする松林鶴之助　大正 13 年頃、朝日焼松林家蔵
口絵 10.　松林靍之助と有田工業学校の生徒、昭和 5 年、朝日焼松林家蔵

本 文

〔掲載画像一覧中、『佐賀縣寫真帖』『松浦大鑑』『九州實業家名鑑』『日本地理風俗大系』は有田町歴史民俗資料館蔵〕

1. 二代目京都駅、京都府立総合資料館蔵、黒川翠山撮影写真資料 No.998
2. 関門連絡船及桟橋、昭和 4 年頃、絵葉書、個人蔵
3. 〈鐵都 八幡名勝〉製鐵所大谷貯水池、昭和 3 年頃、絵葉書、個人蔵
4. 〈福岡百景〉福岡縣廳、大正～昭和初期、絵葉書、個人蔵
5. 早川嘉平「黒釉耳付大花瓶」明治期、口径 22.4 cm、高さ 52.8 cm、底径 17.6 cm、「高取焼窯元 早川嘉平」花瓶側面に陽刻、佐賀県立九州陶磁文化館蔵、山崎隆生氏寄贈
6. 官幣大社筥崎八幡宮、大正後期～昭和初期、絵葉書、個人蔵
7. 〈唐津名所〉虹の松原、昭和 3 年頃、絵葉書、個人蔵
8. 七ツ釜、佐賀県編『佐賀縣寫眞帖』1911 年、54 頁より転載
9. 呼子港、佐賀県編『佐賀縣寫眞帖』1911 年、56 頁より転載
10. 名護屋城阯、佐賀県編『佐賀縣寫眞帖』1911 年、58 頁より転載
11. 十一代中里天祐（祐太郎）、中里太郎衛門陶房提供
12. 御茶盌窯、編者撮影
13. 中野末蔵（造）・二代中野霓林、松浦大鑑刊行会編『松浦大鑑』佐々木高綱堂、1934 年より転載
14. 石場前の広場、大正期～昭和初期、有田町歴史民俗資料館蔵
15. 有田泉山の磁石採掘場、仲摩照久編『日本地理風俗体系 第十二巻 九州地方 上』1932 年、209 頁より転載
16. 山口徳一、山口家提供
17. 山口徳一工場「銅版染付樹下美人文大皿」明治後期～大正期、口径 45.0 cm、高 6.4 cm、高台径 27.3 cm、「山徳」印刻銘、佐賀県立九州陶磁文化館蔵、林虎治氏寄贈
18. 佐賀県立有田工業学校、佐賀県編『佐賀縣寫眞帖』1911 年、63 頁より転載
19. 佐賀県立有田工業学校「釉彩鳥文壺」大正期、口径 10.5cm、高 23.3 cm、高台径 12.3 cm、「有工」染付銘、佐賀県立九州陶磁文

化館蔵、有田田代家寄贈
20. 辻九郎、大正 4 年、写真提供：東京工業大学
21. 辻精磁社「染付菊桔梗文蓋物」明治期、口径 22.6 cm、高 21.8 cm、高台 18.6 cm、「辻製」染付銘、佐賀県立九州陶磁文化館蔵、鍋島シツ氏寄贈
22. 雪竹組「色絵竜文角皿」明治〜大正期、高 5 cm、幅 8.5 cm、奥行 6.5 cm、高台径 7.5 cm、「雪竹組」、雪竹家蔵
23. 松尾徳助、松尾家提供
24. 久富季九郎、久富家提供
25. 久富季九郎「騎象婦人置物」久富家蔵
26. 蔵春亭工場全景、大正期、久富家提供
27. 蔵春亭工場内風景及び久富二六、大正期、久富家提供
28. 帝国窯業株式会社、西村修一郎『九州實業大家名鑑』1917 年より転載
29. 有田焼原料製粉所、仲摩照久編『日本地理風俗体系 第十二巻 九州地方 上』1932 年、210 頁より転載
30. 青木俊郎、青木家提供
31. 青木兄弟商会工場全景、明治末頃、青木家提供
32. 青木兄弟商会展示館全景、1914 年、青木家提供
33. 青木兄弟商会角窯の窯詰、昭和 20 年代、青木家提供
34. 城島守人、有田町歴史民俗資料館蔵
35. 城島窯「銅版染付山水文皿」明治期、口径 18.7 cm、高 3.0 cm、高台径 11.0 cm、「肥前有田城島」染付銘、佐賀県立九州陶磁文化館蔵、百溪正明氏寄贈
36. 深川忠次（深川製磁株式会社提供）
37. 深川製磁株式会社、松浦大鑑刊行会編『松浦大鑑』1934 年より転載
38. 深川製磁株式会社（深川製磁株式会社提供）
39. 粘土攪拌機と粘土壓搾器、仲摩照久編『日本地理風俗体系 第十二巻 九州地方 上』1932 年、210 頁
40. 十二代酒井田柿右衛門、松浦大鑑刊行会編『松浦大鑑』1934 年より転載
41. 十二代酒井田柿右衛門「色絵地文菊花形三脚皿」昭和前期、口

径 15.3 cm、高 4.2 cm、高台径 8.2 cm、「柿右衛門作」染付銘、佐賀県立九州陶磁文化館蔵、増田守氏寄贈
42. 柳ヶ瀬製陶所、伊万里商工会編『伊万里案内』1927 年、35 頁より転載
43. 伊万里相生橋、松浦大鑑刊行会編『松浦大鑑』1934 年より転載
44. 大川内陶磁器製造地、佐賀県編『佐賀縣寫眞帖』1911 年、62 頁より転載
45. 小笠原英太郎、小笠原家提供
46. 小笠原英太郎（魯山）「褐釉伊勢海老置物」高 18.0 cm、最大幅 33.0 cm、奥行 22.0 cm、「鍋島魯山作」彫銘、小笠原家蔵
47. 市川光之助、市川光山家提供
48. 旧鍋島侯爵家御用窯の煙突、編者撮影
49. 川副泰五郎肖像画、川副家提供
50. 泰仙窯「色絵紅葉文碗」大正～昭和初期、口径 9.5 cm、高 6.0 cm、高台径 4.0 cm、「泰仙」染付銘、川副家蔵
51. 南部冨左衛門、南部家提供
52. 三川内窯「染付鶴亀文宝珠形蓋物」明治期、口径 7.7 cm、高 7.9cm、高台径 4.4 cm、佐賀県立九州陶磁文化館蔵、高取紀子氏寄贈
53. 口石嘉五郎、口石家提供
54. 〈天草富岡風景〉富岡港内の朝、絵葉書、個人蔵
55. 木山直彦、西村修一郎『九州實業家名鑑』1917 年より転載
56. 日本陶器株式会社、塩田力蔵『近代の陶磁器と窯業』1929 年より転載
57. 天草原石置場（日本陶器株式会社）塩田力蔵『近代の陶磁器と窯業』1929 年より転載
58. 〈天草名勝〉明朗なる首都本渡町、昭和前期、絵葉書、個人蔵
59. 岡部源四郎、岡部家提供
60. 日奈久温泉町全景、大正～昭和初期、絵葉書、個人蔵
61. 上野庭三、上野家提供
62. 上野庭三「波に日出文硯屏」明治末～昭和初期、高 9.2 cm、幅 15.1 cm、奥行 2.5 cm、「扇庭作」黒土象嵌銘、八代市立博物館蔵
63. 吉原八起「象嵌七宝文振出」大正～昭和初期、口径 1.0 cm、高 8.9 cm、底径 3.8 cm、胴径 5.4 cm、「高田」「八起」陽刻印、八代市

立博物館蔵
64. 〈鹿児島名所〉別格官幣社照国神社、昭和4年以前、絵葉書、個人蔵
65. 松林靍之助「桜島」『九州調査時のノート』1919年、朝日焼松林家蔵
66. 田の浦窯（旧慶田製陶所）登り窯、編者撮影、一般には非公開
67. 慶田製陶所「色絵秋草文花瓶」昭和30年頃、口径8.3 cm、最大径14.5 cm、高23 cm、高台径10.0 cm、「薩摩慶田」銘、個人蔵
68. 慶田製陶所、大正～昭和初期、個人蔵、二階建ての建物が陳列場、奥の建物が工場
69. 薩摩焼絵付工場、仲摩照久編『日本地理風俗体系 第十二巻 九州地方 上』1932年、313頁より転載
70. 城山公園から望む鹿児島市内と桜島、昭和前期、絵葉書、個人蔵
71. 十三代沈壽官、写真提供：沈壽官窯
72. 東郷家の登り窯跡、元外相東郷茂徳記念館敷地内、編者撮影
73. 上野庭三の登り窯、上野家提供
74. 第九代深川栄左衛門、香蘭社提供
75. 香蘭社「銅版染付竹林開門図皿」大正期、口径21.7 cm、高2.8 cm、高台径13.5 cm、蘭マーク「コオラン」印、個人蔵
76. 香蘭社合名会社、佐賀県編『佐賀縣寫眞帖』1911年、66頁より転載
77. 第一工場全景（碍子工場）、大正期、香蘭社提供
78. 石炭窯（香蘭社円筒型石炭窯の下部）、佐賀県編『佐賀縣寫眞帖』1911年、65頁より転載
79. 有田製陶所、明治末～大正期、有田町歴史民俗資料館蔵
80. 東洋館、大正～昭和初期、東洋館提供
81. 武雄温泉竜宮門、大正期、東洋館提供
82. 和多屋旅館、大正～昭和初期、絵葉書、個人蔵
83. 富永源六、富永家提供
84. 富永家家族写真、後列右から、長男真一、次男源平、三男平六、四男清平、五男悦次郎、富永家提供

註

85. 中里重雄・十二代中里太郎右衛門（無庵）、松浦大鑑刊行会編『松浦大鑑』1934年より転載
86. 岩尾卯一、岩尾家提供
87. 辻勝蔵、辻家提供
88. 雪竹豊吉、雪竹家提供
89. 松村八次郎、池田文次『松陶 松村八次郎傳』1939年より転載
90. 青木甚一郎、松浦大鑑刊行会編『松浦大鑑』1934年より転載
91. 大須賀真蔵、有田工業学校有工百年史編集委員会編『有工百年史』2000年より転載
92. 辻清、西村修一郎『九州實業大家名鑑』1917年より転載
93. 上田松彦、西村修一郎『九州實業大家名鑑』1917年より転載
94. 北村弥一郎、熊澤治郎吉『工学博士北村彌一郎窯業全集 第三巻』1928年より転載
95. 藤江永孝、故藤江永孝君功績表彰会編『藤江永孝傳』1932年より転載

論　文

図1. 松林鶴之助、大正12年、朝日焼松林家蔵
図2. 松林鶴之助『九州地方陶業見學記 全』表紙、朝日焼松林家蔵
図3. 松林鶴之助『九州地方陶業見學記 全』巻頭、朝日焼松林家蔵
図4. 東京高等工業学校本館全景、大正2年、写真提供：東京工業大学
図5. 青木俊郎、大正2年卒業写真、写真提供：東京工業大学
図6. 河井寛次郎、大正3年卒業写真、写真提供：東京工業大学
図7. 城島守人、大正5年卒業写真、写真提供：東京工業大学
図8. 濱田庄司、大正5年卒業写真、写真提供：東京工業大学